机械工程创新人才培养系列教材

工程图学与实践

主　编　续　丹

参　编　孙　闯　　王小章　　张群明
　　　　梁庆宣　　史晓军　　许睦旬

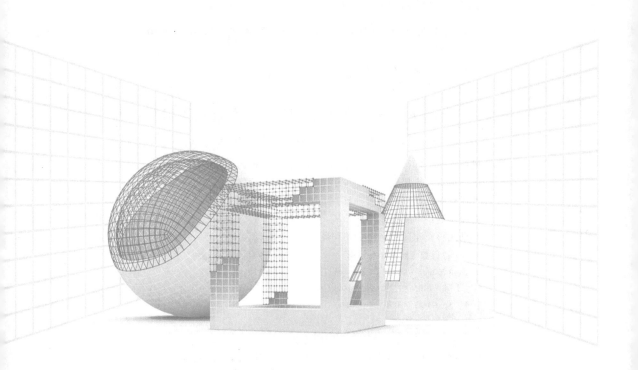

机械工业出版社

CHINA MACHINE PRESS

本书打破传统的"工程制图"课程教学体系,以《工程图学与实践》命名,旨在将工程图学的理论知识服务于机械产品从基本形体构成、零件设计与制造,到装配体设计与制造的表达需求,并设立综合实践环节以训练学生的综合表达能力。本书分为四篇,即产品加工制造认识篇、形体表达基础理论篇、机械产品表达篇、实践应用篇,具体内容包括机械加工制造技术、基本几何体的表示方法、组合体的表示方法、机件的图样表示方法、零件的表示方法、装配体的表示方法、图样表达综合实践。

本书可作为高等院校机械类、电类各专业的制图课程教材,也可作为高职、高专院校相关专业的制图课程教材。与本教材配套的《工程图学与实践习题集》由机械工业出版社同步出版,供读者选用。

* 本书为新形态教材,书中以二维码的形式链接了重要知识点、拓展学习的微课视频,便于学生随扫随学。

图书在版编目(CIP)数据

工程图学与实践/续丹主编. —北京:机械工业出版社,2022.11
(2024.7 重印)
机械工程创新人才培养系列教材
ISBN 978-7-111-72198-7

Ⅰ.①工… Ⅱ.①续… Ⅲ.①工程制图-高等学校-教材 Ⅳ.①TB23-44

中国版本图书馆 CIP 数据核字(2022)第 231907 号

机械工业出版社(北京市百万庄大街 22 号 邮政编码 100037)
策划编辑:徐鲁融 责任编辑:徐鲁融
责任校对:李 杉 王 延 封面设计:王 旭
责任印制:单爱军
北京虎彩文化传播有限公司印刷
2024 年 7 月第 1 版第 2 次印刷
184mm×260mm·18.25 印张·446 千字
标准书号:ISBN 978-7-111-72198-7
定价:56.60 元

电话服务 网络服务
客服电话:010-88361066 机 工 官 网:www.cmpbook.com
　　　　　010-88379833 机 工 官 博:weibo.com/cmp1952
　　　　　010-68326294 金 书 网:www.golden-book.com
封底无防伪标均为盗版 机工教育服务网:www.cmpedu.com

前 言

本书根据教育部高等学校工程图学课程教学指导分委员会2019年修订的《高等学校工程图学课程教学基本要求》及近年来发布的《技术制图》和《机械制图》有关国家标准，在普通高等教育"十一五"国家级规划教材《3D机械制图》的基础上，结合编者团队二十余年的教学实践总结论证，基于西安交通大学本科教改项目规划重新编写完成。

本书打破传统的"工程制图"课程教学体系，以《工程图学与实践》命名，旨在将工程图学的理论知识服务于机械产品从基本形体构成、零件设计与制造，到装配体设计与制造的表达需求，并设立综合实践环节以训练学生的综合表达能力。编写上遵循"实践→认识→再实践→再认识"的认知规律，考虑学生日常学习生活中已积累的机械产品使用经验（"实践"），将本书分为四篇，即产品加工制造认识篇（"认识"）、形体表达基础理论篇和机械产品表达篇（"认识→再实践"）、实践应用篇（"再实践→再认识"），建立三维设计表达与二维工程图表达相互融合和交互式推进的、三维实体设计表达方法与二维工程图表达方法并重的知识结构体系。

具体而言，本书具有以下特色：

1）构建三维实体结构表达和二维投影表达相融合的教学体系，训练将传统的工程制图与现代的建模表达方法融为一体的设计思维。从介绍机械产品的孕育入手，逐步介绍三维设计表达方法的基本理论，在分析三维建模特性与二维投影之间关系的基础上，使学生形成从三维立体建模到产品二维工程图样表达的整体设计思维。

2）综合培养三维模型和二维图样的表达能力。通过本书的学习，学生能够获得应用三维设计软件进行实体建模的思路和方法，掌握生成、识读并完善二维工程图样的能力，并能利用仪器或徒手进行手工绘图。

3）遵循"实践→认识→再实践→再认识"的认知规律。以工程实际应用能力的培养为导向，考虑学生日常学习生活中已积累的机械产品使用经验，首先通过第一章机械加工制造技术的学习让学生具备一定的机械工程应用的背景知识，完成"实践→认识"的认知转换；然后通过第二章~第六章的学习，让学生从基本到具体、从局部到整体地掌握基本几何体、组合体、机件、零件、装配体的表示方法，结合配套习题集的题目练习，完成"认识→再实践"的认知转换；最后通过第七章图样表达综合实践的训练，使学生以小见大地获得工程应用的感性认识，强化对所学知识的理解和掌握，完成"再实践→再认识"的认知转换。同时，以这样的学习过程培养学生积极的创新意识和科学的思维方法，提高学生的学习兴趣。

4）全书相关内容均符合《技术制图》和《机械制图》现行国家标准。

为完善本书教学体系，编者团队在中国大学 MOOC 网站上建设完成了"工程制图解读"课程，该课程被认定为第二批国家级一流本科课程（线上一流课程），以提炼出的每一个知识点构建每一堂课，强调"以学生为中心"，促进学生对各知识点的理解和掌握。本书配套的《工程图学与实践习题集》由机械工业出版社同步出版。

参与本书编写工作的人员及分工为：孙闯编写第一章，续丹编写第二章第一节～第三节、第三章第一节、第七章及附录，王小章编写第二章第四节、第三章第五节、第四章第五节，张群明编写第三章第二节～第四节，梁庆宣编写第四章第一节～第四节、第六节、第五章第五节和第六节，史晓军编写第五章第一节～第四节，许睦旬编写第六章。本书由续丹任主编并完成全书统稿，内封参编署名顺序与所负责编写章节顺序一致，重要程度不分先后。

西安交通大学段玉岗教授对本书体系的建设提出了许多宝贵的建议，在此表示衷心的感谢！同时，非常感谢原 CAXA 公司的技术工程师李龙给予的大力支持！在本书编写过程中，还得到了图学界许多专家的指点，在此一并表示感谢！本书参考了一些国内、外的相关著作，在此特向有关作者致谢。

由于编者水平有限，加之时间紧迫，且本书的知识体系为首次采用，内容不当之处在所难免，敬请各位读者批评指正。

编　者

目录

CONTENTS

第三篇　机械产品表达篇

第四篇　实践应用篇

绪论

传统的机械设计过程是一种从三维思想→二维表达→三维加工装配的过程，要求设计人员必须具备较强的三维空间想象能力和二维表达能力。随着新一代信息技术的发展和加工制造的数字化、智能化发展趋势，设计方法采用三维建模表达立体也已成趋 微课讲解：**绪论** 势。本书是在教育部公布的普通高等教育"十一五"国家级规划教材《3D 机械制图》基础上，经过编者二十余年的教学实践总结论证，基于西安交通大学本科教改项目规划完成的教材。

本书适合作为"工程制图""机械制图"等工程图学课程的教材，因此以下将介绍本书对应课程的内容安排、本书的篇章安排、对应课程的主要学习任务。

一、课程的内容安排

"工程制图""机械制图"等工程图学课程都是研究工程图样表达与技术交流的工科基础课。工程图样是设计与制（建）造中工程与产品信息的载体、表达和传递设计信息的主要媒介，并在机械、土木、水利工程等领域的技术与管理工作中广泛应用。图形具有形象性、直观性和简洁性的特点，是人们表达信息、探索未知的重要工具。该课程理论体系严谨，以图形表达为核心，以形象思维为主线，通过工程图样绘制与形体建模培养学生工程设计与表达能力，使学生体会工程图样是提高工程素养、增强创新意识的知识纽带与桥梁，是每一个工程技术人员必须掌握的"工程界的语言"。

本书作为工程图学课程内容的载体，建立的是以掌握产品设计表达方法为主线，三维表达与二维表达相互融合并进的知识结构体系。课程以平面轮廓特征为纽带，使三维实体与投影图形关联互通，介绍从几何体到产品的设计表达方法。教学实践环节可利用配套的《工程图学与实践习题集》，以及运用 UG、Solid Edge、Inventor 等计算机绘图软件进行上机实践操作完成，确保整个教学体系的完整性。通过本课程的学习，学生应具备解决简单工程实际问题的能力，掌握机械设计的表达方法和投影法的基本理论和应用，具备查阅有关标准的能力及绘制和阅读机械图样的基本技能；能够借助工程图样、软件、模型等载体，完成装配体和零件的识图与表达，并能理解机械工程图样所涉及的文字、符号及图形的含义，为后续课程的学习奠定扎实的理论基础。

二、本书的篇章安排

为配合本课程的开展，本书设置了以下四篇内容。

第一篇　产品加工制造认识篇

内容涉及产品的孕育、常见机械制造工艺及先进机械制造技术，同时阐述了在产品设计与制造中图样的重要性。在本部分内容的学习中，同学们应体会图样的作用和意义，并理解要成为新时代创新型人才，必须学会并掌握工程图样这种工程界的语言，具备读图和绘制机械图样的基本能力。

第二篇　形体表达基础理论篇

基于传统的投影理论讲述三维与二维的表达方法，从讲授平面图形的绘制与尺寸标注方法入手，带领学生分析三维建模的特性与平面图形之间的关联，使学生头脑中建立起三维与二维之间的联系；培养学生分析立体构形特点的思维，锻炼学生运用形体分析方法的能力，奠定形体尺寸正确标注的基础，同时开发学生的空间思维和想象能力。

第三篇　机械产品表达篇

从工艺角度分析立体的构成，讲解建立三维模型与二维工程图的方法，完成二维工程图视图表达、尺寸标注、技术要求、标题栏等基本内容的介绍。

第四篇　实践应用篇

作为本课程的实战演练环节，本部分内容主要通过具体实例的分析和训练，强调科学研究的严谨性和科学性，帮助学生初步建立科学研究的思路和分析方法，在强化、巩固所学理论与知识的基础上，让学生体会理论与实践相融合的过程，培养勇于探索的创新精神、严肃认真的学习态度和团队配合的协作能力，以提高综合工程素质，为后续专业课的学习打下坚实的基础。

三、课程的主要学习任务

1）学习机械产品三维设计的思想，掌握三维设计的表达方法。

2）学习正投影法的基本理论。

3）具备一定的利用三维 CAD 软件完成产品设计表达的能力、工程图生成的能力及完善产品工艺性的能力。

4）具备一定的读图能力，以及二维软件绘图、手工绘图的能力。

5）掌握工程图样有关知识和国家标准，具备一定的查阅有关标准的能力。

6）具有一定创新意识和自学能力。

7）培养认真负责的工作态度、一丝不苟的工作作风。

产品加工制造认识篇

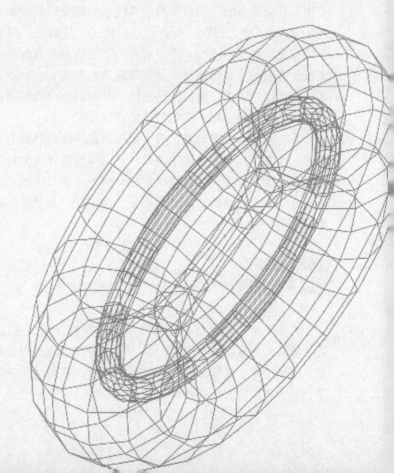

第一章　机械加工制造技术

第一节　产品的孕育

　　每一个产品的孕育都源自于最原始的使用需求，通过对用户的广泛调查，明确产品的使用场景、功能、结构类型及目标人群，构思产品的设计方案，对方案细节进行决策、规划，同时进行设计计算，确定不同模块、不同零部件所需的材料类型及加工方式，这些都是进行产品加工前必不可少的流程。

　　产品的设计过程目前往往是从概念草图到二维图样，再到三维实体逐渐深入的过程。其中在对三维实体进行设计时，主要包括"自上而下"与"自下而上"两种不同的基本设计方法。"自下而上"是指先对每一个子系统进行独立设计，然后将不同子系统组合以产生一个更为复杂的系统，因此不同子系统之间的关联性较弱，修改完善过程可以依托于每个子系统来实现。"自上而下"的设计往往从一个较高的、较抽象的层次开始，先对产品本身的总体结构进行规划和说明，然后对每个子系统进行逐步细化，最终完善产品深层级的每个基本元素，直到整个系统的每一层都简化为基本元素。利用这两种方式，可以在完成产品设计之后，依据用户需求，通过调研反馈，对产品细节进行修改，对产品功能进行迭代完善，直至满足最初的设计目标，确定最终的设计方案。

　　在产品设计方案确定之后，如何将设计图样转换为最终的产品实物？这需要结合其使用功能、性能指标要求、使用场景，对不同零部件的原材料及其相应的加工方式进行确定，规划合理的工艺流程，在涉及结构复杂和精度要求高的零件时，还需要对不同加工工艺进行灵活组合，结合先进的特种加工手段，在保证产品质量的同时合理控制产品的生产成本及生产周期。

第二节　常见机械制造工艺

　　机械制造工艺是指将机械产品从原材料开始，通过改变其形状、大小、相对位置等性质，使其成为成品或半成品，并达到设计要求的过程。这一过程包含诸如铸造过程、锻造过程、焊接过程、机加工过程、热处理过程、装配过程等，根据实际需求，各类过程的出现次序、次数和组合方式都不尽相同。

机械制造工艺的产生是依附于产品设计理念与产品结构形态的。机械设备中包含的典型零件依据其形状结构、使用功能及使用场景可以分为四大类，分别是箱体类零件、盘盖类零件、轴套类零件、叉架类零件。而不同的零件类型对制造工艺提出了相应的不同要求，同时也驱动着新型设计理念的诞生与发展。下面以轴套类零件和盘盖类零件为例，借助工程图样说明机械零件的设计过程和制造过程。

一、轴套类零件

轴套类零件是机械加工中最常见的典型零件之一，主要用于在旋转部件中起支承传动、传递转矩的作用，一般具有结构简单、同轴度要求高、外圆直径小于长度、内孔与外圆直径差小等特点。在减速器（即降低转速而增大输出转矩的部件）中，作为其核心动力传输与连接转换支承的部分，轴类零件是必不可少的。如图 1-1 所示，在一个两级齿轮减速器（即在进行传动减速时，依靠两对啮合齿轮组成的传动系统完成减速功能的部件）中有三根轴零件：输入轴、中间轴及输出轴，下面以中间轴为典型零件来介绍轴类零件的设计过程与制造工艺。

图 1-1　两级齿轮减速器

1. 设计过程

齿轮减速器的中间轴与该减速器的输入轴和输出轴均通过齿轮相连接，设计出的该中间轴的结构草图如图 1-2 所示。

1）轴段 1-2 和轴段 5-6：设计为安装一对支承轴承的位置，并且需要安装套筒以限制两齿轮的一个方向的窜动。

2）轴段 2-3 和轴段 4-5：设计为安装两齿轮的位置，也是该轴受齿轮传递转矩最大的部分，因此设计的轴径需要满足强度要求。

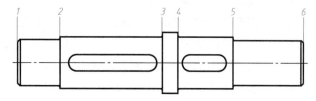

图 1-2　中间轴结构草图

3）轴段 3-4：设计为限制两齿轮一个方向的窜动的轴肩，并用来实现对两齿轮的轴向定位。

利用相关数据的计算得到相关尺寸，并考虑装配工艺要求，得到的中间轴零件图如图 1-3 所示。

2. 制造工艺

（1）加工工艺要求　对该中间轴零件图进行分析，可知其具有如下加工工艺要求。

1）$\phi40\text{mm}$、$\phi45\text{mm}$ 圆柱面对公共轴线 $A—B$ 的圆跳动公差为 0.015mm。

2）$\phi40\text{mm}$、$\phi45\text{mm}$ 圆柱面对公共轴线 $A—B$ 的圆柱度公差为 $\phi0.008\text{mm}$。

3）$\phi54\text{mm}$ 轴段两侧面对公共轴线 $A—B$ 的端面圆跳动公差为 0.015mm。

6

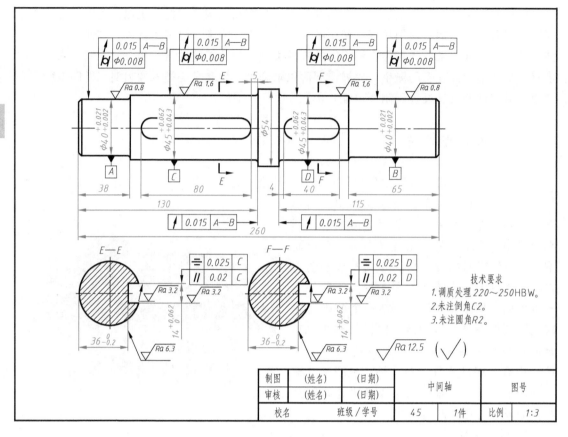

图 1-3 中间轴零件图

4）左侧平键距离为 14mm 的两平面对基准 C 轴线的对称度公差为 0.025mm。

5）左侧平键距离为 14mm 的两平面对基准 C 轴线的平行度公差为 0.02mm。

6）右侧平键距离为 14mm 的两平面对基准 D 轴线的对称度公差为 0.025mm。

7）右侧平键距离为 14mm 的两平面对基准 D 轴线的平行度公差为 0.02mm。

8）要求调质处理后硬度达到 220～250 HBW。

根据零件图样的分析，可以制作工艺过程卡片，见表 1-1。

表 1-1 中间轴零件加工工艺过程

工序号	工序名称	工序内容	工艺装备
1	备料	铸造或下棒料	
2	锻造	锻造 45 钢毛坯，得到锻件	立式精锻机
3	热处理	退火	
4	粗车	1)装夹基准 C 的轴段，粗车另一端各部分外圆柱面，留加工余量 6mm，并车削 φ40mm 轴段的端面，留加工余量 2mm 2)装夹基准 D 的轴段，粗车另一端各部分外圆柱面，留加工余量 6mm，并车削 φ40mm 轴段的端面，留加工余量 2mm	卧式车床 CA6140
5	热处理	调质处理 220～250HBW	

（续）

工序号	工序名称	工序内容	工艺装备
6	半精车	1）装夹基准 C 的轴段，半精车另一端各部分外圆柱面，留加工余量 3mm 2）装夹基准 D 的轴段，半精车另一端各部分外圆柱面，留加工余量 3mm	卧式车床 CA6140
7	精车	1）装夹基准 C 的轴段，半精车另一端各部分外圆柱面，留磨削余量 0.8mm，车削端面，至图样尺寸要求 2）装夹基准 D 的轴段，半精车另一端各部分外圆柱面，留磨削余量 0.8mm，车削端面，至图样尺寸要求	卧式车床 CA6140
8	钳工	划键槽加工线	钳工台
9	铣	粗、精铣两键槽，留磨削余量 0.3mm	铣床 X52
10	磨	1）磨削该轴各部分外圆柱面，至图样尺寸要求 2）磨削该轴两平键槽，至图样尺寸要求	万能外圆磨床 M1432B
11	钳工	去毛刺	钳工台
12	清洗	清洗零件表面	
13	检查	按图样技术要求检查	
14	入库	涂油入库	

（2）加工工艺分析

1）该中间轴属于细长轴类零件，其刚性较差，因此所有表面的加工分为粗加工、半精加工和精加工，而且工序分得很细，这样的多次加工逐次减小了零件的变形误差。

2）安排足够的热处理工序，也是保证消除零件内应力、减小零件变形的手段。

3）无论是车削还是磨削，工件夹紧力要适当，在保证工件无轴向窜动的条件下，应尽量减小夹紧力，以避免工件产生弯曲变形，特别是在最后精车、磨削时更应重视这一点。

4）在需要进行调质处理时，应将其工序安排在粗加工后、半精加工前进行。若采用锻件毛坯，则必须首先安排退火或正火处理。

5）轴类零件上的花键、键槽、螺纹等次要表面的加工通常均安排在外圆柱面的精车或粗磨之后、精磨之前进行。

根据如上编制的零件加工工艺过程，确定所选用的工艺装备；再确定各工序的加工余量，计算工序尺寸公差；然后确定切削用量及时间定额；最后编制工艺文件，如各车间所使用的工艺卡片等。

（3）检验　根据上述要求及分析编制的工艺文件进行加工，加工完成后，按照图样要求，对加工零件进行如下检验。

1）检验 $\phi40$mm、$\phi45$mm 圆柱面对公共轴线 A—B 的圆跳动公差是否小于 0.015mm。

2）检验 $\phi40$mm、$\phi45$mm 圆柱面对公共轴线 A—B 的圆柱度公差是否小于 $\phi0.008$mm。

3）检验 $\phi54$mm 轴段两侧面对公共轴线 A—B 的端面圆跳动公差是否小于 0.015mm。

4）检验左侧平键距离为 14mm 的两平面对基准 C 轴线的对称度公差是否小于 0.025mm。

5）检验左侧平键距离为 14mm 的两平面对基准 C 轴线的平行度公差是否小于 0.02mm。

6）检验右侧平键距离为 14mm 的两平面对基准 D 轴线的对称度公差是否小于 0.025mm。

7）检验右侧平键距离为 14mm 的两平面对基准 D 轴线的平行度公差是否小于 0.02mm。

8）检验该轴调质处理后，硬度是否达到 220~250 HBW。

如果检查合格，则将零件涂油入库，否则视为废品，需重新加工或者进行材料回收。

二、盘盖类零件

盘盖类零件可细分为盘类零件、轮类零件和盖类零件，其结构特征为径向尺寸大、轴向尺寸小，基本形体一般为回转体或其他形状的扁平盘状结构。常见盘类零件有法兰盘、齿轮托盘等，常见盖类零件有轴承端盖、发动机端盖等，常见轮类零件有齿轮、手轮、带轮等。盘盖类零件在机器中主要发挥压紧、密封、支承、连接、分度及防护等作用。图1-4所示轮盘即为一种典型盘盖类零件，下面以其为例来介绍盘盖类零件的设计过程与制造工艺。

图1-4 轮盘

1. 设计过程

利用相关数据计算得到相关尺寸，并考虑装配工艺要求，得到的轮盘和轮盘螺钉的零件图分别如图1-5和图1-6所示。

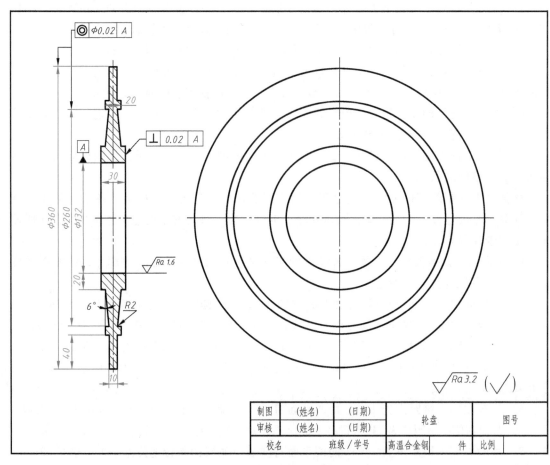

图1-5 航空发动机轮盘零件图

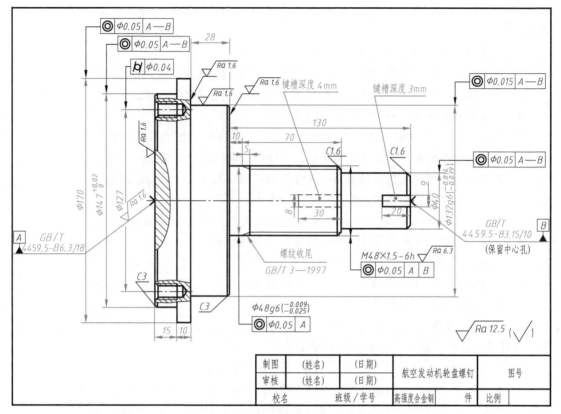

图 1-6　航空发动机轮盘螺钉零件图

（1）轮盘技术要求

1）表面处理：发蓝处理。

2）热处理：调质处理 31～37 HRC。

3）未注圆角 R0.5，未注倒角 C0.5。

4）未注尺寸公差按 GB/T 1804—2000 m。

5）未注几何公差按 GB/T 1184—1996 K。

6）锐边倒圆。

（2）轮盘螺钉技术要求

1）表面处理：发蓝处理。

2）Ⅱ类锻件，按 HB 5024—1989 验收。

3）超声波探伤检查按 HB/Z 59—1997，提供探伤报告。

4）热处理：调质处理 31～37 HRC。

5）未注圆角 R0.5，倒角 C0.5。

6）未注尺寸公差按 GB/T 1804—2000 m。

7）未注几何公差按 GB/T 1184—1996 K。

8）成品件磁粉探伤检查按 HB/Z 72—1998。

9）锐边倒圆。

2. 制造工艺

（1）加工工艺的要求　对图 1-5 所示轮盘零件图进行分析，可知其具有如下加工工艺要求。

1）右端面对基准 A 轴线的垂直度公差为 0.02mm。

2）ϕ360mm 外圆柱面的轴线对基准 A 轴线的同轴度公差为 ϕ0.02mm。

3）ϕ260mm 外圆柱面的轴线对基准 A 轴线的同轴度公差为 ϕ0.02mm。

4）要求调质处理后，硬度为 31~37 HRC。

对图 1-6 所示轮盘螺钉零件图进行分析，可知其具有如下加工工艺要求。

1）ϕ170mm 外圆柱面的轴线对 A—B 公共轴线的同轴度公差为 ϕ0.05mm。

2）ϕ147mm 外圆柱面的轴线对 A—B 公共轴线的同轴度公差为 ϕ0.05mm。

3）ϕ127mm 螺纹孔定位圆的圆度公差为 ϕ0.04mm。

4）ϕ48mm 外圆柱面的轴线对基准 A 轴线的同轴度公差为 ϕ0.05mm。

5）M48 螺纹对 A—B 公共轴线的同轴度公差为 ϕ0.05mm。

6）ϕ40mm 外圆柱面的轴线对 A—B 公共轴线的同轴度公差为 ϕ0.05mm。

7）ϕ132mm 外圆柱面的轴线对 A—B 公共轴线的同轴度公差为 ϕ0.015mm。

8）要求调质处理后，硬度为 31~37 HRC。

（2）检验　根据上述最后编制的工艺文件进行加工，加工完成后，按照图样要求，对加工零件进行检验，轮盘零件的检验标准如下。

1）右端面对基准 A 轴线的垂直度公差是否小于 0.02mm。

2）ϕ360mm 外圆柱面的轴线对基准 A 轴线的同轴度公差是否小于 ϕ0.02mm。

3）ϕ260mm 外圆柱面的轴线对基准 A 轴线的同轴度公差是否小于 ϕ0.02mm。

4）调质处理后，硬度是否达到 31~37 HRC。

轮盘螺钉零件的检验标准如下。

1）ϕ170mm 外圆柱面的轴线对 A—B 公共轴线的同轴度公差是否小于 ϕ0.05mm。

2）ϕ147mm 外圆柱面的轴线对 A—B 公共轴线的同轴度公差是否小于 ϕ0.05mm。

3）ϕ127mm 螺纹孔定位圆的圆度公差是否小于 ϕ0.04mm。

4）ϕ48mm 外圆柱面的轴线对基准 A 轴线的同轴度公差是否小于 ϕ0.05mm。

5）M48 螺纹对 A—B 公共轴线的同轴度公差是否小于 ϕ0.05mm。

6）ϕ40mm 外圆柱面的轴线对 A—B 公共轴线的同轴度公差是否小于 ϕ0.05mm。

7）ϕ132mm 外圆柱面的轴线对 A—B 公共轴线的同轴度公差是否小于 ϕ0.015mm。

8）调质处理后，硬度是否达到 31~37 HRC。

第三节　先进机械制造技术

在航空、航天、国防和民用工业中，随着材料强度、零件加工难度、产品质量要求的急剧上升，常规的机械制造技术面临着新的挑战。例如，硬质合金、钛合金、金刚石等材料均无法用常规加工方式处理。由于它们具有高硬度、高强度、高韧性、高脆性等显著特性，对加工刀具和工艺提出了更高的要求，因此催生出全新的先进制造技术。

航空发动机作为工业皇冠上的明珠，其制造水平往往能够体现出一个国家最先进的制造加工技术，而由于其运行中面临的高温、高压等极度恶劣工况，以及内部空间狭小、质量要求高等难题，因此，其关键零部件的制造需要综合运用多种先进制造技术来完成。例如，航空发动机火焰筒零件需要在扇形边框上加工 200 多个深径比达到 30 以上的小斜孔，如图 1-7 所示，加工难度极高，因此需要采用先进的特种加工技术来完成。常见的先进特种加工技术包括激光加工技术、超声加工技术、快速成形技术、微细加工技术、纳米加工技术等。

1. 激光加工技术

如图 1-8 所示，激光加工技术是利用高能激光束在光热效应下产生的冲击波及其导致的材料高温熔融来对材料表面进行加工处理的技术。激光加工设备主要包含激光器、电源、光学系统、机械系统四大部分。激光加工具有加工速度快、热影响区小的特点，容易实现加工过程的自动化，同时没有明显的机械力，不会产生工具损耗，加工装置结构简单，可以广泛应用于尺寸修复、非接触激光打孔、激光切割等领域。

图 1-7　航空发动机火焰筒

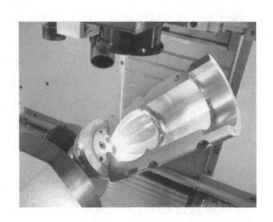

图 1-8　激光加工技术

2. 超声加工技术

超声加工技术最大的优势是其可以加工玻璃、陶瓷、半导体硅片等不导电的金属脆硬材料，如图 1-9 所示。超声加工通过工具端面产生超声振动，从而利用磨料悬浊液来加工脆硬材料，主要加工力来自于磨粒在超声振动作用下的机械撞击和抛磨作用，因此材料越脆、越硬，所产生的撞击力越大，加工难度越小。同时也可以使用较软的材料做成具有复杂形状的加工工具，从而可以极大简化加工过程的工具运动形式。

3. 快速成形技术

快速成形技术是由 CAD 模型直接驱动的、可以快速制造任意复杂形状三维实体的新型制造技术，也称为增材制造或三维打印技术，如图 1-10 所示。主要的快速成型工艺包括：熔丝沉积成形（FDM）技术、陶瓷膏体光固化成形（SLA）技术、激光选区烧结（SLS）技术、数字化光照射加工（DLP）技术、紫外线成形技术等。它超越了传统机械加工方法减材制造的思路，实现了产品从无到有的增材制造过程，作为设计概念可视化的重要手段，可以制造具有任意复杂形状的高精度零件，同时可以应用于模具制造领域，并引出了以快速成形技术为支撑而发展起来的新型磨具制造技术。

图 1-9　超声加工技术

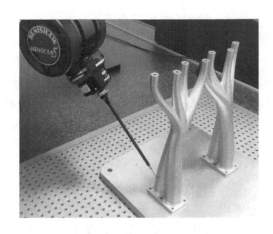

图 1-10　快速成形技术

4. 微细加工技术

为了满足现代精密机械、仪器仪表设备微型化、轻量化的要求，大量设备的零部件都被限制到了极小的尺度范围内，因此微细加工技术和超微细加工技术应运而生，如图 1-11 所示。微细加工通常指加工 1mm 以下尺度的微小零件，其加工精度要求为 0.01 ~ 0.001mm。当零件尺度降低到 1μm 以下时，则称为超微细加工，其加工精度要求为 0.1 ~ 0.01μm。微细加工衍生出了精密磨削、微型铣削、微细研磨和微细冲压等加工技术，同时发展出诸如微细电火花加工技术、超短脉冲微细电化学加工技术、准分子激光加工技术等新型工艺手段，被广泛应用于半导体集成电路制造和精密仪器制造中。

5. 纳米加工技术

纳米加工技术指对 0.1 ~ 100nm 尺度的材料进行原子和分子的去除、搬迁和重组的技术。在加工尺度从微米级深入到纳米级的过程中，产生了新的宏观物理难以描述的现象，这表明纳米加工技术是需要和微观尺度下基础科学的发展相辅相成的。纳米加工技术依赖于扫描隧道显微镜（图 1-12），其主要加工手段包括使用扫描隧道显微镜拖动原子和分子、提取和去除原子，使用扫描隧道显微镜的探针直接雕刻加工微结构，进行电子束光刻加工、局部阳极氧化加工及纳米点沉积加工，使用扫描隧道显微镜针尖电场聚集原子组成三维立体微结构等。

图 1-11　微细加工技术

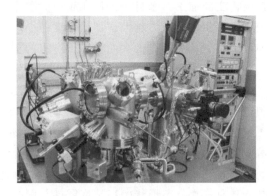

图 1-12　扫描隧道显微镜

第四节　产品设计与制造中图样的重要性

一、机械发展史

如图 1-13 所示，关于机械工程发展史，许多研究机械工程史的著作中将其分为三个阶段：古代机械工程史、近代机械工程史、现代机械工程史。

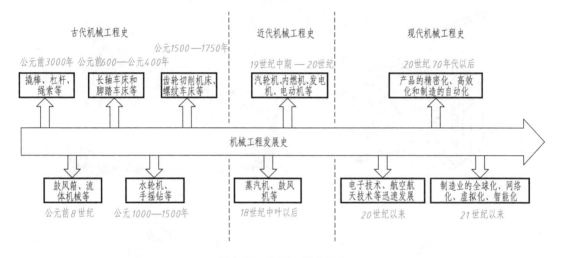

图 1-13　机械工程发展史

1. 古代机械工程史

公元前 3000 年以前，人类已广泛使用石刀等简单的加工工具。搬运重物的工具有滚子、撬棒和滑橇等，装运物料的工具有杠杆、绳索、滚棒和水平槽等。公元前 8 世纪，古埃及的水钟、虹吸管、鼓风箱和活塞式唧筒等流体机械得到初步的发展和应用。公元前 600—公元 400 年的古罗马，出现斧、弓形锯、羊角锤、双人锯等并被使用，长轴车床和脚踏车床（用来制造家具和车轮辐条）的使用为近代车床的发展奠定了基础。公元 1000—1500 年，出现水轮机带动皮革制造的大型风箱，手摇钻的出现表明曲柄连杆机构的原理已用于机械。公元 1500—1750 年，人类已能制造水力辗轧机械和几种机床，如齿轮切削机床、螺纹车床、小型脚踏砂轮磨床等。

2. 近代机械工程史

18 世纪中叶以后，蒸汽机的出现和推广使用使许多大型机械有了机器动力，从而使铁、煤炭等工业原材料的产量成倍增长，并推动了各行各业的发展。19 世纪中期—20 世纪，汽轮机、内燃机和各种机床相继出现。随着发电机和电动机的发明，电动机成为机床的动力部分，开始了电力取代蒸汽动力的时代。进入 20 世纪后，迅速发展的汽车工业和后来的航空工业又促进了机械制造技术向高精度、大型化、专用化和自动化的方向继续发展。

3. 现代机械工程史

20 世纪以来，尤其是第二次世界大战以后，科学技术的全面发展，特别是电子技术、核技术、航空航天技术与机械技术的结合，大大促进了机械工程的发展，生产和科研工作的系统性、成套性、综合性大大增强，机器的应用几乎遍及所有的生产部门和科研部门，并深入到生活和服务部门。20 世纪 70 年代以后，机械工程与电工、电子、冶金、化学、物理和激光等技术相结合，创造了许多新工艺、新材料和新产品，促进了机械产品的精密化、高效化和制造过程的自动化。进入 21 世纪，计算机技术、信息技术、网络技术，以及由此带动的相关科学的发展，推动了科学迅速前进，机械工程学也发生了极大变化，如制造业发展的重要特性是向全球化、网络化、虚拟化、智能化方向发展。图 1-14 所示为车床的发展历程。

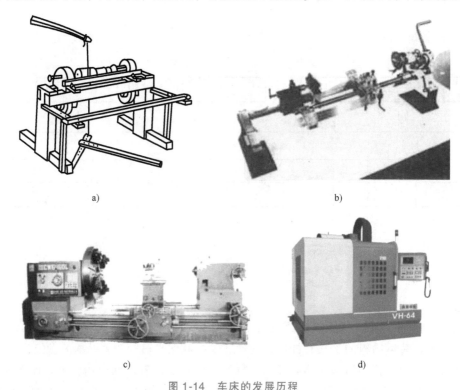

图 1-14　车床的发展历程

a) 雏形期车床　b) 具有基本架构的车床　c) 具有独立动力源的车床　d) 数控车床

需要指出的是，以上所讲的只是机械产品的应用和发展。自劳动开创人类文明史以来，图形与语言、文字一样，是人们认识自然、表达和交流思想的基本工具，经过不断完善和发展得到了广泛的应用。在现代工业生产中，机械、化工或建筑行业都是根据图样进行制造和施工的。

如图 1-15 所示，对于一个机械产品而言，加工前的构思设计、加工中的生产制造和加工后的使用维修等共同组成了一个机械产品从无到有、从使用到消亡的全过程。

需要强调的是，图样在这三个过程中都发挥着巨大作用。设计者通过图样表达设计意图，即在加工前需要用图样将设计准确规范地表达出来。制造者通过图样了解设计要求、组织制造和指导生产，即在加工中需要根据图样制订工艺规程，实现产品的批量生产。使用者通过图样了解机器设备的结构和性能，进行操作、维修和保养，即在加工后需要根据图样确

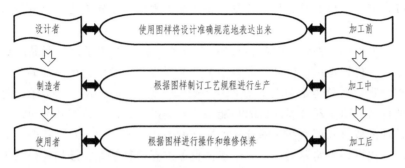

图 1-15　图样贯穿整个产品设计加工使用过程

定使用功能、辅助决策和维修保养。由此看出，机械图样是交流传递技术信息、思想的媒介和工具，是工程界通用的技术语言，其贯穿整个工业过程，因此作为新时代教育培养目标的现代新型技能型人才，必须学会并掌握这种语言，具备识读和绘制机械图样的基本能力。

机械加工工艺过程是指利用机械加工的方法，按照图样的图形和尺寸，使毛坯的形状、尺寸、相对位置和性质成为合格零件的全过程，正确的加工工艺可避免在加工过程中发生加工失误、造成经济损失。

机械制造工艺过程是指直接改变毛坯（产品）形状、大小和相对位置关系，达到产品设计要求的制造过程。机械制造工艺过程是机械制造过程的主要部分。机械制造工艺过程包括铸造过程、锻造过程、焊接过程、机加工过程、表面及热处理过程、装配过程等直接作用于加工对象的加工制造过程，也包括运输、存储、检验等辅助过程。

二、图样是设计者设计理念的充分体现

设计理念是设计者在空间作品构思中所确立的主导思想，它赋予作品文化内涵和风格特点，好的设计理念至关重要。同样地，对于工业机械产品来说，图样体现了设计者的设计理念和思路，它不仅是设计的精髓所在，而且能使加工制造的产品具有个性化、专业化和与众不同的效果。不同的设计方法体现了不同设计者侧重的设计理念，如有的侧重产品的整体性能、有的强调产品的突出属性、有的关注产品的实用性、有的注重产品的外观规格。

随着科学技术的飞速发展，各行各业对产品功能的要求日益增多，产品个性化定制更符合未来的发展趋势，产品的寿命期缩短，更新换代速度加快，以规模化需求为主体的市场体系正逐渐向以个性化需求为特征的市场体系转化。产品的设计，尤其是机械产品的设计也日益个性化，其一般设计方法有系统化设计方法、结构模块化设计方法、基于产品特征知识的设计方法、智能化设计方法等。

1）系统化设计方法的主要特点是：在产品的设计过程中，从系统的角度出发，产品的各个零部件都是组成系统的设计要素，每个设计要素既具有独立性以满足特定的功能，又要相互联系和具有层次性，以满足系统的整体要求。这种设计方法具有非常强的系统性、条理性和层次结构。具体来讲，用户的需求是产品设计构思、结构组成、零部件设计和工艺规划等方面的基础，系统化设计方法就是从产品的宏观角度出发，系统地将用户的需求合理有效地划分为不同的层次结构，拟订出每一层次想要实现的目标和方法，由浅入深、由抽象到具体地将各层次有机地联系在一起，使整个设计过程系统化，使设计有规律可循，有方法可

依，最佳地确定其组成单元及其相互关系，将产品的整体需求转换为产品开发各阶段的技术目标。

2）结构模块化设计方法的主要特点是：在设计产品时以功能化的产品结构为基础，使用已有的通用零部件描述设计任务，即将整个产品尽可能地分解为已有的通用零部件，这样能够在产品规划设计时就考虑可能存在的设计矛盾，便于及时调整，也有早期预测生产能力、费用等的优势。由于现有零部件的功能结构较为确定，因此按照功能对产品进行模块化分解可提高设计的效率和可靠性，降低新产品开发的成本。然而，对于一个工业机械产品来说，一个功能可以由许多实体实现，一个实体也可以有多种功能，结构模块的划分和选择并非易事，要求设计人员具有丰富的设计经验和全面的领域知识。

3）基于产品特征知识的设计方法的主要特点是：使用特定的计算机语言描述产品的特点及设计领域专家的知识和经验，建立相关的设计和产品的知识库，以产品的特征特点、专家的领域知识为基础，建立推理机制来实现推理和决策，从而实现计算机辅助的产品方案设计。这种设计方法仍然存在计算机存储、产品特征描述和计算机推理决策等有关方面的问题。

4）智能化设计方法的主要特点是：借助三维软件、智能化设计软件和虚拟现实技术等进行设计，将多媒体、超媒体工具也应用到产品的开发设计过程，用于表达产品的设计理念、描述产品的结构特性。这种设计方法可以让用户直接参与其中，有着真实的设计体验，但系统性较差，对软件的智能化程度要求较高，需要有丰富经验的设计者参与才能进行成熟的设计。随着智能化时代的到来，这种设计方法将是未来的设计趋势。

值得一提的是：上述各种方法并不是完全孤立的，在机械产品的设计中，往往包含一种或数种设计方法，各类方法之间都存在一定程度上的联系。例如，结构模块化设计方法中，划分结构模块的过程就蕴含着系统化思想，由各个结构模块共同组成产品系统；基于产品特征知识的设计方法通常也需运用系统化和结构模块化方法对产品特征进行描述并建立相关的知识库。从某种方面来说，基于产品特征知识的设计方法与智能化设计方法相辅相成、相互融合、相互促进。在机械产品方案设计中，多种方法的配合使用不仅可以保证设计的规范化，而且可以简化设计过程，提高设计效率和质量，降低设计成本。

三、识读图样是现代新型技能型人才的必备能力

图样是传递设计思想的信息载体，体现了设计者的设计理念，是生产过程中加工、制造、装配、检验、调试等过程的依据。图样是工程界进行交流的技术语言，能够快速而准确地识读零件的图样，理解零件的加工信息，是正确实施零件加工的前提；能够合理表达零件的结构，正确规范地绘制零件图样，是在职业岗位上进行技术交流和沟通的必要手段。掌握阅读和绘制机械图样的技能，对成为现代新型技能型人才非常重要。

1. 图样体现制造行业的规范

从事机械制造行业就必须掌握机械制图，机械制图的学习可以使我们建立起空间概念，由平面思维转换到空间思维，不断地"由物及图"和"由图及物"，提高空间想象能力和思维能力。在全球化日益深化的今天，我国众多领域逐渐与国际接轨并深度融合，对于机械制造行业，国家标准与国际标准也会逐步接轨并修订完善。我国机械制造行业技术人才想要与

其他国家的设计者交流，进行技术研讨和创新，就必须熟练掌握这门技术语言，而且标准规定的严谨性、权威性和规范性，对于技术人员确立标准化意识非常重要。

2. 图样在加工制造中的作用

在实际生产中，零件乃至机器设备的制造都是根据图样所表达的各种工艺信息完成的，图样是制造和检验零件的依据，一般先根据设计要求画出装配图以表达机器或部件的工作原理、传动路线、零件之间的装配关系及零件的结构形状，然后按照装配图设计零件，并绘制零件图。同时，图样也反映所制订的装配工艺规程，是进行装配、检验、安装、调试、维修的技术依据，是加工、制造及装配中的核心技术文件。

3. 图样影响实际问题的解决

图样可以帮助我们很好地建立空间想象能力、掌握投影规律及国家标准，使我们对机械领域的知识，如机械制造技术、机械设计与机械原理、机械精度等有更加深刻的理解，这些知识涉及零件结构、产品质量、加工方法、材料选择、技术要求、连接装配关系等方面。在高等教育中，图样绘制与阅读能力是工科类各专业学生必备的基本技能。在实际工作中，机械行业的很多岗位都与图样有着直接或间接的关联，因此，不管是从管理角度实现产品的精细化、规范化管理，还是从技术角度实现产品的更新换代设计，或者从生产角度实现产品加工质量和生产效率的提升，都需要具备识读和绘制图样的能力。

形体表达基础理论篇

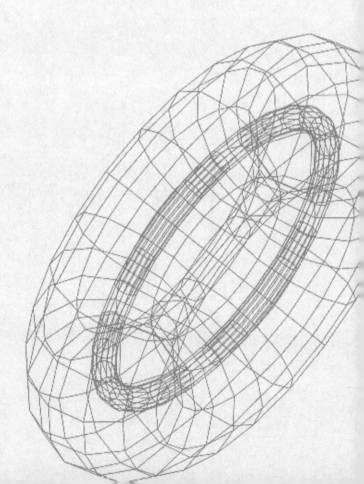

第二章　基本几何体的表示方法

　　任何机器或部件都是由若干零件按一定的装配关系和技术要求装配起来的，千斤顶是利用螺旋传动来顶举重物的小型起重工具，由 7 个零件组成，表 2-1 列出了组成千斤顶的零件明细（与图 2-1a 中序号相对应），各零件的装配关系如图 2-1 所示，零件效果图如图 2-2 所示。

　　工作时，铰杠穿在螺杆顶部的孔中，转动铰杠，螺杆在螺套中借助螺纹上下移动，通过顶盖将重物顶起或降下。螺套装在底座中，并用螺钉定位，便于磨损后更换修配。螺杆的球面形顶部套有顶盖，由螺钉将其与螺杆连接在一起。

表 2-1　千斤顶零件明细表

序号	名称	数量	材料
1	顶盖	1	Q235
2	螺钉 GB/T 65 M10×12	1	Q235A
3	铰杠	1	Q235
4	螺钉 GB/T 73 M10×12	1	Q235A
5	螺套	1	Q235
6	螺杆	1	Q235
7	底座	1	HT200

　　从图 2-2 可以看出，零件是构成产品、机器或部件的基本单元。为更好地分析零件，一般先将零件进行简化，剔除零件中涵盖的工艺信息，仅从几何结构的角度来分析其构成特点及表示方法。本章就介绍这种基于几何结构的基本几何体的表示方法。

a)　　　　　　　　　　　b)　　　　　　　　　　　c)

图 2-1　千斤顶

a）千斤顶装配示意图　b）千斤顶效果图　c）零件装配关系分解效果图

图 2-2　千斤顶零件效果图

a）底座　b）螺套　c）螺杆　d）顶盖　e）铰杠

第一节　平面图形基础

立体是由平面、曲面所围成的空间几何体，构成立体的最小单元就是构成立体的最基本几何形态（简称基本几何体），而构成基本几何体轮廓的一般是由直线、圆、圆弧等图形要素（简称图素）组成的平面图形，在表达设计意图时，不论是以三维形式表示立体，还是以二维形式表示立体，都必须从绘制平面图形开始。因而，平面图形的绘制是一切设计表达的基础。

一、平面图形分析

平面图形都是由直线、曲线等几何元素按照一定的几何关系组合而成的几何图形，实际应用中，这些几何元素又必须根据给定的尺寸关系画出，所以为了保证能正确、顺利地绘制平面图形，就必须对图形中几何元素所标注的尺寸和构成的线段进行分析。

1. 平面图形的尺寸分析

尺寸是用特定单位表示长度大小的数值，是描述平面图形形状和大小的关键因素，如图 2-3a 所示的各平面图形的尺寸，按其在平面图形中所起的作用，可分为**定形尺寸**和**定位尺寸**；要确定平面图形中各组成线段的上下、左右的相对位置，还必须引入机械制图中被称为**尺寸基准**的概念。

（1）定形尺寸　确定图形中各几何元素形状大小的尺寸为定形尺寸，如图 2-3b 所示的 63、49、R12、φ22。

（2）定位尺寸　确定图形中各几何元素相对位置的尺寸为定位尺寸，如图 2-3c 所示的 19、20。

（3）尺寸基准　基准是机械制造中应用十分广泛的一个概念，从设计时零件尺寸的标注、制造时工件的定位、校验时尺寸的测量，一直到装配时零部件的装配位置确定等，都要用到基准的概念。用来确定平面图形中尺寸位置所依据的点、线、面称为尺寸基准，简称为基准。一般将平面图形中的对称中心线、圆心、轮廓直线等作为尺寸基准，一个平面图形必

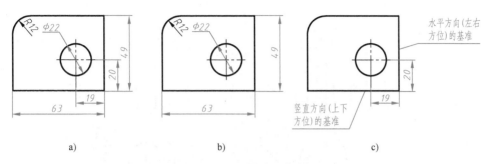

图 2-3 平面图形尺寸分析

a）平面图形尺寸标注 b）定形尺寸标注 c）定位尺寸标注

须有水平、竖直两个方向的尺寸基准，定位尺寸要以尺寸基准为标注尺寸的起点。如图 2-3c 所示的底边轮廓水平线、右侧的轮廓竖直线分别为 $\phi22$ 圆的竖直方向（上下方位）和水平方向（左右方位）的基准。

2. 平面图形的线段分析

平面图形中的线段通常是指直线、圆弧和圆。平面图形线段分析的实质是通过分析线段构成的定形尺寸、定位尺寸及各线段之间的连接关系，来区分不同类型的线段，并由此确定作图的方法和步骤，通常根据线段的定位尺寸的数量和连接关系的数目，将平面图形中的线段分为**已知线段**、**中间线段**和**连接线段**。

1）已知线段：根据图形中所标注的尺寸，可以独立画出的直线、圆弧和圆，称为已知线段，如图 2-4b 所示。

2）中间线段：根据图形中所标注的尺寸，再借助于一个连接关系才能画出的圆弧或直线，称为中间线段，如图 2-4c 所示。

3）连接线段：根据图形中所标注的尺寸，需要借助于两个连接关系才能画出的圆弧或直线，称为连接线段，如图 2-4d 所示。

3. 平面图形的画图步骤

以图 2-4a 所示的平面图形为例，说明画图的步骤。

1）根据图形大小选择比例及图纸幅面。

2）分析平面图形中哪些是已知线段、中间线段、连接线段，以及所给定的连接条件。已知线段、中间线段和连接线段分别如图 2-4b~d 所示。

3）根据各组成部分的尺寸关系确定作图基准，尺寸基准如图 2-4a 所示。

4）先画已知线段，再画中间线段，最后画连接线段。

5）检查加深。

6）标注尺寸。

4. 平面图形的尺寸标注

在平面图形中进行尺寸标注时，必须保证尺寸标注的正确、完整、清晰、合理，能唯一地确定图形的形状和大小，做到不遗漏、不多余地标注出确定各线段相对位置及大小的尺寸。

下面以如图 2-4a 所示的平面图形为例，说明标注尺寸的方法和步骤。

1）确定竖直方向（上下方位）、水平方向（左右方位）的基准，如图 2-4a 所示。

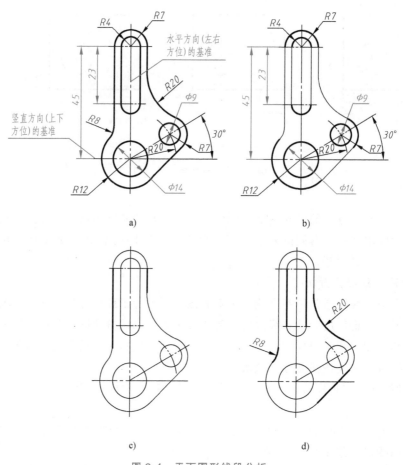

图 2-4　平面图形线段分析

a）平面图形　b）绘制已知线段　c）绘制中间线段　d）绘制连接线段

2）依据绘图过程中所分析的各线段的性质，按已知线段、中间线段、连接线段的次序逐个标注尺寸，如图 2-4b~d 所示。

几种常见平面图形的尺寸注法如图 2-5 所示。

二、平面图形的参数化绘制基础

1. 参数化绘图的概念

参数化绘图的基本原理是以图形的坐标值为变量，用一组参数来约定图形的尺寸关系，这组参数称为尺寸约束参数，主要应用于计算机三维设计软件的图形绘制中。

传统的人机交互绘图软件系统都用固定的尺寸值定义几何元素，输入的每一条线都有确定的坐标位置。若图形的尺寸有变动，则必须删除原图重画。对于系列化的机械产品，其零件的结构形状基本相同，仅尺寸不同，若采用人机交互绘图，则系列产品中的每一种产品均需重新绘制，重复绘制的工作量极大。参数化绘图适用于结构形状比较确定，并可以用一组参数来约定尺寸关系的系列化或标准化的图形绘制。参数化绘图有程序参数化绘图和人机交互参数化绘图两大类型。

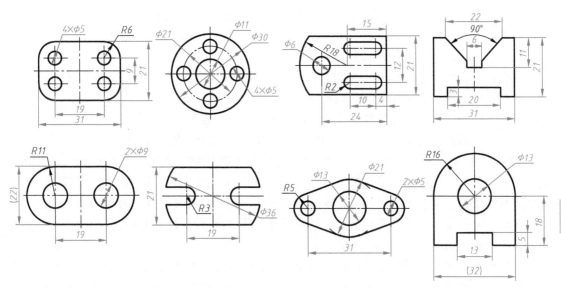

图 2-5　几种常见平面图形的尺寸注法

1）程序参数化绘图的实质，就是把图形信息记录在程序中，用一组变量定义尺寸约束参数，用赋值语句表达图形变量和尺寸约束参数的关系式，并调用一系列的绘图命令绘制图形。程序运行时，只需对其输入尺寸约束参数，它就可以自动地绘制一幅指定结构形状的图形。但是，程序参数化绘图需要编制相应的程序，编程工作量大、柔性差、直观性差，故实际应用受到一定限制。

2）人机交互参数化绘图是 20 世纪 80 年代中期发展起来的，其特点是使用者面向屏幕，采用人机交互方式在屏幕上绘制图形的草图，再标注上正确的尺寸（或设定尺寸代码）后，程序就可以根据所标注的尺寸值（或称为尺寸约束参数）的赋值自动地生成一幅符合尺寸要求的工程图。这种方法就能实现在建立图样的过程中不断修改、不断满足约束的反复过程。

所谓实现图样绘制的参数化，就是允许在绘图之初进行草图设计，而后可以根据图样设计要求逐渐地在草图上施加几何约束和尺寸约束，并且约束变化能够驱动图样变化。因此，参数化绘图是一种"基于约束"的，并且用尺寸驱动图形变化的作图方法。

2. 设计中的约束及其特性

（1）约束的概念　约束是指事物存在所必须具备的某种条件或事物之间应满足的某种关系，约束的存在反映了事物之间是有联系的。参数化平面图形绘制中的约束是指直线、圆弧等几何元素的性质、属性和图素之间应满足的某种关系，以及几何形状和尺寸之间应满足的某种关系，相应地称为参数化平面图形绘制中的几何约束和尺寸约束。

（2）几何约束　几何约束用于控制各图形几何元素之间的某种特定的几何关系，是对图形几何元素方位、相对位置关系的限制。这种约束关系用来确定它们的结构关系，而这种结构关系在图形的尺寸驱动过程中是保持不变的。

几何约束也被称为几何关系。常见的几何关系包括平行、垂直、共线、对称、同心、重合、相切、水平、竖直等。

平行：通过添加约束保证两条直线或多条直线互相平行。

垂直：通过添加约束保证两条直线或多条直线互相垂直。

23

共线：通过添加约束保证两条直线或多条直线在同一直线（方向）上。

对称：通过添加约束保证对象上两点或两曲线，相对于选定的直线对称。

同心：通过添加约束保证选定的圆、圆弧同心。

重合：通过添加约束保证两个点重合，或者约束某个点使其位于某对象上或其延长线上。

相切：通过添加约束保证两曲线或曲线与直线相切。

水平：通过添加约束保证指定直线与水平坐标轴（一般为 X 轴）平行。

竖直：通过添加约束保证某直线与竖直坐标轴（一般为 Y 轴）平行。

（3）尺寸约束　尺寸约束用于控制图形几何元素的形状、大小，及其与其他几何元素的尺寸对应关系，也就是定量地描述几何元素的具体形状大小。图样绘制过程可视为约束满足的过程，不可有欠约束和过约束存在。与平面图形中尺寸标注一样，尺寸约束包含定形尺寸和定位尺寸约束。尺寸约束类型包含线性尺寸、圆和圆弧尺寸、角度尺寸约束，对此类几何元素正确标注的示例如图 2-5 所示。

几何约束和尺寸约束都是对图形的限制，以使图形形状和大小满足设计要求。有时两者的作用可以互相替代，虽然对图形的约束效果相同，但可编辑性、施加约束的难易程度会有差异，因此约束选择合理会使图样的绘制更加便捷。

如图 2-6 所示，平面图形中有两个等直径圆，绘图时可以施加两个尺寸约束 ϕ_1、ϕ_2，即输入两个具有相同尺寸数值的直径值，但如果需要修改圆的大小，则需修改两个尺寸的数值。如果施加一个尺寸约束 ϕ_1 并对两个圆施加等大的约束，则只需要修改 ϕ_1 的尺寸约束的数值，便可修改所有等直径圆的大小。在施加图 2-6 中 4 个具有相同半径大小的圆弧的约束时，也会出现上述问题。

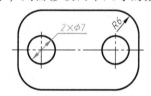

图 2-6　不同方式施加约束实例

（4）添加约束实例　运用参数化方式绘制图 2-7a 所示 30×40 的矩形图样，其步骤如下。

1）先绘制任意尺寸的草图，如图 2-7b 所示。

2）为相对应的线段添加平行的几何约束，建立矩形，如图 2-7c 所示。

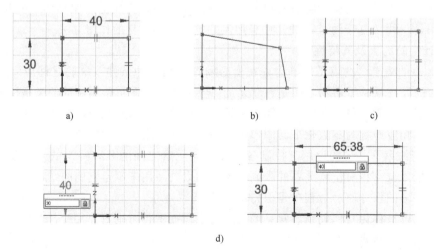

a)   b)   c)

d)

图 2-7　添加约束实例

a）目标图样　b）绘制草图　c）添加平行约束　d）修改尺寸

3）修改水平、竖直方向线段的尺寸数值，如图 2-7d 所示，最终完成图 2-7a 所示的目标图样。

第二节　基本几何体的三维表示方法

立体的表示可以用三维空间的方式呈现，也可以用二维平面图形的方式呈现，而分析构成立体的最小单元是分析立体构成的基础，因此这里先介绍立体构成形式的基础知识与表示方法。

一、立体的特征与分类

从几何构形的角度来看，任何空间几何实体都是有规律可循的。分析和研究立体构成特点及形成规律，是本部分要讨论的重点内容。

1. 立体的特征

所谓特征，是指可以作为描述事物构成特点的表征、标志等。对立体而言，它反映某几何体所特有的构成形态，这种构成形态是可以量化并赋予一定几何形状和属性的。通常，特征应具有以下特点：①特征必须是一个实体或零件中的具体构成要素之一；②特征能对应于某一形状；③特征的性质是可以预料的，并能赋予一定的实际意义。如图 2-8 所示的立体，反映其构成特征的就是上、下两个底平面。能反映立体构成特点的、由任意形状的平面图形围成的封闭区域称为**特征平面**，简称为**特征面**，图 2-8 所示立体的底平面即为特征面。

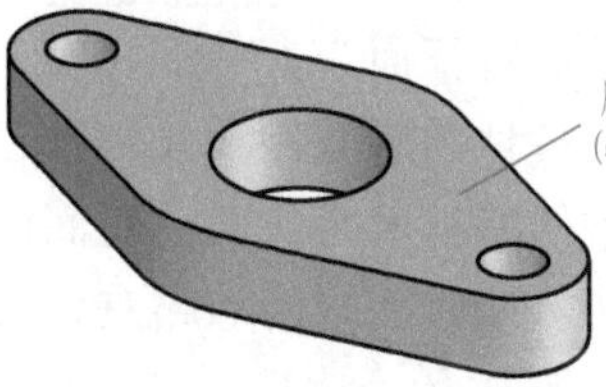

底平面（特征面）

图 2-8　立体

2. 立体的分类

根据立体的组成形态，将立体分为基本几何体和组合体。

（1）基本几何体　基本几何体是构成立体的最小单元，是具有单一特征面的立体。根据其表面几何性质的不同，可分为：①由平面多边形包围而成的立体，称为平面立体，如图 2-9a、b

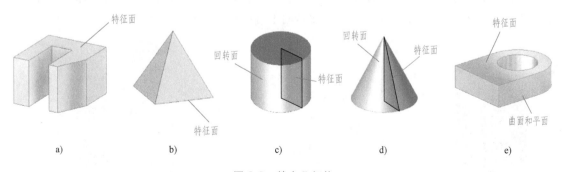

图 2-9　基本几何体

a）、b）平面立体　c）、d）曲面立体（回转体）　e）广义柱体所示；②全部由曲面包围而成，或者由单一曲面与底平面包围成的立体，称为曲面立体，其中的曲面是回转面的曲面立体称为回转体，如图 2-9c、d 所示；③由两个平行的底平面及与底平面垂直的由曲面和平面共同组成的侧面围成的立体，称为广义柱体，如图 2-9e 所示。

（2）组合体　组合体是由基本几何体经过叠加、切割、相交或相切等形式组合而成的立体，是具有多个特征面的立体。如图 2-10a 所示立体无法用单一特征面描述其构成特点，而可以看作具有图 2-10b 所示特征面的两个基本立体通过增材（或称叠加）方式组合而成。

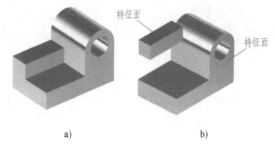

图 2-10　组合体
a）组合体　b）分解图

二、基本几何体构形分析与创建

1. 基本几何体的构形分析

下面分别对平面立体、回转体、广义柱体这三类基本几何体分析其不同的构形特点。

（1）平面立体的构形分析　平面立体的表面全部是平面，最常见的平面立体是棱柱、棱锥，它们的各部分名称如图 2-11 所示。

> 注意：本书所讨论的所有棱柱均指所有棱线与上、下个底面相垂直的直棱柱。

棱柱的特征面为上、下底面，它们是平行且全等的平面多边形，底面由几条边构成就是几棱柱。棱柱的所有棱线互相平行，所有棱侧面均为矩形。

棱锥的特征面为底面，底面由几条边构成就是几棱锥。棱锥的所有棱线相交于顶点，正棱锥的所有侧棱面均为等腰三角形。

（2）回转体的构形分析　回转体的表面全部是回转面，或者是回转面和平面，最常见是回转体有圆柱体、圆锥体、圆球、圆弧回转体等。

若曲面是由一动线（直线、圆弧或任意曲线）绕一给定直线回转一周而形成的，则该曲面即为**回转面**，如图 2-12 所示。图 2-12 中的 OO_1 为给定直线，称为回转**轴线**，动线 AB 称为**母线**，在回转面上任意位置的母线称为**素线**。从回转面的形成可知，母线上任意一点 K 的运动轨迹是一个圆，该圆称为**纬圆**。纬圆半径是点 K 到轴线 OO_1 的距离，纬圆所在的平面垂直于轴线 OO_1，如图 2-12 所示。在回转面上可以作出一系列的纬圆。

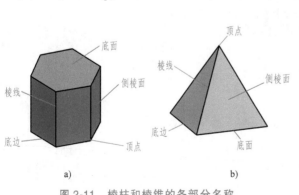

a）　　　　　　b）

图 2-11　棱柱和棱锥的各部分名称

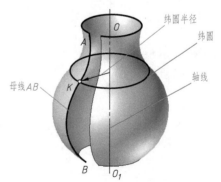

图 2-12　回转面的形成

　　由于回转面的母线可以是直线，也可以是曲线，因此，当回转面的母线形状不同或者母线与轴线的相对位置不同时，就会产生不同形状的回转面。表 2-2 列出了不同母线形状及母线与轴线处于不同相对位置的情况下形成不同回转面的情况。

表 2-2　不同回转面的形成方式

类型	圆柱面	圆锥面	圆球面	圆弧回转面
回转面		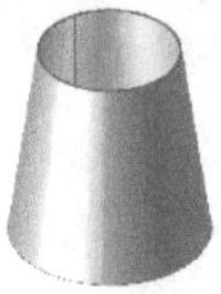		
母线与轴线				

　　回转体一般是由回转面与平面所围成的立体，也可以认为是由某一封闭平面图形作为母线绕轴线旋转形成的，见表 2-3。这样的封闭平面图形为回转体的特征面。

表 2-3　回转体的构成方式

类型	圆柱	圆锥	圆球	圆弧回转体
回转体		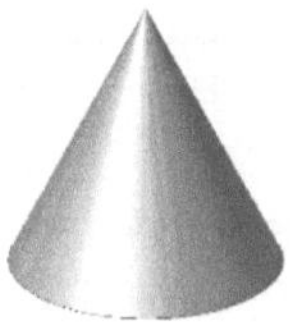		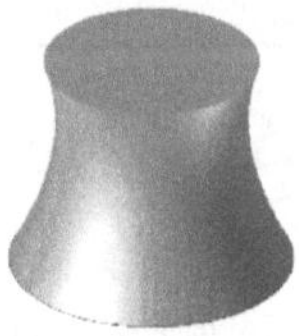
平面图形与母线	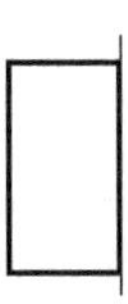	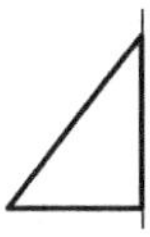		

　　（3）广义柱体的构形分析　广义柱体的构成形式兼具平面立体和回转体的特点。广义柱体的特征面为上、下底面，它们是平行且全等的平面图形，可以由曲曲线和直线共同围成。广义柱体的侧面可以由平面和回转面共同组成。

> 注意：本书所讨论的广义柱体均指所有棱线、素线互相平行且与上、下底面相垂直的直柱体，如图 2-13 所示。

特征面　　特征面

图 2-13　广义柱体

综上，表 2-4 总结了基本几何体的分类与结构特点。

表 2-4　基本几何体的分类与结构特点

类型		表面状态	图例	定义	特点
柱体类	棱柱	上、下面为平面多边形，侧棱面为矩形		N 棱柱是由两底面和 N 个侧棱面所围成的立体	1. 上、下两底面平行，且为任意形状的平面多边形 2. 凸 N 边形形成的棱柱称为凸 N 棱柱(简称 N 棱柱)，凹 N 边形形成的棱柱称为凹 N 棱柱 3. 侧棱面垂直于上、下两底面，所有棱线互相平行 4. 尺寸构成为底+高
	圆柱	上、下底面为圆，回转面为圆柱面		圆柱是由两个圆形底面和圆柱回转面所围成的立体	1. 上、下两底面平行，且形状为圆 2. 圆柱回转面垂直于上、下两底面，素线与轴线平行 3. 尺寸构成为底+高
	广义柱体	上、下底面为不规则平面图形，侧棱面由曲面与平面组合构成		广义柱体是由两底面和多个侧面所围成的立体	1. 上、下两底面平行，且为任意形状的平面图形 2. 侧面垂直于上、下两底面，所有棱线、素线互相平行 3. 尺寸构成为底+高

（续）

类型		表面状态	图例	定义	特点
锥体类	棱锥	底面为平面多边形，侧面为三角形		N 棱锥是由一个 N 边形底面和 N 个侧面所围成的立体	1. 底面为任意形状的平面多边形 2. 所有棱线相交于顶点 3. 尺寸构成为底+高
	圆锥	底面为圆形，回转面为圆锥面		圆锥是由一个圆形底面和圆锥面所围成的立体	1. 底面为圆 2. 纬圆为一系列与轴线垂直的不同直径的圆 3. 尺寸构成为底+高
台体类	棱台	上、下底面为平面多边形，侧面为梯形		N 棱台是由两底面和 N 个侧面所围成的立体	1. 上、下底面平行，且为相似的任意形状的平面多边形 2. 所有棱线的延长线相交于一点 3. 尺寸构成为底+高
	圆台	上、下底面为圆，回转面为圆锥面的一部分		圆台是由两个底面和圆锥面的一部分所围成的立体	1. 上、下底面平行，且为大小不等的圆 2. 圆锥面所有素线的延长线相交于一点 3. 尺寸构成为底+高
其他常见回转体	圆球	表面为圆球面		圆球体是由一个半圆形绕过该半圆形的直径所在直线旋转一周所形成的立体	1. 表面是一系列等直径圆的集合 2. 纬圆为垂直于轴线的一系列不同直径的圆 3. 尺寸构成为球体特征符号"$S\phi$"或"SR"加数字组成
	圆弧回转体	上、下两底面为圆，回转面为圆弧回转面		圆弧回转体是由圆弧回转面和上、下两圆形底面所围成的立体	1. 上、下两底面平行，且形状为圆 2. 素线为一段圆弧，纬圆是一系列与轴线垂直的不同直径的圆 3. 尺寸构成为底+高+曲线构形尺寸（一般用"R"加数字表示素线圆弧半径）

注：尺寸构成中的"底"是指基本几何体反映底面构形所必须具备的尺寸；"高"是指底面的法线方向的高度，即为两平行底面间的距离（或锥顶到底面的距离）。

2. 基本几何体的创建

按照特征生成的方式不同，立体的建模方式分为以下两种类型。

（1）绘制性特征（Sketched Features）——草图特征　草图特征是指先绘制出立体某一特征平面的轮廓形状（建立特征面），再利用特征运算方式形成实体的一类特征。特征运算方式主要有以下几种。

1）拉伸（Protrusion）运算方式：将一特征面沿该平面的法线方向拉伸形成实体的特征

运算方式。表 2-4 所列柱体类基本几何体均可用此方式构造，用此方式创建的立体也可称为拉伸体。圆柱、广义柱体的拉伸建模过程如图 2-14、图 2-15 所示。

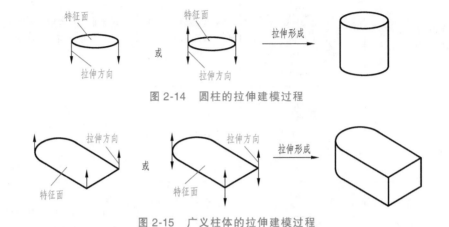

图 2-14　圆柱的拉伸建模过程

图 2-15　广义柱体的拉伸建模过程

2) 旋转（Revolve）运算方式：将一个特征面沿一条轴线旋转而形成实体的特征运算方式。回转体类基本几何体均可用此方式构造。圆柱、圆锥的旋转建模过程如图 2-16、图 2-17 所示。

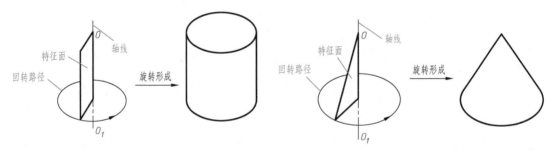

图 2-16　圆柱的旋转建模过程　　　　　　　图 2-17　圆锥的旋转建模过程

3) 合成（Blend）运算方式：对在不同平面上的多个特征面进行拟合延伸而形成实体的特征运算方式。表 2-4 所列锥体类、台体类基本几何体均可用此方式构造，用此方式建立的立体也可称为合成体。五棱台的合成建模过程如图 2-18 所示。

4) 扫掠（Sweep）运算方式：将一个特征面沿某一路径扫掠而形成实体的特征运算方式，扫掠建模过程如图 2-19 所示。用此方式建立的立体也可称为扫掠体。也可以用多个特征面和多条路径控制特征的形状，如图 2-20 所示。

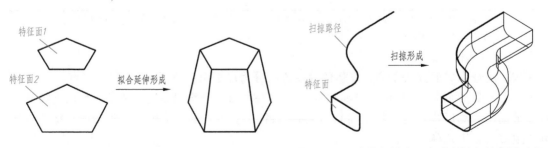

图 2-18　五棱台的合成建模过程　　　　　图 2-19　一个特征面和一条路径的扫掠建模过程

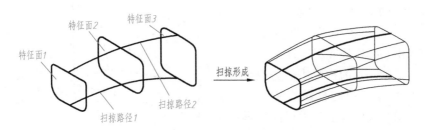

图 2-20　多个特征面和多条路径的扫掠建模过程

（2）置放性特征（Pick and Place Features）——放置特征　置放性特征主要是针对已建立好的基本实体特征（基本几何体）实行进一步加工的过程。例如，若要给已建立好的某立体的基本实体特征添加圆角特征，只需选取所要施加的特征选项（圆角）即可完成。虽然有些特征可以利用绘制性特征来代替建构，但置放性特征可以省略设计者的特征建构步骤，达到快速设计变更的要求。

（3）基本几何体的创建步骤　基本几何体的创建过程可以归纳为如下几点。

1）分析基本几何体的构形特点，分析立体的形成方式。

2）设定特征运算方式，如拉伸、旋转、合成等。

3）定义（绘制）特征面。

4）定义特征拉伸高度、深度或旋转角度等特征参数。完成基本几何体的创建。

此外，可以看出，基本几何体可视为由单一特征运算方式所形成的立体。

第三节　基本几何体的视图表示方法

第二节我们介绍了基本几何体三维立体的结构特点和基础知识，本节主要介绍基本几何体的二维投影表示方法，包含基本几何体的投影特性、三视图的绘制方法及空间中点、线、面的投影特性和立体表面取点、线的作图方法，为进一步分析复杂结构的立体（组合体）打下基础。

一、投影法概述

微课讲解：
投影法概述

1. 基本概念

物体在光的照射下会产生影子，这是一种自然投影现象。投影法就是依据这一自然现象，并经过科学的几何抽象后形成的将物体表示在平面上的方法。

投影法是使投射中心 S 发出的投射线通过立体，并向选定的平面 P（投影面）投射，如图 2-21 所示。投射线 SA、SB、SC 分别与投影面相交于 a、b、c 三点，则 $\triangle abc$ 称为 $\triangle ABC$ 在 P 面上的投影。

根据投影法生成的图形称为投影（投影图）。因是在二维投影面内生成的图样，故又称为二维投影图。如果选择和改变投射方向或旋转三维实体，可获得各种二维投影图。

2. 投影法分类

根据投射线的类型（平行或汇交），投影面与投射线的相对位置关系（垂直或倾斜），投影法可分为中心投影法和平行投影法。

投射线汇交于一点的投影法称为中心投影法，如图 2-21 所示。中心投影法常用于绘制建筑物的透视图。投射线互相平行的投影法称为平行投影法。平行投影法按投射方向与投影面是否垂直，可分为斜投影法和正投影法两

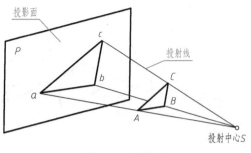

图 2-21　投影法

种。斜投影法的投射线与投影面相倾斜，如图 2-22 所示。正投影法的投射线与投影面互相垂直，如图 2-23 所示。

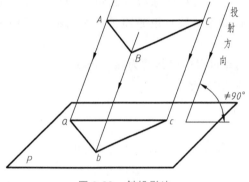

图 2-22　斜投影法

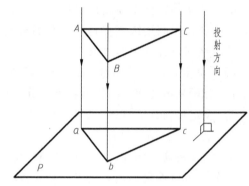

图 2-23　正投影法

机械工程图样除了后面介绍的斜二等轴测图（详细内容将在第三章第五节介绍）是采用斜投影法绘制的之外，都采用正投影法绘制，因此本书统一将正投影简称为投影。

3. 正投影的基本投影特性

正投影法中，立体上的平面和直线的投影有以下三个特性。

1）实形性：当立体上的平面图形和直线平行于投影面时，它们在投影面上的投影反映平面图形的真实形状和直线的实长，如图 2-44a 所示的平面 P 和直线 AB 的投影。

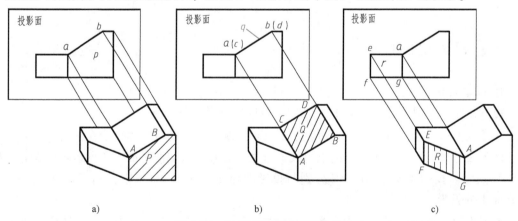

a)　　　　　　　　　　b)　　　　　　　　　　c)

图 2-24　正投影的基本投影特性

a）实形性　b）积聚性　c）类似性

2）积聚性：当立体上的平面和直线垂直于投影面时，它们在投影面上的投影分别积聚成一条直线和一个点，如图 2-24b 所示平面 Q 和直线 AC 的投影。

3）类似性：当立体上的平面和直线倾斜于投影面时，平面的投影为平面的类似形，类似形表现为边数相同、凸凹状态、平行、曲直的关系不变，以及投影面积缩小；直线的投影仍为直线，但长度缩短，如图 2-24c 所示的平面 R 和直线 EA 的投影。

根据线和面的投影特性，在绘制立体的投影图时，为了反映立体的真实形状，应尽量使立体上的平面和直线尽可能多地平行或垂直于投影面。这样不仅使绘图过程简单，也便于立体上尺寸的度量和读图。

二、三视图的形成及投影规律

微课讲解：
三视图的形成
及投影规律

1. 三投影面体系

两个形状不同的立体，在同一投影面上所得的投影可能是相同的，如图 2-25 所示。这表明仅靠一个投影不能唯一地确定立体的空间形状。因此，要使投影图能确切而唯一地反映立体的空间形状，就需要使用多个方向上的投影，即建立多投影面体系。通常把立体放在由三个互相垂直的平面组成的投影面体系中（简称三投影面体系），以获得能完整地表达立体空间形状的三个基本投影。

如图 2-26 所示，互相垂直的三个投影面把空间分成八个部分，每部分记为一个分角，依次为 I、II、III、IV、V、VI、VII、VIII 分角。国家制图标准规定：生成技术图样时优先采用第一分角建立投影，如图 2-27 所示，即将立体置于第一分角内进行投射。本书以介绍第一分角投影为主，以后不作特别说明的投影都是指第一分角投影。

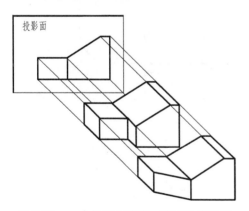

图 2-25　一个投影不能唯一确定立体示例

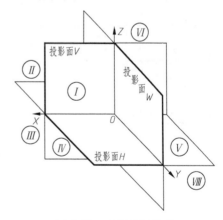

图 2-26　三投影面体系

2. 三视图的形成及投影规律

在三投影面体系中，三个投影面分别称为正立投影面（简称正面，用 V 表示）、水平投影面（简称水平面，用 H 表示）、侧立投影面（简称侧面，用 W 表示）。立体在这三个面上的投影分别称为正面投影、水平投影、侧面投影。投影中立体的可见轮廓线用粗实线表示，不可见的轮廓线用虚线表示。在机械制图中，通常把立体的多面正投影称为视图，如图 2-27a 所示。

（1）三视图的形成

1）由前向后投射在 V 面得到的是正面投影，也称为主视图。

2）由上向下投射在 H 面得到的是水平投影，也称为俯视图。

3）由左向右投射在 W 面得到的是侧面投影，也称为左视图。

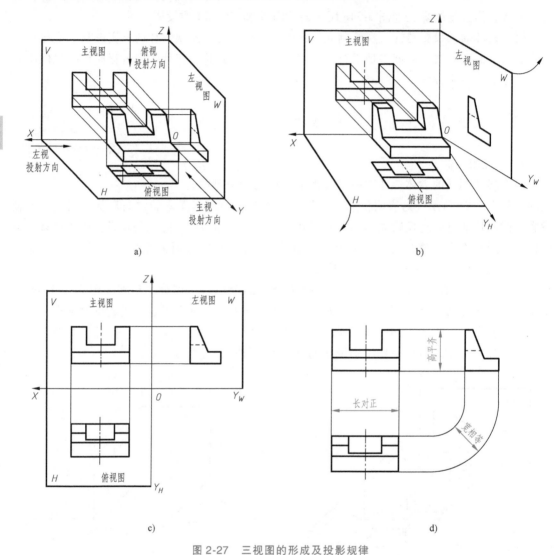

a)   b)

c)   d)

图 2-27 三视图的形成及投影规律

a）多面正投影 b）多面正投影展开 c）建立三视图 d）满足三视图投影规律

为了将三个视图展示在一张图纸上，国家标准规定：V 面保持不动，H 面绕 OX 轴向下旋转 90°后与 V 面重合；W 面绕 OZ 轴向后旋转 90°后与 V 面重合，如图 2-27b 所示。将 V、H、W 面展开到同一平面后，就可得到绘制在同一平面上的三个基本视图，常称为三视图，如图 2-27c 所示。绘制三视图时不用画出投影面的边框线，各视图之间的距离可根据图纸幅面适当确定，也不注写视图名称，如图 2-27d 所示。

（2）三视图的投影规律   根据三个投影面的相对位置及其展开的规定，三视图的位置关系是：以主视图为准，俯视图在主视图的正下方，左视图在主视图的正右方。

通常把 X 轴方向的尺寸称为立体的"长"，Y 轴方向的尺寸称为"宽"，Z 轴方向的尺寸称为"高"。从图 2-27d 可以看出，主视图和俯视图都反映了立体的长度，主视图和左视图都反映了立体的高度，俯视图和左视图都反映了立体的宽度。因此，三视图之间存在的投影关系为

主视图与俯视图　　　　长对正

主视图与左视图　　　　高平齐

俯视图与左视图　　　　宽相等

"长对正、高平齐、宽相等"是三视图之间的投影规律，不仅适用于整个立体的投影，而且也适用于立体中的每一局部的投影。

其中特别需要注意的是三视图与三维立体的方位关系。**方位关系**是指从观察者角度，沿主视图投射方向来观察立体，观察立体的上、下、左、右、前、后六个方位在三视图中的对应关系。根据每个视图可分别反映立体两个方向上的对应关系，得出主视图能反映立体的上下、左右方位关系，俯视图能反映立体的前后、左右方位关系，左视图能反映立体前后、上下方位关系，如图 2-28 所示。因而三视图是一个不可分割的整体。

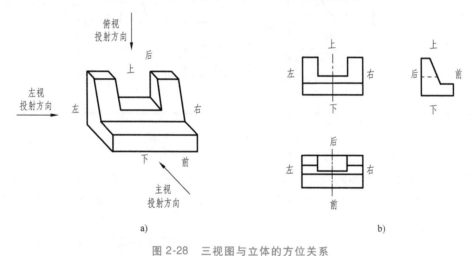

图 2-28　三视图与立体的方位关系

a) 空间立体的方位关系　b) 三视图中对应的方位关系

三、基本几何体三视图的投影特性和画法

如前所述，基本几何体按立体表面构成的几何性质分为基本平面立体、回转体、广义柱体三大类，下面分别介绍其三视图的投影特性和画法。

1. 基本平面立体三视图的投影特性和画法

（1）基本平面立体三视图的投影特性　基本平面立体的形状是多种多样的，但常见的基本形式只有两种：棱柱和棱锥。下面以六棱柱和四棱锥为例介绍其三视图的投影特性和画法。

正六棱柱和四棱锥所生成三视图与投影特性见表 2-5，立体的摆放状态设定为将底平面平行于水平投影面放置，主视投射方向选为与立体的高所垂直的方向，如表 2-5 中立体图所示。

表 2-5　棱柱、棱锥三视图的三视图与投影特性

类别	形体特征	立体图	三视图	投影特性
正六棱柱	1. 上、下两底面平行且全等 2. 各棱线互相平行，且与上、下两底面垂直	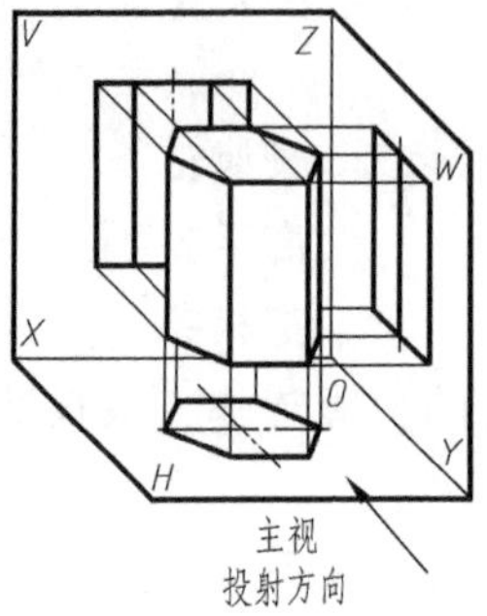 　主视投射方向	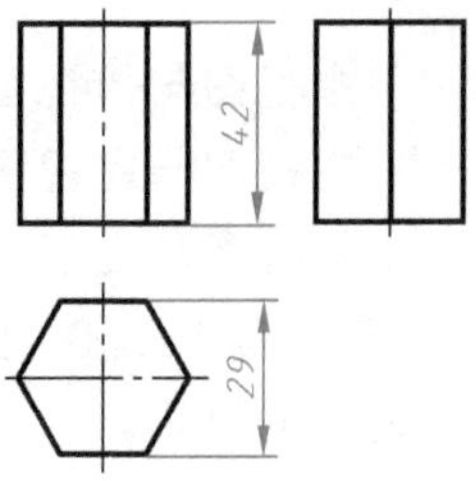 　42　29	1. 在平行于底面的投影面上的投影是一个平面多边形，它反映立体底面真形，为特征投影 2. 另两面投影是多个矩形的组合
四棱锥	1. 底面为平面多边形 2. 所有棱线汇交于锥顶	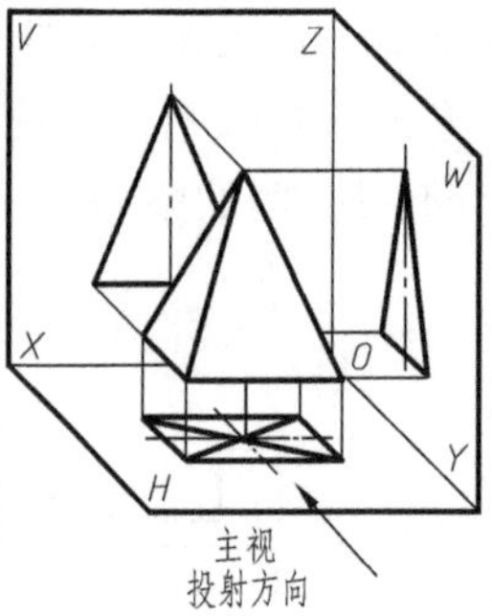 　主视投射方向	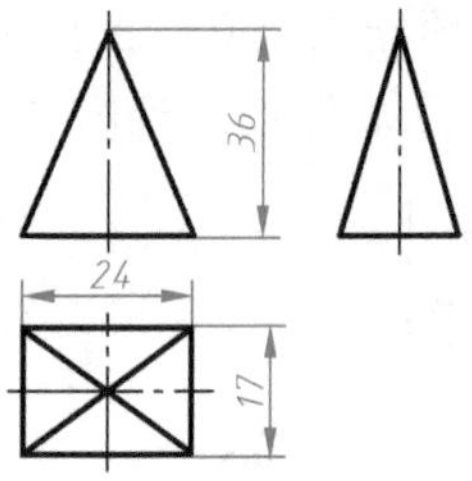 　36　24　17	1. 在平行于底面的投影面上的投影反映底面真形，为特征投影 2. 另两面投影是三角形或三角形的组合

注：1. 应把基本平面立体放正，使其主要平面与投影面平行或垂直。

　　2. 当立体前后、左右方向对称时，反映该方向的相应两个视图也一定对称，视图中必须画出对称中心线（细点画线），并且两端应超出视图轮廓 3~5mm。

（2）棱柱、棱锥三视图的画法　画棱柱、棱锥的三视图，实质上是画出所有棱线和底边的投影，并判别可见性。下面以正六棱柱为例，说明常见棱柱、棱锥三视图的作图方法和步骤。

正六棱柱是由两个正六边形底面和六个相同大小的侧棱面围成的基本几何体。将底面平行于水平面放置于三投影面体系中，则水平投影为反映底面真形的正六边形，正面投影和侧面投影为一系列矩形的组合。由于正六棱柱的形体特征是前后对称且左右对称的，因此选择其对称中心线和底面作为绘图基准。绘制正六棱柱三视图的步骤如下。

1）确定立体放置方式、主视投射方向。绘制立体三视图时，通常先分析其结构形状，将其主要表面与投影面平行放置。同时，选择主视图、左视图虚线尽量少的方向为主视投射方向。

2）绘制作图基准线。立体具有对称性时首先需选择立体对称中心线为基准，如选择正六棱柱的前后、左右对称中心线，用细点画线绘制，再选择立体底面的投影作为竖直方向（上下方位）的基准，用细实线绘制，如图 2-29a 所示。

3）画出反映底面真形的俯视图，如图 2-29b 所示。

4）根据"长对正、宽相等、高平齐"的投影规律，画出另两视图，如图 2-29c 所示。

5）检查、清理底稿，注意判别图线的可见性，加深可见轮廓线，完成三视图，如图 2-29d 所示。

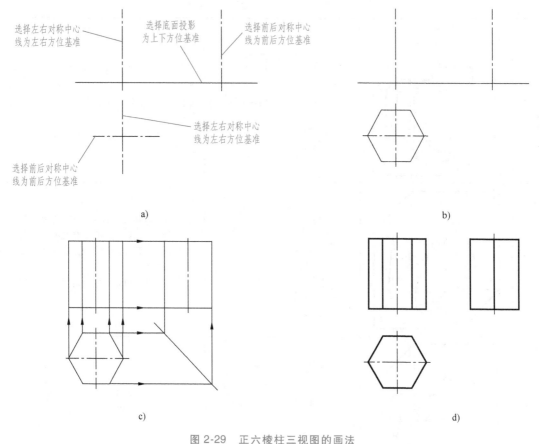

图 2-29　正六棱柱三视图的画法

a）建立作图基准　b）完成反映真形的俯视图　c）做出另两视图　d）完成三视图

注意：

1）表 2-5 中的正六棱柱和四棱锥，由于立体的左右方向和前后方向都具有对称性，因而它们相应的视图中都不能省略表明立体对称的对称中心线（细点画线）。

2）在视图中，当粗实线和虚线或细点画线重合时，应画成粗实线，如正六棱柱的主、左视图（参见表 2-5 中的三视图）；当虚线和细点画线重合时，则应画成虚线。

2. 回转体三视图的投影特性和画法

圆柱、圆锥、圆球和圆弧回转体这四种常见回转体的三视图和投影特性见表 2-6。注意表图所示回转体的摆放状态是圆柱、圆锥、圆球和圆弧回转体轴线与水平面相垂直放置，也可以使轴线与另两投影面垂直放置。

注意：在任意一个回转体的投影图中，必须补全轴线的投影和圆的对称中心线。

从表 2-6 中可以看出，当回转体的轴线平行于某一投影面时，回转面在该投影面上的投影轮廓线是轴线两侧最远处的素线的投影。通过两条素线上所有点的投射线都与回转面相切，同时也确定了回转面的投影范围，因此被称为**转向轮廓线**，简称**转向线**。

转向轮廓线具有以下两个性质。

1）回转面的转向轮廓线是相对于某投射方向（投影面）而言的。

表 2-6　常见回转体的三视图与投影特性

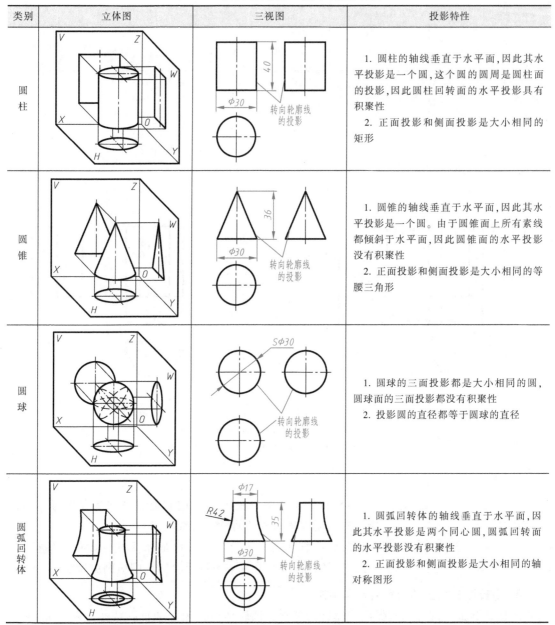

类别	立体图	三视图	投影特性
圆柱	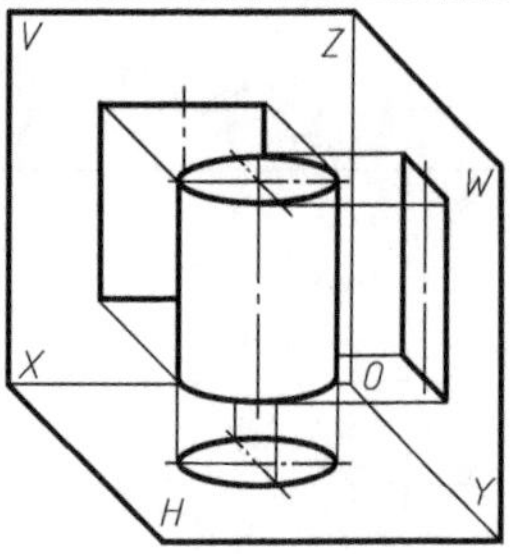	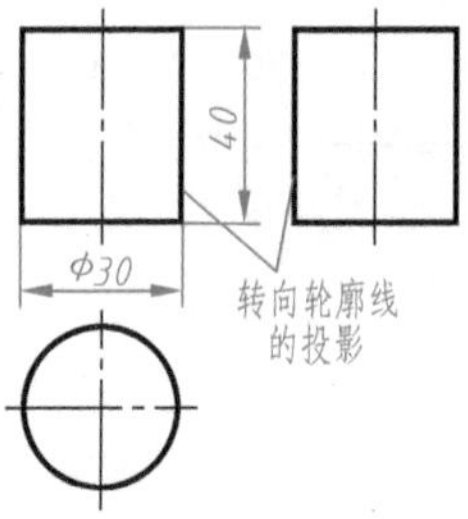	1. 圆柱的轴线垂直于水平面,因此其水平投影是一个圆,这个圆的圆周是圆柱面的投影,因此圆柱回转面的水平投影具有积聚性 2. 正面投影和侧面投影是大小相同的矩形
圆锥	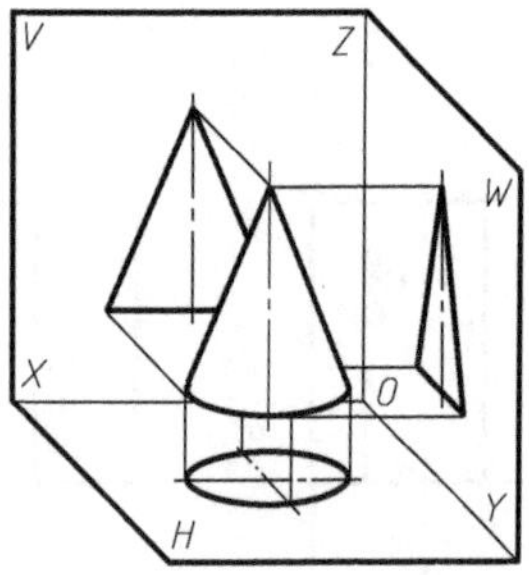	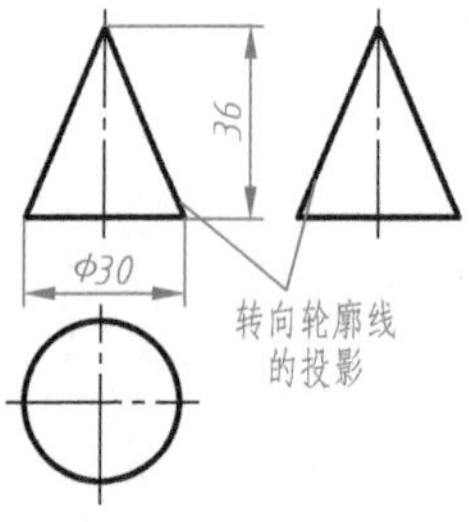	1. 圆锥的轴线垂直于水平面,因此其水平投影是一个圆。由于圆锥面上所有素线都倾斜于水平面,因此圆锥面的水平投影没有积聚性 2. 正面投影和侧面投影是大小相同的等腰三角形
圆球	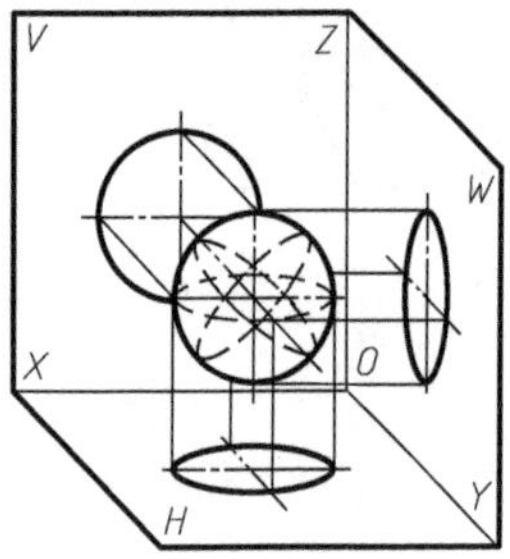	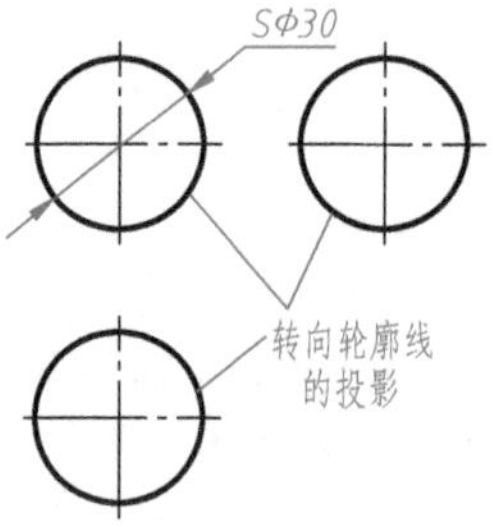	1. 圆球的三面投影都是大小相同的圆,圆球面的三面投影都没有积聚性 2. 投影圆的直径都等于圆球的直径
圆弧回转体	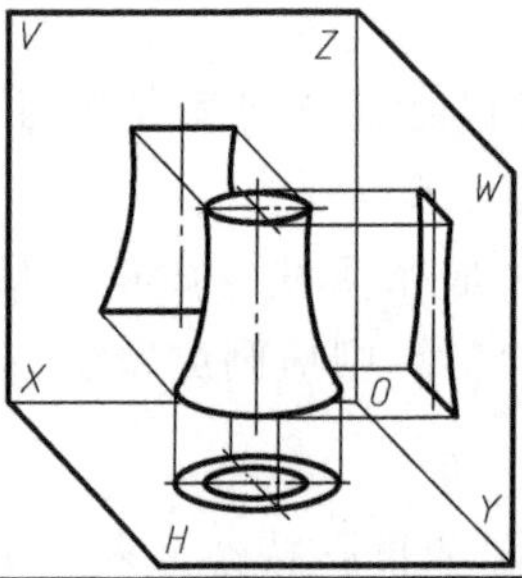	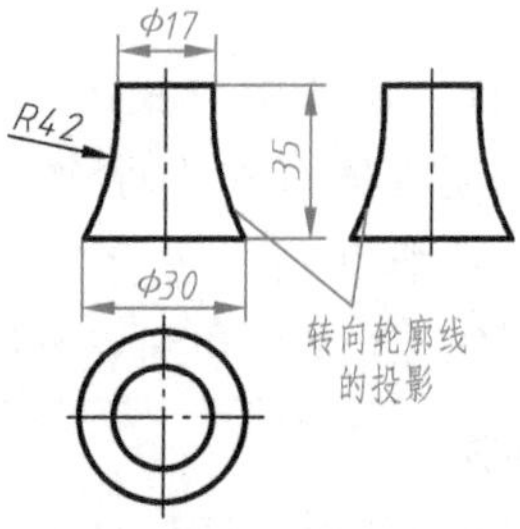	1. 圆弧回转体的轴线垂直于水平面,因此其水平投影是两个同心圆,圆弧回转面的水平投影没有积聚性 2. 正面投影和侧面投影是大小相同的轴对称图形

2）转向轮廓线是回转面上对某投射方向（投影面）可见部分与不可见部分的分界线。

在三视图中，对某一投影面内（如表 2-6 中各回转体在主视图中）的转向轮廓线的投影只在相应视图中确定投影范围，而其在另两视图中的投影位置（如表 2-6 中各回转体对正面的转向轮廓线在左、俯视图的投影）在回转体的轴线上，由于回转面是光滑的，因此转向轮廓线的投影在该视图中不画出。例如，表 2-6 中的圆柱，其正面投影中的最左、最右两条线是圆柱面对正面的转向轮廓线的投影，其侧面投影与轴线重合，不画出。

根据以上投影特性分析，画回转体的三视图，实质上是画出所有回转面和底边的投影，并判别可见性。

3. 广义柱体三视图的投影特性和画法

　　广义柱体具有柱体类特性，因此其所生成的三视图与柱体具有类似的投影特性，当底面（特征面）平行于某一投影面放置时，该投影面上的投影反映底面的真形，另两视图均为矩形组合。图 2-30 所示是将立体的底面（特征面）平行于正面放置情况下绘制的三视图。

39

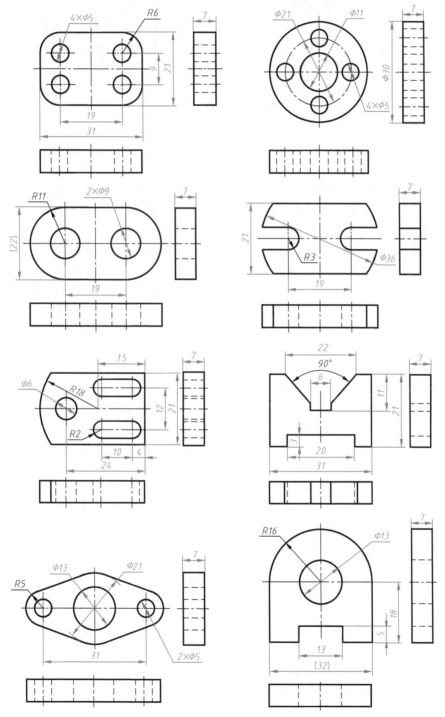

图 2-30　广义柱体的三视图

4. 组合的基本几何体（组合体）三视图绘制示例

【例 2-1】 绘制图 2-31a 所示立体的三视图。

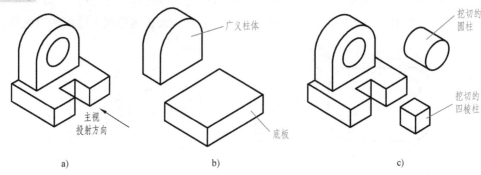

图 2-31 【例 2-1】立体及形成过程

a）立体 b）立体雏形 c）柱体挖切过程

解 该立体不同于前面所介绍的基本几何体，但不难发现其雏形是由两个基本几何体通过增材（叠加）方式形成的，如图 2-31b 所示，因此作图时可以分别按照组成立体的基本几何体分步骤进行绘制。

形体分析：分析立体的组成形式，判断立体是由几个基本几何体构成的。

图 2-31a 所示立体的雏形可以看成是由一个四棱柱底板和一个广义柱体叠加而成的，如图 2-31b 所示。然后，在底板上挖切一个四棱柱，在广义柱体上挖切一个小圆柱形成立体，底板前部挖切后形成方槽结构，广义柱体上挖切后形成圆孔结构，如图 2-31c 所示。

作图：根据立体形状结构特点选定其摆放状态和主视投射方向；分别绘出立体雏形底板的三视图和广义柱体的三视图；然后绘出挖切的方槽结构和圆孔结构在三视图中的投影，即可完成立体三视图的绘制。具体过程如下。

1）选择立体底板的底面与水平投影面平行的状态放置，选择与广义柱体底面垂直的方向为主视投射方向，如图 2-31a 所示。这样，立体的结构特点能同时在主视图、左视图上能尽量多地以清晰和可见的方式呈现。

2）选定并画出作图基准线：选择对称平面、后端面、底平面为作图基准，绘制出基准线，如图 2-32a 所示。

3）画出底板和广义柱体的三视图，图 2-32b 所示。先画反映底板真实形状的俯视图，再依照投影关系画出另两视图。广义柱体也同样先画反映柱体底面真形的主视图，再画出另两视图。**注意需保证三个视图之间的投影关系**。

4）画出挖切部分的三视图，如图 2-32c 所示。底板上挖切方槽，同样从反映真形的俯视图开始绘制，再根据投影关系分别画出反映矩形轮廓的主视图和左视图。挖切的圆孔结构也同样从反映柱体底面真形的视图开始，先画主视图，再按照回转体的投影特点分别绘出俯视图和左视图。**注意挖切部分的投影关系和轮廓线的可见性判别**。

5）检查并清理底稿，加粗可见轮廓，完成三视图，如图 2-32d 所示。

注意：把一个立体分解成由若干基本几何体组成的分析方法称为形体分析法，实际上，任何一个复杂的立体都是由基本几何体组合而成的。分析各组成基本几何体之间的相对位置及各基本几何体间的表面过渡关系，完成画图或读图，这部分内容我们将会在第三章进行详细介绍。

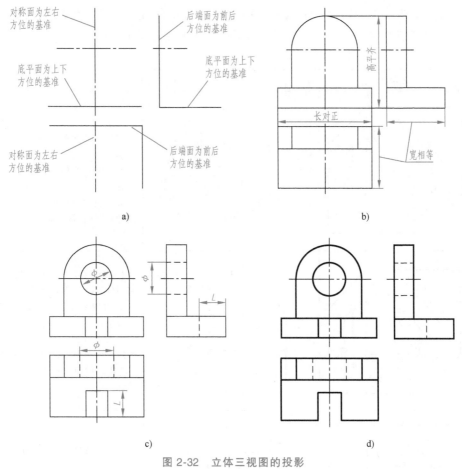

图 2-32　立体三视图的投影

a）建立作图基准　b）立体雏形的三视图　c）挖切部分的三视图　d）完成立体三视图

四、基本几何元素的投影分析

从几何的观点来看，一切有形的物体都是由点、线、面这三种基本几何元素所构成的，空间立体是由平面和曲面组合而成的表面共同围成的封闭结构，这些表面是由直线或曲线运动形成的空间形状，而点是构成直线和曲线的基本元素。因而，学习和掌握它们的投影规律和投影特点，对分析和阅读立体的二维投影图十分重要。

（一）点的投影

1. 点的投影规律

点在空间中的位置确定后，它在某个投影面上的投影也是确定的。点、线、面的投影图和投影特性见表 2-7。

根据正投影法，空间点用大写字母表示，如点 K，它在三个投影面上的投影分别用 k（水平投影）、k'（正面投影）、k''（侧面投影）表示。投射线段 Kk''、Kk'、Kk 分别是点 K 到三投影面的距离，即点 K 的 X、Y、Z 三个坐标。通过各投影向相应投影面内的坐标轴作垂线，分别与坐标轴交于 k_X、k_Y、k_Z。按照投影关系，显然可以得出：$Kk'' = kk_Y = k_X O = k'k_Z =$

X，$Kk' = kk_X = k_YO = k''k_Z = Y$，$Kk = k'k_X = k_ZO = k''k_Y = Z$。由此可以看出，在投影图上，点的每一面投影都反映该点的两个坐标，两面投影则可以反映点的三个坐标。

表 2-7　点、线、面的投影图和投影特性

类别	立体图	投影图	投影特性
点的投影	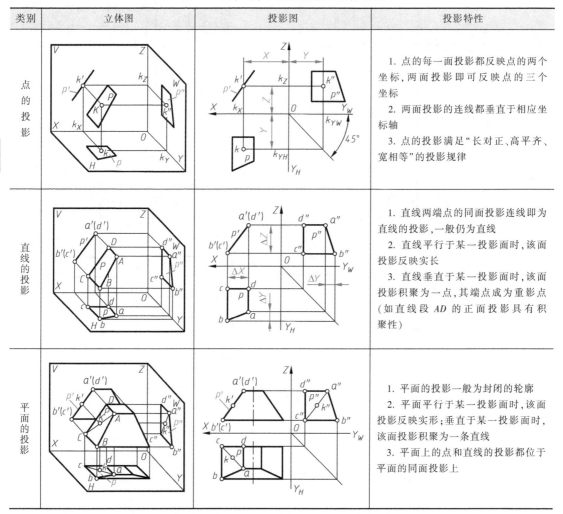		1. 点的每一面投影都反映点的两个坐标，两面投影即可反映点的三个坐标 2. 两面投影的连线都垂直于相应坐标轴 3. 点的投影满足"长对正、高平齐、宽相等"的投影规律
直线的投影			1. 直线两端点的同面投影连线即为直线的投影，一般仍为直线 2. 直线平行于某一投影面时，该面投影反映实长 3. 直线垂直于某一投影面时，该面投影积聚为一点，其端点成为重影点（如直线段 AD 的正面投影具有积聚性）
平面的投影			1. 平面的投影一般为封闭的轮廓 2. 平面平行于某一投影面时，该面投影反映实形；垂直于某一投影面时，该面投影积聚为一条直线 3. 平面上的点和直线的投影都位于平面的同面投影上

此外，通过分析点在三投影面体系中得到投影图的过程，可得出点的投影具有投影规律。

1）点的正面投影和水平投影的连线垂直于 OX 轴，$k'k \perp OX$。

2）点的正面投影和侧面投影的连线垂直于 OZ 轴，$k'k'' \perp OZ$。

3）点的水平投影到 OX 轴的距离等于点的侧面投影到 OZ 轴的距离，$kk_X = k''k_Z$。

点的投影规律表明了点的任一面投影和另两面投影之间的联系。因此，已知点的两面投影就可根据投影关系作出第三面投影。根据点的空间坐标，也可以绘制出其投影图。

2. 点的相对位置关系和重影点

（1）两点的相对位置关系　两点的相对位置关系是指它们在空间中上下、前后、左右的位置关系，可以通过它们的坐标差来确定。表 2-7 的直线的投影一行给出了平面 P 上 A、B 两点在三投影面体系中的投影。不难看出，两点的投影不仅表示了它们的坐标，同时也能

反映两点间的坐标差。例如，正面投影 a' 和 b' 分别表示了两点的 X、Z 坐标，同时也表明点 A 在点 B 的上方、右方。同理，通过水平投影 a、b 和侧面投影 a''、b'' 也可以看出点 A 在点 B 的后方。两点投影图中的 ΔX、ΔY、ΔZ 就是 A、B 两点的相对坐标。根据相对坐标的正负，就可方便地确定出两点的位置关系。

连接 A、B 两点的同面投影即可得到直线 AB 的三面投影。显然，直线的投影一般仍是直线，且仍位于平面的同面投影内。直线与投影面的相对位置关系决定了其投影的特性。例如，直线 AD 垂直于正面，其正面投影积聚为一点，水平投影和侧面投影则反映了实长。直线 DC 平行于正面，正面投影反映实长，水平投影和侧面投影则是缩短的线段。

综上所述，根据两点的投影图可以确定它们在空间中的相对位置关系，正面投影、侧面投影确定上下方位，正面投影、水平投影确定左右方位，水平投影、侧面投影确定前后方位。当已知点 A 的三面投影及点 B 对点 A 的三个相对坐标时，即可根据坐标差确定点 B 的三面投影。为便于绘制，通常在投影图中省去投影轴，绘制出无轴投影图。无轴投影图是根据相对坐标绘制的，但其投影关系仍符合点的投影规律。

【例 2-2】 如图 2-33a 所示，已知点 A 的三面投影，又知另一点 B 对点 A 的相对坐标分别为 $\Delta X=-15$，$\Delta Y=-10$，$\Delta Z=13$，试确定点 B 的三面投影。

解 分析：点 A 的三面投影已知，可以作为参考点，再根据两点的相对坐标 ΔX、ΔY、ΔZ 的正负，可判断点 B 的在点 A 的右侧、后方和上方，确定出点 B 的三面投影。

作图：如图 2-33b 所示，在 aa' 右侧相距 15 单位处作竖直线，在 $a'a''$ 上方相距 13 单位处作水平线，两线交点即为 b'。同理，可分别求出 b 和 b''。作图时需要特别注意侧面投影与水平投影的关系。

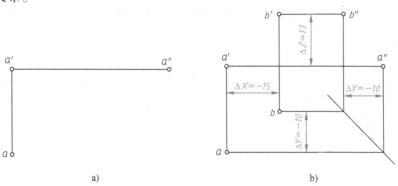

图 2-33 【例 2-2】根据相对坐标求点的投影

a）已知点 A 投影 b）建立点 B 投影

（2）重影点 当空间中两点处于投影面的同一投射线上时，它们在该面上的投影重合为一点，这两点称为该投影面的重影点。重影点实质上是两点的 X、Y、Z 坐标中有两个是相同的，因而在沿另一个坐标的投射线的投影重合为一点。如表 2-7 中直线的投影的投影图所示，点 A 与点 D、点 B 与点 C 的正面投影重合为一点，是正投影面的重影点。重影点会形成"遮挡"现象，须判别各点投影的可见性。依据"前遮后、左遮右、上遮下"的原则判断，即位于前方、左侧、上方的点的投影可见，相反的则不可见，并且规定不可见点的投影须加括号表示，如 $a'(d')$、$b'(c')$。

3. 点与直线、平面的投影特性

如表 2-7 平面的投影一行所示，平面 P 是立体上的一个表面，直线 AC 位于平面 P 上，点 K 是 AC 上一点。平面 P 垂直于正面，因而其正面投影积聚为一条直线，另两面投影是缩小的类似形。直线 AC 的三面投影都是缩短的线段。根据投影关系可知，直线 AC 的三面投影分别位于平面 P 的同面投影内，且符合投影规律。点 K 的三面投影分别位于直线 AC 的同面投影上，且符合投影规律。由此可以得出，点 K 位于平面 P 内的条件是：点 K 位于平面内的直线 AC 上。确定平面内一点的投影，必须先确定平面内过该点的一条直线的投影，然后根据投影规律确定点的投影。

（二）直线的投影

直线的投影在一般情况下仍为直线。空间直线由两点确定，因此其投影由直线上两点的同面投影连线来确定。

在三投影面体系中，直线按其与投影面的相对位置可分为如下三种。

1）投影面平行线：平行于一个投影面，对另两个投影面都倾斜的直线。

2）投影面垂直线：垂直于一个投影面，与另两个投影面都平行的直线。

3）一般位置直线：对三个投影面都倾斜的直线。

投影面垂直线和投影面平行线称为**特殊位置直线**。直线与投影面之间的夹角称为倾角。在三投影面体系中，直线对 H、V、W 面的倾角分别用 α、β、γ 表示。

1. 各种位置直线的投影特性

（1）投影面平行线　投影面平行线分为三种：正平线（$/\!/V$ 面）、水平线（$/\!/H$ 面）、侧平线（$/\!/W$ 面）。各种投影面平行线的投影图及投影特性见表 2-8。

表 2-8　投影面平行线的投影图及投影特性

类别	立体图	投影图	投影特性
正平线			1. 空间直线平行于 V 面，倾斜于另两个投影面 2. 正面投影反映实长，另两面投影为缩短的直线段，且分别平行于构成 V 面的 OX、OZ 投影轴
水平线			1. 空间直线平行于 H 面，倾斜于另两个投影面 2. 水平投影反映实长，另两面投影为缩短的直线段，且分别平行于构成 H 面的 OX、OY 投影轴

（续）

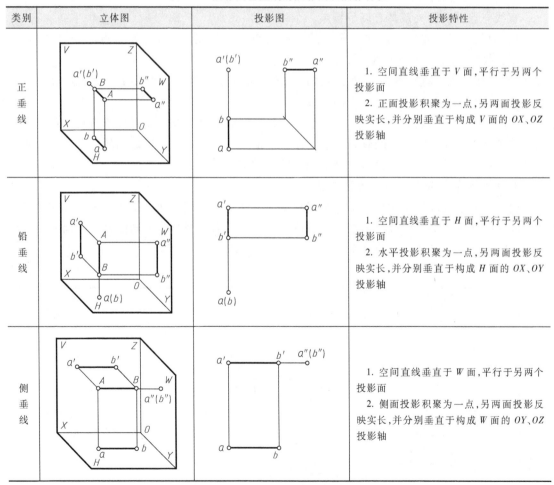

类别	立体图	投影图	投影特性
侧平线			1. 空间直线平行于 W 面,倾斜于另两个投影面 2. 侧面投影反映实长,另两面投影为缩短的直线段,且分别平行于构成 W 面的 OY、OZ 投影轴

（2）投影面垂直线　投影面垂直线分为三种：正垂线（$\perp V$ 面）、铅垂线（$\perp H$ 面）、侧垂线（$\perp W$ 面）。各种投影面垂直线的投影图及投影特性见表 2-9。

表 2-9　投影面垂直线的投影图及投影特性

类别	立体图	投影图	投影特性
正垂线			1. 空间直线垂直于 V 面,平行于另两个投影面 2. 正面投影积聚为一点,另两面投影反映实长,并分别垂直于构成 V 面的 OX、OZ 投影轴
铅垂线			1. 空间直线垂直于 H 面,平行于另两个投影面 2. 水平投影积聚为一点,另两面投影反映实长,并分别垂直于构成 H 面的 OX、OY 投影轴
侧垂线			1. 空间直线垂直于 W 面,平行于另两个投影面 2. 侧面投影积聚为一点,另两面投影反映实长,并分别垂直于构成 W 面的 OY、OZ 投影轴

（3）一般位置直线　一般位置直线对三个投影面都倾斜。因此，其三面投影都是倾斜的直线段，且都小于直线段的实长，如图 2-34 所示直线 AB。

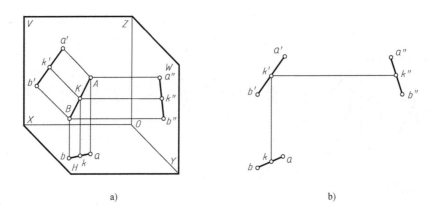

a)   b)

图 2-34　一般位置直线的投影和直线上点的投影

a) 一般位置直线的立体图　b) 一般位置直线的投影图

2. 直线上点的投影

直线与点的从属关系具有以下特点。

1) 直线上点的投影必定在该直线的同面投影上。如图 2-34b 所示，点 K 位于直线 AB 上，则其投影 k、k'、k'' 分别在 ab、$a'b'$、$a''b''$ 上。

2) 直线上点将直线分为两段，两线段长度之比等于其同面投影长度之比。点 K 分线段 AB，因此 $AK : KB = ak : kb = a'k' : k'b' = a''k'' : k''b''$。

由此可见，判断点与直线的位置关系，就是确定点的各个投影是否位于直线的同面投影上，并转化为直线上求点的问题。通过作图，求证点与直线同面投影之间的关系，以及点的投影是否将直线的各个同面投影分割成相同的比例即可。

3. 两直线的相对位置及其投影特性

空间中两条直线的相对位置不外乎三种情况，即平行、相交和交叉，见表 2-10。两条平行直线和相交直线都可构成一个平面，即位于一个平面内，因此称为同面直线，而交叉直线则不可能位于一个平面内，故通常称为异面直线。

表 2-10　两直线的相对位置

类别	立体图	投影图	投影特性
平行两直线			空间两直线平行(AB 与 DE)，则它们的各个同面投影均互相平行

（续）

类别	立体图	投影图	投影特性
相交两直线	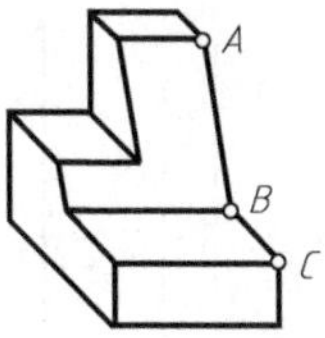	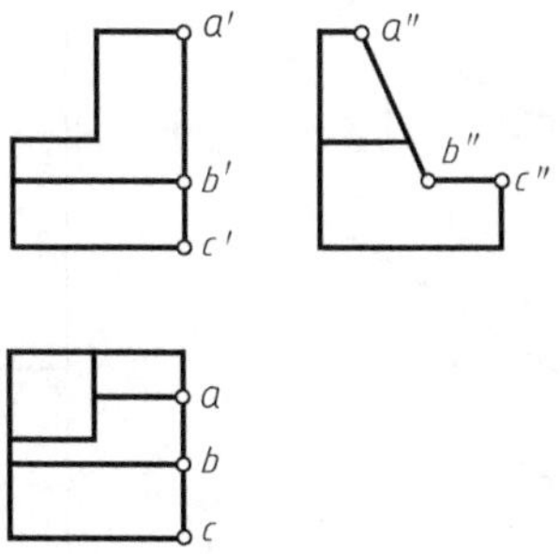	空间两直线相交（*AB* 与 *BC*），则它们的各个同面投影必相交，且各同面投影的交点必符合点的投影规律
交叉两直线	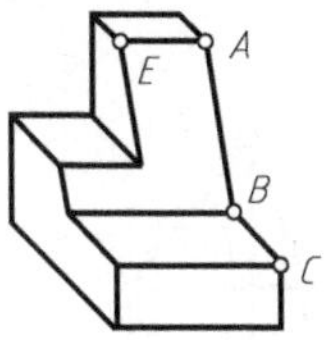	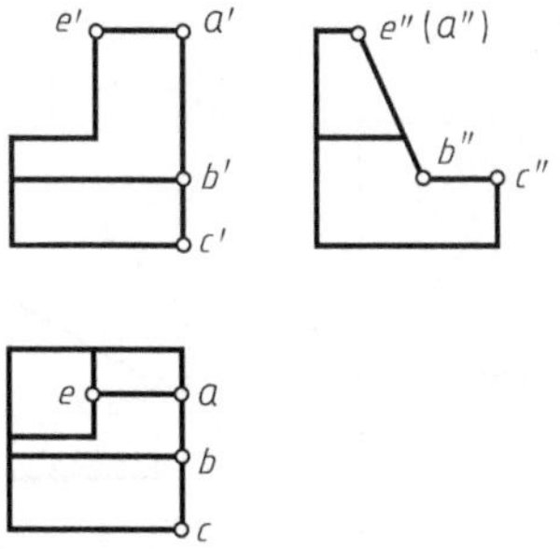	空间两直线交叉（*AE* 与 *BC*），则它们的投影不具有两直线平行或相交的投影特性

【例 2-3】 如图 2-35a 所示，三棱柱被一个垂直于正面的平面 *Q* 截切，分析三棱柱被截切后的形状特点，作出其正面和侧面投影。

解 形体分析：三棱柱被平面 *Q* 截切后如图 2-35a 所示，平面 *Q* 与三棱柱的三条棱线分别相交于点Ⅰ、Ⅱ、Ⅲ，截切后的平面为三角形阴影区域。根据直线上点的投影特性：直线上点的投影一定在直线的同面投影上，因此可以利用线上取点的方法完成作图。

投影分析：垂直于正面的平面 *Q* 截切三棱柱后，图 2-35a 所示阴影部分的正面投影必定积聚为一条斜线，其水平投影与三棱柱底面的水平投影重合，侧面投影需要根据投影关系作出。由于面是由线围成的，因此求面的投影只需作出构成面的各线段端点的投影，即作出Ⅰ、Ⅱ、Ⅲ三个交点的侧面投影并依次连接即可。

作图：

1）选择三棱柱的底面与水平投影面平行的放置方式，确定主视投射方向如图 2-35a 所示。

2）按照三视图投影规律，画出三棱柱完整的三视图，用细实线绘制，如图 2-35b 所示。

3）先做出三棱柱被平面 *Q* 截切后产生的三角形阴影部分的正面投影直线段，再利用线上取点的方法，分别完成棱线上Ⅰ、Ⅱ、Ⅲ三点的投影。正面投影1′、2′、3′分别为平面 *Q* 与棱线的交点，其水平投影位于三条棱线具有积聚性的水平投影上，根据"长对正、高平齐、宽相等"的投影规律即可获得Ⅰ、Ⅱ、Ⅲ三点的侧面投影1″、2″、3″，依次连接1″、2″、3″，得到结果如图 2-35c 所示

4）擦去辅助线，加深可见轮廓线，完成作图，如图 2-35d 所示。

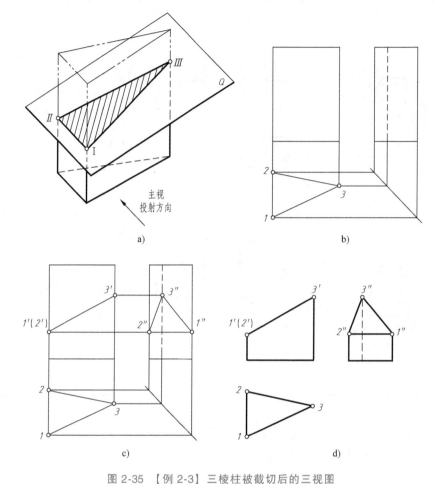

图 2-35 【例 2-3】 三棱柱被截切后的三视图

a）三棱柱被截切后的立体图　b）三棱柱三视图　c）线上取点求投影　d）结果三视图

（三）平面的投影

1. 平面的表示法

空间平面的位置可由一组几何元素来确定：①不共线的三点；②一条直线和直线外一点；③两条相交直线；④两条平行直线；⑤任意平面图形。这五种确定平面的方法是可以互相转化的，其中最常用的方法是用平面图形来表示平面。

如图 2-36a 所示，平面 P 和平面 Q 均可看作是三角形，平面 R 可看作是平面凹八边形，平面 S 则可看作是矩形，它们的投影在立体三视图中的位置和形状。如图 2-36b 所示。

2. 各种位置平面的投影特性

在三投影面体系中，平面按其与投影面的相对位置关系可分为如下三种。

1）投影面垂直面：垂直于一个投影面，对另两个投影面都倾斜的平面。

2）投影面平行面：平行于一个投影面，对另两个投影面都垂直的平面。

3）一般位置平面：对三个投影面都倾斜的平面。

投影面的平行面和垂直面通常被称为**特殊位置平面**。

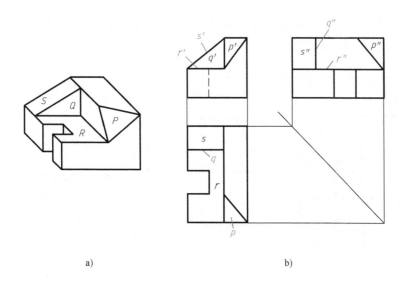

图 2-36 平面的平面图形表示法

a）立体上的平面 b）立体上的平面的投影

（1）投影面垂直面 投影面垂直面分为三种：正垂面（⊥V面）、铅垂面（⊥H面）、侧垂面（⊥W面）。各种投影面垂直面的投影图及投影特性见表 2-11。

表 2-11 投影面垂直面的投影图及投影特性

类别	立体图	投影图	投影特性
正垂面			1. 平面垂直于正面，对另两投影面均倾斜 2. 正面投影积聚为一条倾斜直线段，另两面投影都是缩小的类似形
铅垂面			1. 平面垂直于水平面，对另两投影面均倾斜 2. 水平投影积聚为一条倾斜直线段，另两面投影都是缩小的类似形
侧垂面			1. 平面垂直于侧面，对别两投影面均倾斜 2. 侧面投影积聚为一条倾斜直线段，另两面投影都是缩小的类似形

（2）投影面平行面　投影面平行面分为三种：正平面（//V 面）、水平面（//H 面）、侧平面（//W 面）。各种投影面平行面的投影图及投影特性见表 2-12。

表 2-12　投影面平行面的投影图及投影特性

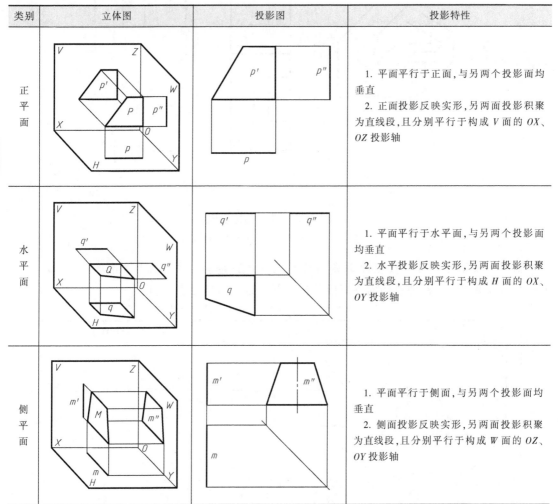

类别	立体图	投影图	投影特性
正平面			1. 平面平行于正面，与另两个投影面均垂直 2. 正面投影反映实形，另两面投影积聚为直线段，且分别平行于构成 V 面的 OX、OZ 投影轴
水平面			1. 平面平行于水平面，与另两个投影面均垂直 2. 水平投影反映实形，另两面投影积聚为直线段，且分别平行于构成 H 面的 OX、OY 投影轴
侧平面			1. 平面平行于侧面，与另两个投影面均垂直 2. 侧面投影反映实形，另两面投影积聚为直线段，且分别平行于构成 W 面的 OZ、OY 投影轴

（3）一般位置平面　图 2-37 所示的四棱台投影图，棱面 P 为一般位置平面。由于平面 P 对三个投影面都是倾斜的，它的三面投影都是封闭的线框，并且都是小于实形的类似形。

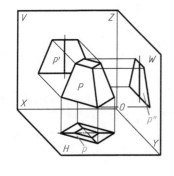
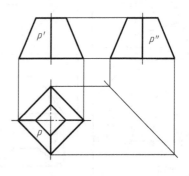

图 2-37　一般位置平面的三面投影

【例2-4】　利用线、面的投影特性，绘出图2-38a所示立体的三视图。

　　解　形体分析：图2-38a所示立体可以看作是将一个四棱柱进行两次挖切后得到的。第一次使用平面 P 从四棱柱前部挖去一个三棱柱，第二次使用两个对称平面 Q 从立体中部挖去一个三棱柱形成 V 形槽结构，最后形成图2-38a所示的立体。

　　投影分析：这里采用立体构成的线和面的角度进行分析，即**线面分析法**。前部平面 P 为侧垂面，中部两个对称平面 Q 为正垂面，侧垂面 P 与正垂面 Q 的交线为一般位置直线，这里称其为双斜线。侧垂面 P 的侧面投影和正垂面 Q 的正面投影均具有积聚性，均为一条直线段，侧垂面 P 和正垂面 Q 的另两面投影都是缩小的类似形。

　　作图：

　　1）选定立体的放置状态和主视投射方向。根据立体的结构特点，选择如图2-38a所示方向为主视投射方向。

　　2）选择作图基准。画出雏形四棱柱的三视图，先绘制主视图，再画出俯视图和左视图，注意保证投影关系正确。

　　3）画出侧垂面 P 的侧面投影，然后按照侧垂面的投影特性，利用投影规律，画出侧垂面 P 的另两面投影，如图2-38b所示。

　　4）画出正垂面 Q 的正面投影，再根据投影规律，利用找点作图的方法，完成另两面投影，如图2-38c所示。双斜线的三面投影都是比实长短的线段。

　　5）擦掉多余的辅助线，检查并加深轮廓，完成作图。

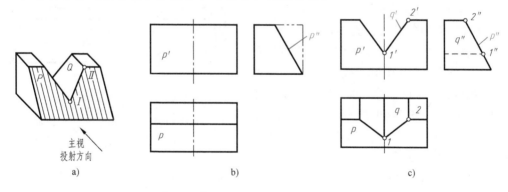

图2-38　【例2-4】利用线、面的投影特性作立体的三视图
a）立体图　b）作侧垂面 P 的三面投影　c）立体三视图

（四）平面上点和直线的投影

1. 平面上点的投影

　　点在平面上的条件：点位于平面内的一条直线上。因此，要完成平面上点的投影作图，首先根据点的投影，在平面上作出一条过该点的辅助线段的投影，再依据直线上点一定在直线的同面投影上的投影特性，完成平面上点的投影作图。

微课讲解：
平面上点和
直线的投影

【例2-5】　已知点 D 位于平面 ABC 上，如图2-39a所示，求作点 D 的水平投影 d。

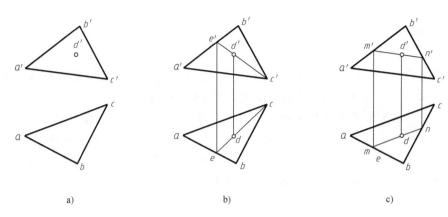

图 2-39 【例 2-5】平面上取点作图

a) 已知条件　b) 解法 1　c) 解法 2

解 解法 1：连接 $c'd'$ 并延长，交 $a'b'$ 于 e'，根据投影关系求出点 E 的水平投影 e，得到辅助线段 CE 的水平投影 ce，则点 D 的水平投影 d 必位于直线 ce 上。由投影关系即可确定点 D 的水平投影 d，如图 2-39b 所示。

解法 2：过 d' 作 $a'c'$ 的平行线 $m'n'$，与 $a'b'$、$b'c'$ 分别相交于 $m'n'$。在平面 ABC 的水平投影 abc 上作出点 M 的水平投影 m，然后过 m 作 ac 的平行线 mn，则 d 必位于 mn 上。根据投影关系 "长对正" 即可做出空间点 D 的水平投影 d，如图 2-39c 所示。

2. 平面上直线的投影

直线在平面内的条件：直线通过平面内两点，或者通过平面内一点并平行于平面内的另一条直线。如图 2-40a 所示，直线 AC 通过平面 $ABCD$ 内的 A、C 两点，因此直线 AC 必定位于平面 $ABCD$ 内。如图 2-40b 所示，直线 EF 通过平面 $ABCD$ 内的点 G 且与直线 AD 平行，也必定是平面 $ABCD$ 内的直线。

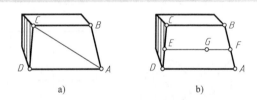

a)　　　　　b)

图 2-40　平面上的直线

a) 直线通过平面内两点　b) 直线通过平面内一点并满足一个平行关系

在绘制投影图的过程中，经常需要求作平面内线段的投影，这些就属于在平面内取直线的问题。平面内取直线的方法，就是利用平面内已知的线和点，根据直线在平面内的条件，以及点的投影特性或平行线的投影特性，作出直线的投影。

【例 2-6】 如图 2-41a 所示，已知直线 DE 位于直线 AB、AC 所决定的平面内，作出其水平投影 de。

解 作图：

1) 延长 $e'd'$，与 $a'c'$ 相交于 f'，按投影关系作出其水平投影 f，如图 2-41b 所示。

2) 过 e' 作 $a'c'$ 的平行线 $m'n'$，交 $a'b'$ 于 m'，在 ab 上作出 m，再按照平行线的同面投影互相平行的特性，做出水平投影 mn。

3) 由投影规律可求得点 E 的水平投影 e，连接 fe，则点 D 的水平投影 d 必定位于 fe 上，根据投影关系 "长对正" 求得 d。

4）连接 *de*，即为 *DE* 的水平投影，如图 2-41c 所示，完成作图。

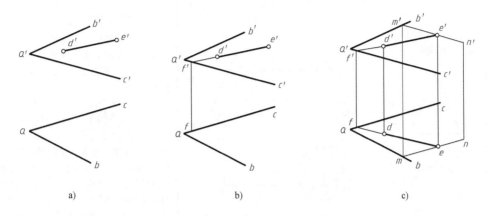

a)　　　　　　　　b)　　　　　　　　c)

图 2-41　【例 2-6】平面取直线作图

a）已知条件　b）作出直线上一点的投影　c）利用平行线投影特性作图

（五）曲面（回转面）上点和线的投影

微课讲解：
曲面（回转面）
上点和线的投影

　　回转面上取点，遵循面上求点需先做出过该点的辅助线的原则，根据点所在面的几何性质，可做出辅助素线和辅助纬圆，或者利用圆柱面具有积聚性的特点作图。其中，利用辅助纬圆完成面上求点的方法（纬圆法）是求取回转面内点的投影最常用的方法。当所求点位于回转面的转向轮廓线上时，可直接根据转向轮廓线的投影特性求出全部投影。需要注意的是，求出点的各个投影后，还需判别其可见性。求回转面内线的投影，由于线是由点构成的，因此求线的投影其实就是求构成线的点的投影，并判别可见性，顺序光滑连接线上各点的各同面投影即可。

　　常见回转面内点和线投影的作图方法见表 2-13。

表 2-13　回转面内点和线投影的作图方法

类别	已知条件	求解过程	作图分析
圆柱面	求作圆柱面上点 *A*、点 *B* 和线段 *CD* 的投影：		1. 圆柱面上取点常利用其积聚性作图 2. 点 *A* 在圆柱对正面的转向轮廓线上，根据投影特性可直接求出 *a* 及 *a″*。点 *B* 在后半个圆柱面内，利用圆柱面水平投影具有积聚性的特点，可先求出 *b*，再求出 *b″* 3. 线段 *CD* 是圆柱面上的一段素线，其水平投影 *c* 和 *d* 积聚为一点，侧面投影 *c″d″* 仍为直线段。线段 *CD* 在圆柱面的右前侧，故 *c″d″* 不可见，应画成细虚线

（续）

类别	已知条件	求解过程	作图分析
圆锥面	求作圆锥面上点 A、点 B 的投影： 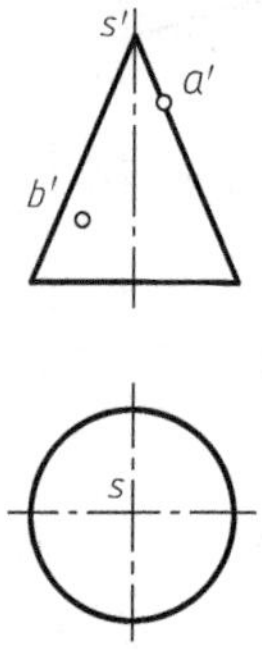	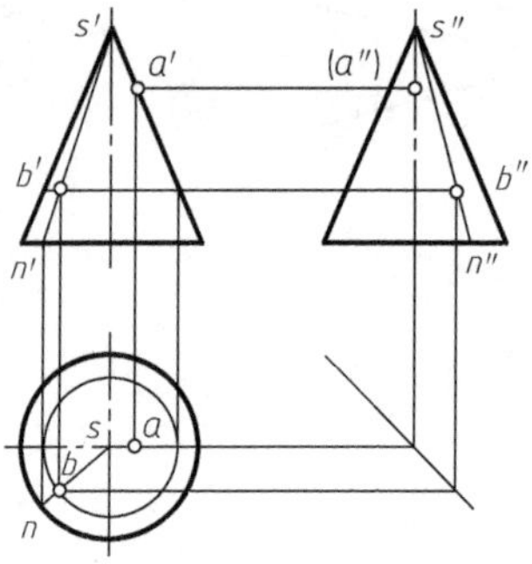	1. 圆锥面上取点可用纬圆法和素线法 2. 点 A 在圆锥对正面的转向轮廓线上，根据投影特性可直接求出 a 及 a"（不可见），点 B 在圆锥面内，必须利用辅助线作图 3. 素线法作图。作出过点 B 的素线 SN 的三面投影，再确定点 B 的投影 b 和 b" 4. 纬圆法作图。做出过点 B 的纬圆的正面投影，该投影是垂直于圆锥面轴线的直线段，同时与正面转向轮廓线的投影相交。根据投影特性画出该纬圆的水平投影，再利用线上求点的方法，即直线上点的投影必定在该直线的同面投影上的特点，求出 b。最后由 b 和 b'求出 b"
圆球面	求作圆球面上点 A、点 B 和圆弧 CD 的投影： 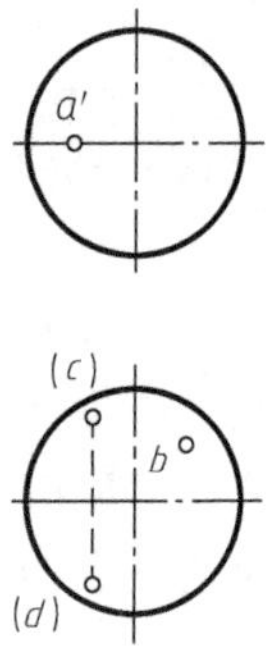	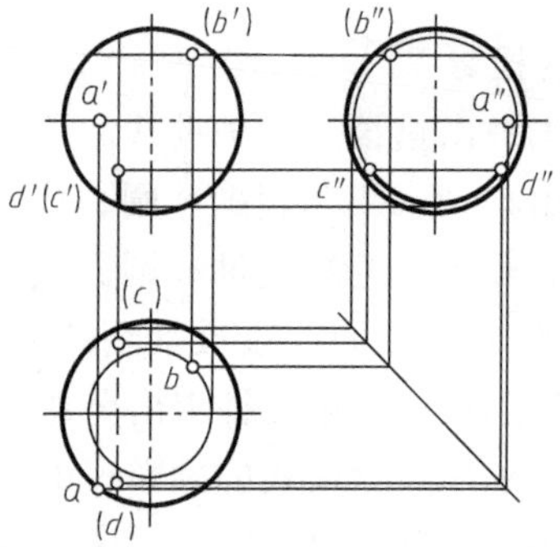	1. 圆球面上取点用纬圆法 2. 点 A 位于圆球面对水平面的转向轮廓线上，可直接求出 a 及 a" 3. 点 B 位于上半球面的右后部。先过 b 作出水平纬圆的水平投影，再作出该纬圆的正面和侧面投影。然后用投影关系分别确定 b'和 b"，二者均不可见 4. 圆弧 CD 位于球面左下部。先由 cd 确定侧平面纬圆的水平投影，再按投影关系作出该纬圆的正面和侧面投影。然后按照投影关系确定 c"d"和 c'd'。c"d"可见，c'd'对称的前半部分可见
圆弧回转面	求作圆弧回转面上点 A、点 B 的投影： 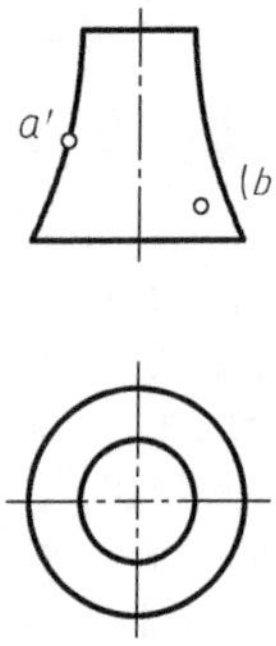	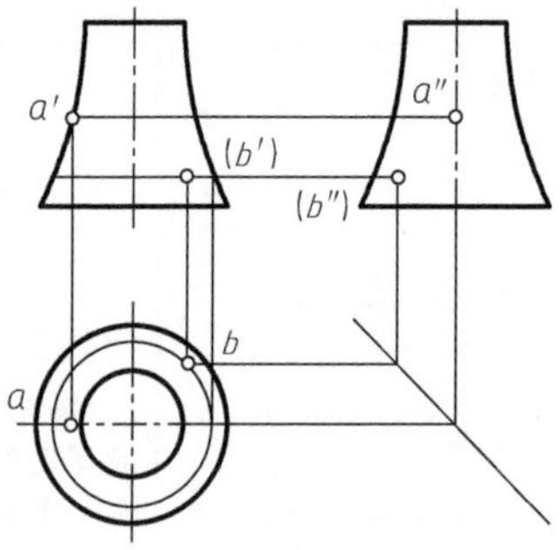	1. 圆弧回转面上取点用纬圆法 2. 点 A 位于回转面对正面的转向轮廓线上，按照投影关系直接求出 a 及 a"，均可见 3. 点 B 位于回转面的右后部，使用纬圆法作图。过 b'作出水平纬圆的正面投影，再按照投影关系作出该纬圆的水平投影。然后按照投影关系分别确定 b 和 b"，其中 b"不可见

【例 2-7】 如图 2-42a 所示，已知圆锥台表面上点 A 的正面投影和点 B 的水平投影，求作圆锥台的左视图，并作出三视图上两点的全部投影。

解 形体分析：图 2-42a 所示圆锥台轴线垂直于水平面，点 A 位于圆锥面左前部，点 B 位于圆锥面右后部。

投影分析：可利用两点所在纬圆水平投影的实形性和正面投影的积聚性，再根据投影关系确定出两点的全部投影。

作图：

1）画出圆锥台的左视图，求作点 A 的投影。如图 2-42b 所示，过 a' 作一条与圆锥台轴线垂直的水平线分别与两条转向轮廓线的投影相交，即得到点 A 所在纬圆的正面投影，该投影与转向轮廓线投影交点到圆锥台轴线的距离即为纬圆半径。

2）按照投影关系作点 A 辅助纬圆的水平投影，再分别确定 a 和 a''。点 A 位于圆锥台表面的左前部，三面投影均可见，如图 2-42b 所示。

3）求作点 B 的投影。在俯视图中，以圆锥台中心为圆心，过 b 作圆即为点 B 所在纬圆的水平投影。再利用投影关系作出纬圆的正面投影。

4）按照投影规律，分别确定 b' 和 b''。点 B 位于圆锥面右后部，b' 和 b'' 均不可见，如图 2-42c 所示。

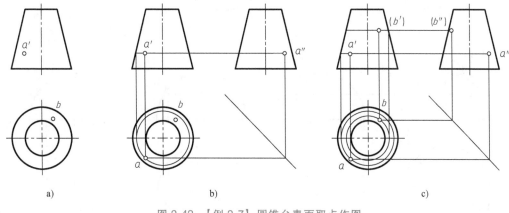

图 2-42　【例 2-7】圆锥台表面取点作图

例 2-7 中求作点 B 的投影也可采用辅助素线法，具体求解过程可自行分析完成。

【例 2-8】　如图 2-43a 所示，已知半圆球表面上点 A 及圆弧 BC 的正面投影，求作半圆球的左视图及其上点 A 和圆弧 BC 的水平投影和侧面投影。

解　分析：由图 2-43a 所示点 A 和圆弧 BC 的正面投影可知，点 A 位于圆球面对正面的转向轮廓线上，它的投影可按求解线上点的投影作图方法作出。圆弧 BC 位于半圆球面前上部，水平和侧面投影需使用纬圆法作图。

作图：

1）画出半圆球面的左视图，求作点 A 的投影。如图 2-43b 所示，根据点 A 位于转向轮廓线上的特点，依据"高平齐、长对正"的投影规律，过 a' 作水平线和竖直线，分别与点 A 所在转向轮廓线的侧面投影和水平投影相交，两个交点即为 a'' 和 a。

2）求作过圆弧 BC 辅助纬圆的投影。如图 2-43c 所示，双向延长 $b'c'$ 与正面转向轮廓线的投影相交于 $1'$、$2'$，即得到过圆弧 BC 所做的辅助纬圆的正面投影。$2'$ 与轴线之间的距离为纬圆半径，由 $2'$ 求出水平投影 2，在俯视图上以球心投影 o 为圆心过 2 画圆，即得到纬圆的水平投影，同时得到纬圆与侧面转向轮廓线交点的投影 3、4。由正面投影 $1'2'$ 按照投影规律"高平齐"画出纬圆的侧面投影3″4″，该投影同样积聚为一条直线。

3）求作圆弧 BC 的投影。根据线上点的投影一定在线的同面投影上的投影特点，根据"长对正"的投影规律在作出的辅助纬圆的水平投影上作出 b、c，再根据"宽相等"的投影规律在辅助纬圆的侧面投影上作出 b″、c″。

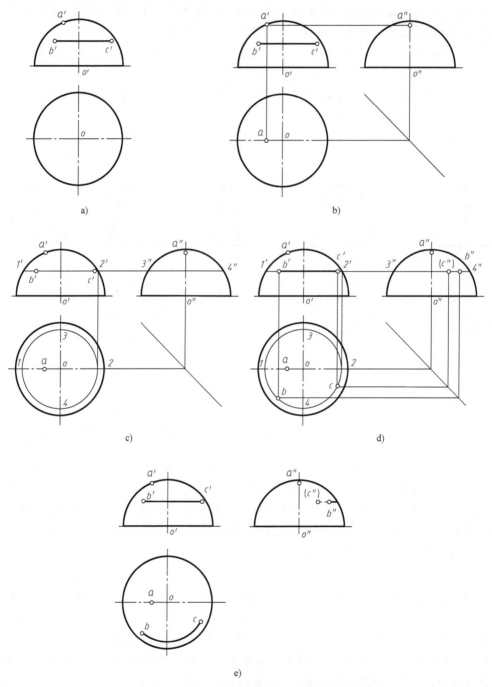

图 2-43 【例 2-8】半圆球表面取点作图

a）已知条件 b）完成特殊点 A 的投影 c）作出过圆弧 BC 的辅助纬圆的投影

d）完成圆弧 BC 的投影 e）结果

4）判断投影的可见性。圆弧 *BC* 的水平投影经过一个特殊点Ⅳ的投影4，点Ⅳ为半圆球侧面转向轮廓线上的点，对应的侧面投影为4″，因此圆弧 *BC* 的侧面投影不仅仅是 *b″c″* 间的直线段，而且包含 *b″* 与 *4″* 之间的线段，注意：*4″c″* 段不可见，*b″4″* 段可见。

5）擦去辅助线，加粗可见轮廓，结果如图 2-43e 所示。

（六）直线与平面、平面与平面的相对位置

空间中的直线与平面、平面与平面的相对位置关系有平行和相交两种，互相垂直是相交的一种特殊情形。

1．直线与平面的相对位置关系

根据几何定理，当平面外的一条直线与平面内的一条直线平行时，则直线与该平面互相平行。当直线与垂直于某投影面的平面平行时，它们在该平面所垂直的投影面上的投影也平行。如图 2-44 所示，直线 *AB* 与铅垂面 *P* 内直线 *CD* 平行，因此直线 *AB* 与平面 *P* 平行，它们的水平投影也互相平行。

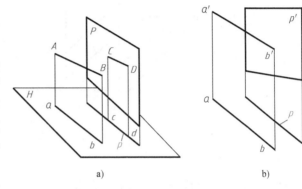

图 2-44 直线平行与平面

a）立体图 b）投影图

直线和平面相交时，交点是二者的共有点。作图时需要求出交点的投影并判别可见性。如图 2-45a 所示，直线 *CD* 与铅垂面 *Q* 相交于点 *K*，正面投影中，线段 *KD* 的投影是可见的，而位于点 *K* 后一段直线段的投影是不可见的，利用铅垂面水平投影的积聚性，交点 *K* 的投影 *k* 可直接求出，获得直线与平面相交的投影图如图 2-45b 所示。

直线与平面垂直相交，则直线垂直于平面内的所有直线。当直线与平面内的两条相交直线都垂直时，则直线必定垂直于该平面。当直线垂直于投影面的垂直面时，则直线与该投影面平行，并且直线与平面在该投影面内的投影互相垂直。如图 2-45c 所示，直线 *EF* 垂直于铅垂面 *R*，因此直线 *EF* 和平面 *R* 的水平投影互相垂直。根据此投影特性即可确定直线与平面的垂直交点 *N*，判别可见性完成投影图。

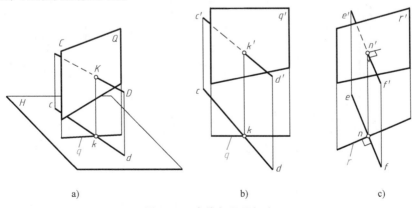

图 2-45 直线与平面相交

a）直线与平面相交立体图 b）直线与平面相交投影图 c）直线与平面垂直投影图

2. 平面与平面的相对位置关系

根据几何定理，当一个平面内的两条相交直线同时与另一平面平行时，则这两个平面互相平行。在特殊情况下，如果两个平行平面都垂直于某一投影面，则它们在该投影面上的投影是两条平行线，如图 2-46 所示。

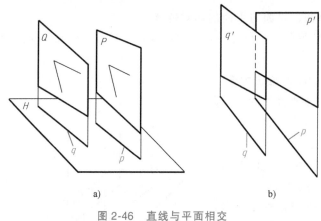

图 2-46　直线与平面相交

a）立体图　b）投影图

两平面相交，交线是两平面的共有直线。交线的位置与两相交平面的位置关系有关：投影面的平行面与任意平面的交线必定平行于该投影面，垂直于同一个投影面的两平面的交线也一定垂直于该投影面，两个不同投影面垂直面的交线一定是一般位置直线。

作两平面交线投影的方法：求出两平面的两个共有点，或者一个共有点和交线的方向，作出交线投影后还需判别两平面重影部分的可见性，才能完成作图。如图 2-47a 所示，两个铅垂面 Q 和 R 相交，交线是铅垂线 GN，它的水平投影积聚为一点 $g(n)$。判别可见性完成作图，如图 2-47b 所示。

当两互相垂直的平面同时垂直于某一投影面时，它们在该投影面上的投影也互相垂直。如图 2-47c 所示，平面 P 和平面 K 互相垂直，且同时垂直于水平投影面且相交于直线 EF，因此它们的水平投影 p、k 必定互相垂直。此外，根据几何知识可以得出，位于两个互相垂

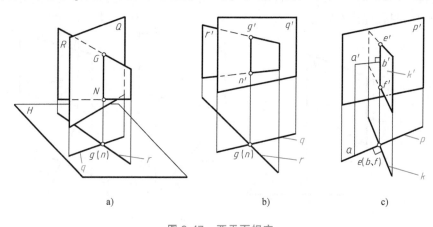

图 2-47　两平面相交

a）两平面相交立体图　b）两平面相交投影图　c）两平面垂直相交投影图

直平面的一个面内的直线如果垂直于交线，则该直线一定垂直于另一个平面，图 2-47c 所示平面 P 上垂直于交线 EF 的直线 AB 必定垂直于平面 K。

注意：有关平面与曲面（回转面）的位置关系，重点分析平面与曲面（回转面）相交的形式，这部分内容将在第三章第二节中进行介绍。

（七）立体二维表示法综合举例

微课讲解：
立体二维表达
法综合举例

【例 2-9】　分析图 2-48a 所示立体，完成其三视图绘制，并标注出全部尺寸。

解　形体分析：图 2-48a 所示立体是图 2-48b 所示的凹十二棱柱被一正垂面 Q 切割之后形成的。

线面分析：切割面 Q 为正垂面，故切割面的正面投影为直线，水平投影、侧面投影为缩小的类似形。

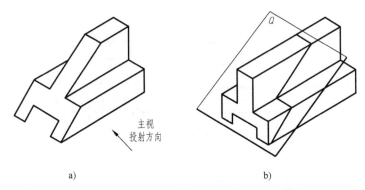

a)　　　　　　　　　　　　　　　　b)

图 2-48　【例 2-9】立体的分析

a）立体　b）正垂面切割柱体

作图：

1）确定安放位置，设定图 2-48a 所示箭头所指的方向为主视投射方向。

2）作出图 2-48b 所示的凹十二棱柱三视图。先画反映该棱柱底面实形的投影，得到左视图，再画具有矩形外轮廓的主视图和俯视图，如图 2-48a 所示。

3）绘制切割面的正面投影直线，根据"高平齐"投影关系，得到该正垂面在左视图中所对应的缩小类似形，依据主、左两视图，绘制出该正垂面的水平投影。采用找点法，如图 2-48b 所示，在左视图中先确定反映该平面图形的顶点数，找出各点在主视图中的对应位置，再根据"长对正、宽相等"的投影规律，作出俯视图中各对应点的投影。

4）检查加深、擦去正垂面投影中被切去部分的轮廓线。

5）标注尺寸。根据该立体是凹十二棱柱被正垂面切割而形成的构成方式，该立体尺寸构成主要为凹十二棱柱的尺寸（底+高）和切割面的位置尺寸。

① 凹十二棱柱底的尺寸标注：图 2-48a 所示的凹十二棱柱底面的投影投射在左视图上，因此所有反映底面的尺寸最好集中标注在左视图上，如图 2-48c 所示。

② 凹十二棱柱高的尺寸标注：图 2-48a 所示的凹十二棱柱在高方向的投影分别投射在主视图和俯视图上（凹十二棱柱的"高"对整个立体而言是"长"方向），因此反映立体高的尺寸 25mm 既可以标注在主视图上，也可以标注在俯视图上。图 2-48c 所示为标注在主视图上的结果。

③ 切割面的位置尺寸：切割面的正面投影积聚为一条直线，对切割的位置反映比较清晰，因此该尺寸标注在主视图上，如图 2-49c 中的 9mm、25mm。其中，25mm 同时为反映凹十二棱柱的高尺寸，已标注出，所以不再重复标注。

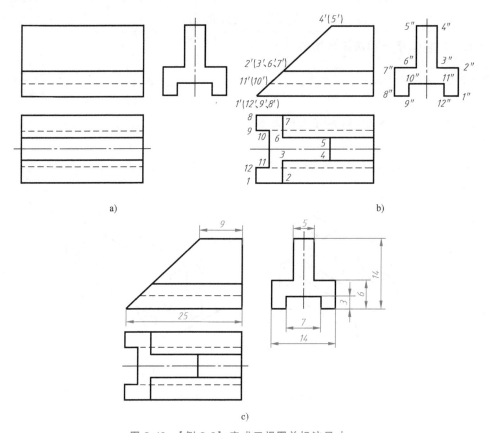

图 2-49　【例 2-9】完成三视图并标注尺寸

a）凹十二棱柱三视图　b）正垂面切割后三视图　c）尺寸标注

【例 2-10】　分析图 2-50a 所示支架立体，并补全左视图，完成俯视图。

解　形体分析：图 2-50a 所示立体可以看作一类似 "S" 形的八边形柱体经过三次挖切形成，分别使用正垂面 P、两个铅垂面 Q 及回转面挖切，回转面挖切后在右侧生成一个圆孔结构和半圆柱体结构。

线面分析：正垂面 P 切去一个三棱柱，由两个铅垂面 Q 分别切去两个三棱柱。正垂面 P 与铅垂面 Q 相交，产生的交线为一般位置直线，作图时需要注意其投影特点。

投影分析：主视图已知，需补全左视图中正垂面 P 和铅垂面 Q 的投影及立体右侧结构，完成俯视图。作图时需注意投影面垂直面的投影特性。

作图：

1）根据投影关系，作出俯视图中立体未被挖切情况下完整柱体结构的投影，如图 2-50b 所示。

2）根据铅垂面 Q 的水平投影具有积聚性的特点，利用 "宽相等、长对正" 的投影规律

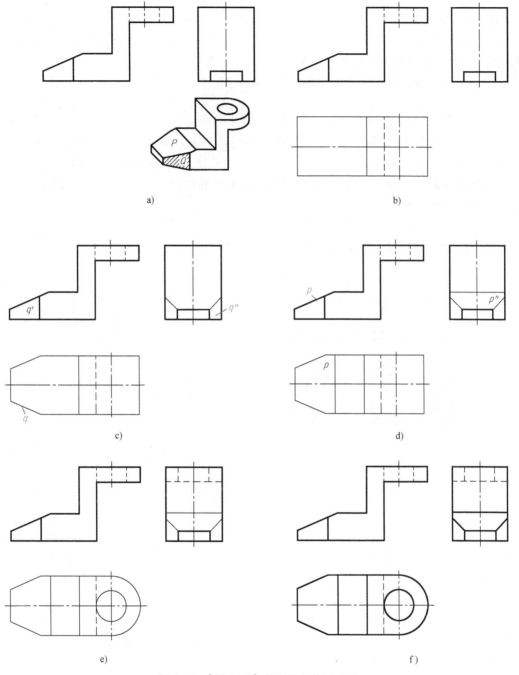

图 2-50　【例 2-10】简单挖切体三视图

a）已知条件　b）作出未挖切柱体的俯视图　c）作出平面 Q 的投影
d）作出平面 P 的投影　e）完成其余部分的投影　f）结果

作出平面 Q 的水平投影，利用类似形的特点及"高平齐、宽相等"的投影规律完成铅垂面 Q 的侧面投影，如图 2-50c 所示。注意平面 Q 水平投影的积聚性和双斜交线（一般位置直线）的画法。

3）根据正垂面 P 的投影特性，利用"长对正"的投影规律作出正垂面 P 的水平投影，利用"高平齐、宽相等"的投影规律作出与俯视图表现为类似形的侧面投影，如图 2-50d 所示。

4）画出右上部分外半圆柱面挖切结构和挖切圆孔结构的投影。先在俯视图作出特征投影，再根据回转面的投影特性分别画出侧面投影，如图 2-50e 所示。

5）擦去辅助线，加粗可见轮廓线，得到的结果如图 2-50f 所示。

注意：【例 2-10】立体分别由投影面垂直面和回转面挖切形成。进行线面分析时应确定不同平面的位置和投影特性并用于作图，如投影面垂直面 P 的正面投影具有积聚性、另两面投影具有缩小的类似形的特征，以及两垂直面 P 和 Q 的交线为一般位置直线的特点。这些特殊面、线的投影特性不仅是立体分析和作图过程中的主要方法，也是检验作图是否正确的重要依据。

【例 2-11】 分析图 2-51a 所示立体并完成其俯、左视图。

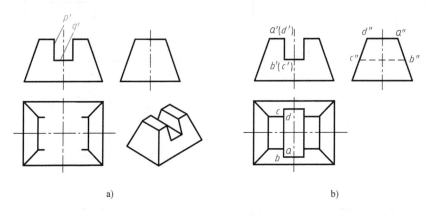

a)　　　　　　　　　　　　　　　　　b)

图 2-51 【例 2-11】简单挖切体三视图
a）已知条件　b）结果

解　形体分析：图 2-51a 所示立体可以看成在一四棱台上方切去一长方形切口形成的。

线面分析：长方形切口是由两个左右对称的侧平面 P 和一个水平面 Q 构成的，侧平面 P 产生的交线为梯形 $ABCD$，其中 AD 和 BC 都是正垂线，侧平面 P 与水平面 Q 的交线为正垂线 BC。

作图：

1）作出侧平面 P 的侧面投影 $a''b''c''d''$，再作出侧平面 P 具有积聚性的水平投影直线段，线段的长度与左视图中 $b''c''$ 保持"宽相等"，如图 2-51b 所示。

拓展学习：
平面立体作
图法及技巧

2）作出水平面 Q 的水平投影矩形，长度满足与主视图保持"长对正"，宽度满足与左视图 $c''d''$ 保持"宽相等"，如图 2-51b 所示。

注意：【例 2-11】立体切口两个侧平面 P 的正面投影和水平投影分别积聚成一直线，侧面投影反映实形。切口水平面 Q 的正面投影和侧面投影分别积聚成一直线，水平投影反映实形。侧平面 P 与水平面 Q 的交线 BC 的侧面投影不可见（图 2-51b）。

第四节　基本几何体的轴测投影图

轴测投影图简称轴测图，是一种能同时反映立体的多面形状的单面投影图。它是用平行投影法将立体连同确定其空间位置的直角坐标系，沿不平行于任一坐标面的方向投射到投影面上所得到的图形，其特点是立体感强、直观性好，便于读懂，但度量性差、作图较复杂。因此在工程设计中常被用作辅助图样，以弥补正投影图的不足。本章主要介绍轴测图的基本知识及正等轴测图的画法，有关组合体轴测投影图、斜二等轴测图的画法与轴测剖视图的画法将分别在第三章第五节和第四章第五节中进行介绍。

一、轴测图的基本知识

1. 轴测图的形成

如图 2-52 所示，将立体连同建立的直角坐标系，沿选定的投射方向 S，用平行投影法投射到轴测投影面 P 上，得到立体的轴测图。如果投射方向 S 垂直于投影面 P，即用正投影方法形成的轴测图，称为**正轴测图**，如图 2-52a 所示；如果投射方向 S 倾斜于投影面 P，即用斜投影法形成的轴测图，称为**斜轴测图**，如图 2-52b 所示。

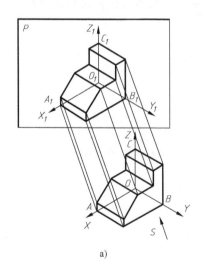 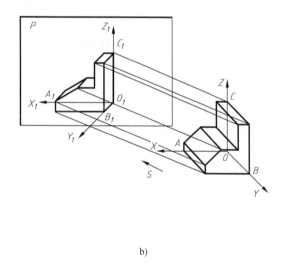

a)　　　　　　　　　　　　　　b)

图 2-52　轴测图的形成

a）正轴测图　b）斜轴测图

2. 轴间角和轴向伸缩系数

如图 2-52 所示，立体上建立的直角坐标系的三条坐标轴 OX、OY、OZ 的轴测投影 O_1X_1、O_1Y_1、O_1Z_1 称为轴测轴，各轴测轴之间的夹角 $\angle X_1O_1Y_1$、$\angle Y_1O_1Z_1$、$\angle Z_1O_1X_1$ 称为轴间角。

轴测轴 O_1X_1、O_1Y_1、O_1Z_1 上的单位长度与相应直角坐标轴上单位长度的比值，称为轴向伸缩系数。图 2-52 所示各坐标轴的轴向伸缩系数为：

$$OX \text{ 轴的轴向伸缩系数 } p = O_1A_1/OA$$
$$OY \text{ 轴的轴向伸缩系数 } q = O_1B_1/OB$$
$$OZ \text{ 轴的轴向伸缩系数 } r = O_1C_1/OC$$

显然，改变立体上坐标系坐标轴与轴测投影面 P 的夹角，轴向伸缩系数也会随之改变。按照轴向伸缩系数不同，可将轴测图进一步分类。对于投射方向 S 垂直于轴测投影面 P 的正轴测图：当 $p=q=r$ 时，所得轴测投影图为正等轴测图；当 $p=r\neq q$ 时，轴测投影图为正二等轴测图；当 $p\neq q\neq r$ 时，为正三轴测图。同理，对于斜轴测图：当 $p=q=r$ 时，为斜等轴测图；当 $p=r\neq q$ 时，为斜二等轴测图；当 $p\neq q\neq r$ 时，为斜三轴测图。

3. 轴测图的投影特性

轴测图是用平行投影法形成的投影图，因此具备平行投影法的投影特性。

1）平行性：互相平行的两条直线的轴测投影仍保持互相平行。如立体上平行于坐标轴的线段，其轴测投影仍平行于相应的轴测轴。

2）定比性：立体上两平行直线或同一直线上的两线段长度的比值等于其轴测图上所对应长度之比。

由此可见，立体上与坐标轴平行的线段，其轴测投影长度等于实际长度乘上轴向伸缩系数。"轴测"的含义就是指沿着轴测轴的方向进行测量作图。因此，绘制轴测图时，首先确定轴间角和轴向伸缩系数。然后对立体上平行于直角坐标轴的线段，按平行于相应轴测轴的方向画出；对不与坐标轴平行的线段，则应在轴测图上通过确定直线段的各端点再对应连线的方法画出。

工程中常用的轴测图是正等轴测图和斜二等轴测图。

二、正等轴测图的画法

1. 正等轴测图的特点

当三条直角坐标轴与轴测投影面的倾角相同时，用正投影法得到的投影图称为正等轴测图，简称为正等测。

由于正等测的三条直角坐标轴与轴测投影面的倾角相同，因此，正等测图的三个轴间角相等且均为 $120°$。绘制正等轴测图时，规定把 O_1Z_1 轴画成铅垂方向，而 O_1X_1 轴和 O_1Y_1 轴与水平方向夹角为 $30°$，如图 2-53 所示。

根据理论计算，正等测的三个轴向伸缩系数相同且约为 0.82。为了作图简便，实际绘图时通常采用简化的轴向伸缩系数，即取 $p=q=r=1$ 作图。所得的正等轴测图各轴向尺寸大约放大至 $1/0.82\approx1.22$ 倍。

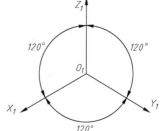

图 2-53　正等测图的轴间角

2. 平面立体正等轴测图的画法

绘制轴测图时，首先应确定坐标原点和坐标轴的位置。通常将原点确定在立体的可见表面上（如立体的顶面、左面和前面上），以立体的轮廓线、对称中心线等为坐标轴，这样可以减少作图线。

> **注意**：在轴测图中不画出不可见的轮廓线。

平面立体轴测图的作图法有坐标法、挖切法等。其中，坐标法是最基本的方法，它是根据点的坐标做出点的轴测图。

【例 2-12】 根据图 2-54a 所示四棱台的三视图，画出其正等轴测图。

解 分析：图 2-54a 所示四棱台前后对称且左右对称，因此选择矩形上底面的中心点为坐标原点，过原点确定 OX、OY、OZ 轴，如图 2-54a 所示。

作图：

1）绘制轴测轴和上底面的轴测投影图。从坐标原点 O_1 开始沿 O_1X_1 轴正、负两方向分别量取 $L_1/2$，沿 O_1Y_1 轴正、负两方向分别量取 $B_1/2$，过以上四点分别作两轴的平行线，得到四棱台上底面的轴测投影，如图 2-54b 所示。

2）绘制下底面的轴测投影。从原点 O_1 出发沿 O_1Z_1 轴负方向量取 H 得到底面中点 O_2。再以 O_2 为坐标原点，参照步骤 1）作出下底面的轴测投影，如图 2-54c 所示。

3）分别连接上、下底面的各对应点，注意只连接棱台可见的三条棱线，不可见的棱线不画。

4）擦去多余图线，加深可见轮廓线，完成作图，结果如图 2-54d 所示。

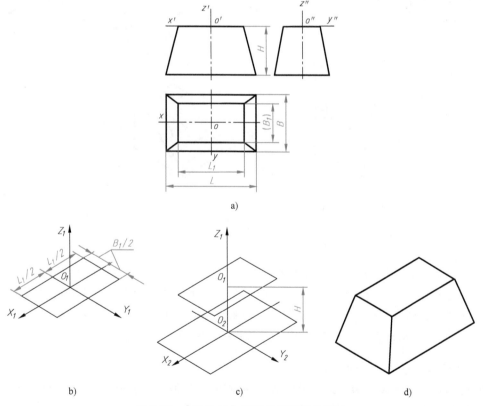

a)

b）绘制轴测轴和顶面投影　c）绘制底面投影

图 2-54 【例 2-12】四棱台轴测图的画法

a）三视图　b）绘制轴测轴和顶面投影　c）绘制底面投影　d）结果

对于在基本几何体的基础上，经局部挖切而形成的立体，可以采用挖切法绘制轴测图。

【例 2-13】 根据图 2-55a 所示平面立体三视图，采用挖切法绘制正等轴测图。

解　形体分析：图 2-55a 所示三视图表达的立体是一个在凹六棱柱的基础上挖切一个四棱柱后形成的立体。首先需要用坐标法画出凹六棱柱的轴测图，然后作出上方挖切四棱柱的方槽结构。

作图：

1）选择立体前表面的右下角顶为坐标原点建立坐标系，如图 2-55a 所示。

2）建立轴测轴，利用坐标法画出凹六棱柱特征面的凹六边形，如图 2-55b 所示。

3）过特征面六个顶点分别量取高度 c 作轴测轴 O_1Y_1 轴的平行线，连接各顶点，得到凹六棱柱的轴测图，如图 2-55c 所示。

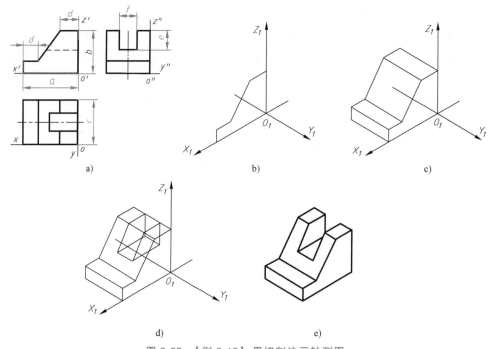

a）三视图　　b）绘制柱体特征面投影　c）作出柱体投影　d）确定方槽投影位置　e）结果

图 2-55 【例 2-13】 用切割法画轴测图

4）作出挖切四棱柱形成顶部方槽的轴测投影。首先根据三视图中的尺寸 f 和 e，按照沿坐标轴度量的方法，作出四棱柱特征底面的投影。再根据三视图中互相平行的直线在轴测投影中也互相平行的投影特性，完成顶部方槽轴测投影的绘制，如图 2-55d 所示。

5）擦去多余图线，加深可见轮廓线，完成轴测图，如图 2-55e 所示。

3. 回转体正等轴测图的画法

回转体表面轮廓线多为曲线，要完成回转体的正等轴测图的作图，重点需掌握圆或圆弧轴测投影的画法。

（1）平行于坐标面的圆的正等轴测图画法　根据正等轴测图的形成原理，由于各坐标面对轴测投影面都是倾斜的，因此平行于坐标面的圆的轴测投影均为椭圆，如图 2-56 所示。

椭圆的长、短轴与轴测轴有以下的关系。

1）当圆所在的平面平行于 *XOZ* 面时（即为正平面时），椭圆的长轴垂直于 O_1Y_1 轴测轴，椭圆短轴平行于 O_1Y_1 轴测轴。

2）当圆所在的平面平行于 *XOY* 面时（即为水平面时），椭圆的长轴垂直于 O_1Z_1 轴测轴，椭圆短轴平行于 O_1Z_1 轴测轴。

3）当圆所在的平面平行于 *YOZ* 面时（即为侧平面时），椭圆的长轴垂直于 O_1X_1 轴测轴，椭圆短轴平行于 O_1X_1 轴测轴。

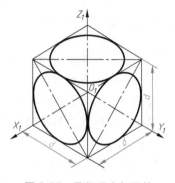

图 2-56 平行于坐标面的圆的正等轴测图

如图 2-56 所示，平行于三个坐标面的圆大小相同，它们正等轴测图的三个椭圆的形状和大小完全相同，但方向各不相同。椭圆长、短轴的长度与圆直径 *d*、各轴测轴的轴向伸缩系数有关。正等轴测图取简化系数 1 时，椭圆长轴约为 $1.22d$，短轴则为 $0.7d$。

绘制轴测图的目的是直观地表现空间立体的结构形状，因此为作图简便，常采用"四心法"近似绘制椭圆，即采用以四段圆弧连接成近似椭圆的作图方法。如图 2-57 所示，"四心法"近似椭圆画法的作图步骤如下。

1）确定坐标原点和坐标轴，作圆的外切正方形，如图 2-57a 所示。

2）画轴测轴 O_1X_1 和 O_1Y_1，在轴测轴上按圆的直径 *d* 取 1_1、2_1、3_1、4_1 四点，作圆的外切正方形的轴测投影 $A_1C_1B_1D_1$，如图 2-57b 所示。

3）分别连接 1_1A_1、2_1A_1 和 3_1B_1、4_1B_1 得交点 E_1、F_1，得到四段圆弧的圆心 A_1、B_1、E_1、F_1，如图 2-57c 所示。

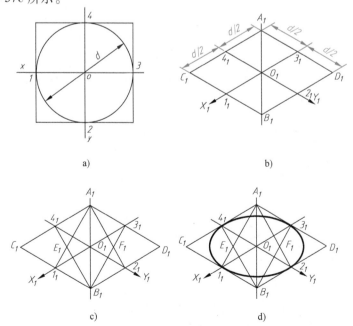

图 2-57 "四心法"近似椭圆画法

a）确定坐标原点和坐标轴　b）作圆的外切正方形轴测投影　c）确定四段圆弧的圆心　d）完成近似椭圆的绘制

4）分别以 A_1、B_1 为圆心，以 1_1A_1、4_1B_1 为半径画两段大圆弧；以 E_1、F_1 为圆心，4_1E_1、3_1F_1 为半径画两段小圆弧，与前面两段大圆弧相切，光滑连接四段圆弧完成近似椭圆的绘制，如图 2-57d 所示。

【例 2-14】 根据图 2-58a 所示圆柱的两视图，画出其正等轴测图。

解　分析：圆柱的轴线为垂直于水平面的铅垂线，上、下底面平行于水平面，为便于作图，将坐标原点放置于圆柱上底面的圆心位置，如图 2-58a 所示。画相同直径圆的轴测投影时，采用平移四段圆弧圆心的方法。

作图：

1）选定圆柱上底面圆心为坐标原点 O，并确定 OX、OY 轴方向，如图 2-58a 所示。画出轴测轴和外切正方形的轴测投影，如图 2-58b 所示。

2）利用"四心法"绘制近似椭圆，即为上底面圆的轴测投影，如图 2-58c 所示。

3）沿 OZ 轴负方向量取 H，确定圆柱下底面圆心位置 O_2，如图 2-58d 所示。

4）作出下底面外切正方形的轴测投影，再将上底面四个圆心分别向下平移 H，得到下底面四段圆弧圆心，画出可见的三段圆弧的轴测投影图，如图 2-58e 所示。

5）做出圆柱上、下两底面圆轴测投影椭圆的公切线，如图 2-58f 所示。

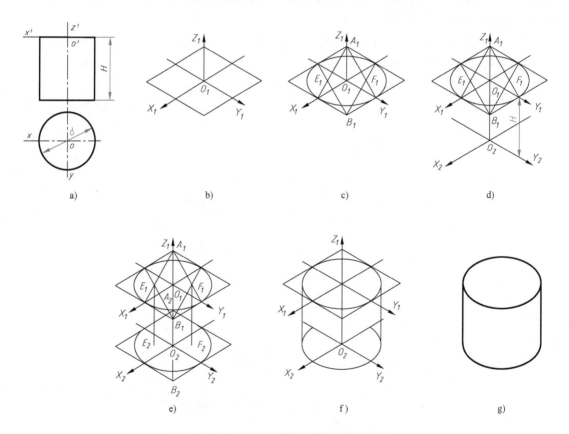

图 2-58　【例 2-14】圆柱正等轴测图的画法

a）圆柱两视图　b）作出外切正方形轴测投影　c）"四心法"作出上底面圆的轴测投影

d）、e）"移心法"+"四心法"作出下底面圆轴测投影　f）作出轴测投影椭圆公切线　g）结果

6）擦去多余图线，加深可见轮廓线，完成轴测图，如图 2-58g 所示。

【例 2-15】　根据图 2-59a 所示圆台的两视图，作出其正等轴测图。

　　解　分析：圆台轴线为正垂线，上、下底面平行于正面。因此可将坐标原点定在圆台前端面圆心处，如图 2-59a 所示。

　　作图：

　　1）选定圆台上底面圆心为坐标原点 O，并确定 OX、OY、OZ 轴方向，如图 2-59a 所示。绘制轴测轴，以 O_1 为圆心，用"四心法"绘制前端面圆的轴测投影。如图 2-59b 所示。

　　2）将前底面圆心 O_1 沿 O_1Y_1 轴负方向平移圆台高度 H，确定后端面圆心位置 O_2，并用"四心法"绘制后端面圆的轴测投影。绘制两个端面圆的轴测投影时，注意椭圆长、短轴的方向。最后画出圆台上、下两端面圆轴测投影椭圆的公切线，如图 2-59c 所示。

　　3）擦去多余图线，加深可见轮廓线，完成轴测图，如图 2-59d 所示。

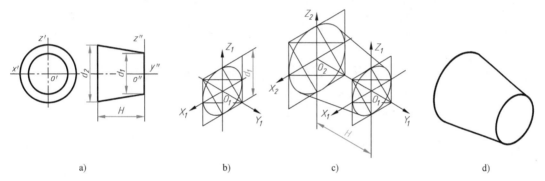

图 2-59　【例 2-15】圆台正等轴测图的画法

a）圆台两视图　b）绘制前端面圆的轴测投影　c）绘制后端面圆的轴测投影及公切线　d）结果

　　（2）**圆角的正等轴测图画法**　广义柱体中经常会有圆柱回转面所围成的结构，即圆角结构，下面通过例题来介绍圆角正等轴测图的画法。

【例 2-16】　根据如图 2-60a 所示广义柱体的两视图，作出其正等轴测图。

　　解　分析：由于平行于坐标面的圆角是平行于坐标面的圆的一部分，因此可以用画椭圆的近似画法来完成。立体上常见的 1/4 圆的圆角结构，其轴测投影相应地是 1/4 椭圆弧。

　　作图：

　　1）画出未切出圆角的长方体的正等轴测图，在柱体前部的两角上沿两边分别量取圆角半径 R，得到 a_1、b_1、c_1、d_1 四个点，如图 2-60b 所示。

　　2）过 a_1、b_1、c_1、d_1 四个点分别作所在边的垂线，得到交点 p_1 和 q_1，即为圆弧的圆心。分别以 p_1 和 q_1 为圆心，以 p_1a_1、q_1c_1 为半径画圆弧，如图 2-60c 所示。

　　3）用移心法将圆心 p_1 和 q_1 分别下移板厚 H，即 $p_1p_2=H$，$q_1q_2=H$，p_2、q_2 即为下底面圆弧的圆心。同时将 a_1、b_1、c_1、d_1 下移板厚 H，再分别以 p_2、q_2 为圆心画出下底面圆角的轴测图。然后作出右侧上、下两圆弧的公切线，如图 2-60d 所示。

　　4）擦去多余图线，加深可见轮廓，结果如图 2-60e 所示。

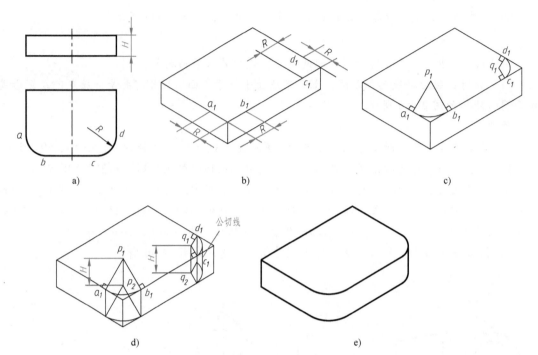

图 2-60 【例 2-16】圆角正等轴测图的画法

a) 广义柱体两视图　b) 作出长方体轴测图并确定切点　c) 作出上表面圆角的轴测投影圆弧

d)"移心法"作出下表面圆角的轴测投影圆弧和公切线　e) 结果

第三章　组合体的表示方法

组合体是机器零件的简化模型，其构形分析、模型创建、三视图画法、尺寸标注及读图内容均以形体分析法为基础。本章通过介绍组合体三维及二维表示方法，贯彻运用形体分析法对组合体进行分析和表达的思想方法，同时对立体构成的投影进行分析，在运用形体分析法解决问题的基础上，结合线面分析法，力求达到使学生掌握绘制与阅读组合体图样的目的。

第一节　组合体的构形分析与三维建模

一、构形分析

1. 组合体构形分析

基本几何体是构成组合体的基本单元。从特征的角度看，任何组合体都可看成是由一些具有基本特征的立体所组成的。如图 3-1 所示的组合体，可以将其视为图 3-2 所示体 1（广义柱体）、体 2（广义柱体）、体 3（圆柱）三部分的组合。而体 1 和体 3 上的通孔，可看成在两形体中同时挖切掉一个圆柱形成的，如图 3-3 所示。这种把立体看作由若干基本几何体组合、挖切而形成的方法，就是利用前面内容所涉及的形体特征进行分析的方法，称为形体分析法。

图 3-1　组合体示例

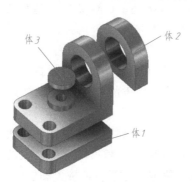
图 3-2　组合体的分解

图 3-3　体 1 与体 3 中通孔的形成

形体分析法是假想把组合体分解成若干个基本几何体，确定它们的构形方式和相对位置，分析它们的表面连接形式、过渡关系，完成组合体结构分析的方法。形体分析法采用化整为零、化繁为简的手段，有步骤、分层次地对组合体进行拆解、组合，将复杂问题简单化，是解决组合体三维立体建模与二维投影图建立的主要分析方法。

对图 3-4 所示的轴承盖进行形体分析，可得出它是由广义柱体形状的体 1、体 2、体 3，以及在半圆柱基础上经过切槽、挖切后形成的体 4，相互间通过叠加（增材）方式组合而成的一种立体。

组合体的构形组合方式，即组合体的三维建模方式主要分为以下两种。

1）叠加方式建立新特征：叠加的组合方式是以增材方式，即通过新增特征，以增加模型的体积、重量的方式形成新的特征，其结果是在所建立的基础特征（基础件）之上新增部分材料，如图 3-5a 所示。（图中基础件是通过旋转运算方式得到的回转体）。

2）挖切方式建立新特征：挖切的组合方式是以减材方式，即通过减少模型的体积、重量的方式产生新的特征，其结果是从所建立的基础特征（基础件）中按照特征去除掉部分材料，如图 3-5b 所示。

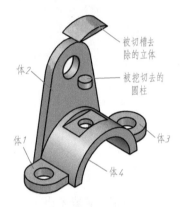

图 3-4　轴承盖立体的构成

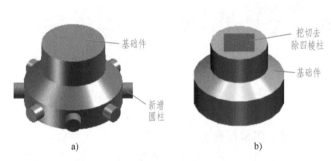

a)　　　　　　　　　　　　　　b)

图 3-5　组合体三维建模方式示例

a）叠加方式建立新特征　b）挖切方式建立新特征

2. 组合体的构形表示法

将组合体分解成基本几何体的形体分析方法可以通过 CSG（Constructive Solid Geometry）三维复杂体构形表示法来直观地加以描述。CSG 是实体造型方法中的一个术语，CSG 表示法实质上是利用正则集合运算，即运用并（∪）、交（∩）、差（\）运算方式，将复杂体定义为基本几何体的合成。它是计算机实体造型中的一种构形方法。

组合体的 CSG 表示法是用一棵有序的二叉树来表示的（二叉树是一种由两个树叉构成的树状结构图，包含树枝、树根），二叉树的叶结点（或终结点）是体素，根结点为组合体，其余结点都是规范化布尔运算（并、交、差）运算符号，如图 3-6 所示。图 3-6a 表示的是运用并（∪）运算和差（\）运算得到的立体模型和反映立体构成的 CSG 树；图 3-6b 表示的是运用交（∩）运算得到的立体模型和反映立体构成的 CSG 树。CSG 树表示的是构建组合体的一种过程模型，它能形象地描述组合体构形的整个思维过程，对分析、构建模型很有帮助。

通过以上分析可知，要构建一个组合体，拆分是关键。但是同一组合体可以存在几种不同的分解方案，如图 3-7 所示。因此，在分解组合体时应注意，要以分解得到的基本几何体数量最少、最能反映立体特征为最终目的。

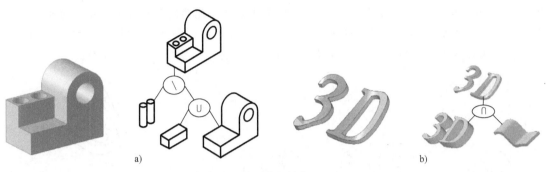

图 3-6 CSG 树表示法

a）并和差运算得到立体模型 b）交运算得到立体模型

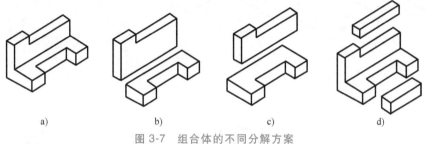

图 3-7 组合体的不同分解方案

a）组合体 b）分解方案 1 c）分解方案 2 d）分解方案 3

二、组合体的创建

构建组合体的基本方法就是利用组合体的构成特点来进行创建，一般可按如下步骤进行：①利用形体分析的方法拆分组合体，将组合体分解为由多个基本几何体所组成；②分析各基本几何体的构形特点，即分析其是具有柱体的特征还是具有回转体的特征，根据特征进行创建；③根据所组成的各基本几何体之间的相对位置关系，分析各基本几何体之间所采用的组合方式是叠加还是挖切，最后完成组合体的创建。

【例 3-1】 完成图 3-8a 所示组合体的创建。

解 通过形体分析，根据该组合体的构成特点，可将其分解为图 3-8b 所示的三个基本几何体，并且这三个基本几何体都具有广义柱体的特性，因此，这三个基本几何体可以通过图 3-8c 所示的特征面运用拉伸运算方式构建，最后将三者按照图 3-8a 所示的相对位置关系相互叠加即可得所求组合体。组合体及 CSG 树表示法如图 3-9 所示。

【例 3-2】 完成图 3-10a 所示组合体的创建。

解 经过对立体构成特点的分析，可以将该立体初步分解为图 3-10b 所示的两部分，这两部分是可以通过图 3-10c 所示特征面通过拉伸运算方式构建形成的柱体；要达到最终结果，还必须在图 3-10b 所示体 1 上挖切一个半圆柱体体 3，如图 3-10d 所示；最后，各基本几何体相互叠加得到所求组合体。

组合体构形的方式可通过形体表示法及符号表示法这两种 CSG 树表示法进行表达，如

图 3-11 所示。其中，"依附件"顾名思义为依靠基础件才能确定其位置的基本几何体，即为除基础件外，从组合体分解下来的部分。依附件一般是通过叠加（增材）或挖切（减材）方式，在基础件上生成的。如图 3-11 中，体 1 为基础件，体 2、体 3 为依附件。

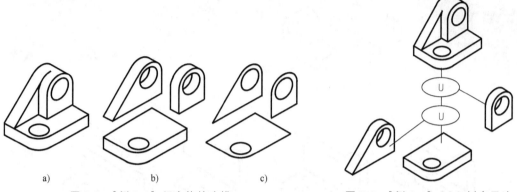

图 3-8 【例 3-1】组合体的建模   图 3-9 【例 3-1】CSG 树表示法
a）组合体 b）分解 c）特征面

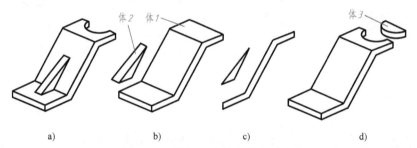

图 3-10 【例 3-2】组合体的建模
a）组合体原型 b）分解 c）特征面 d）挖切

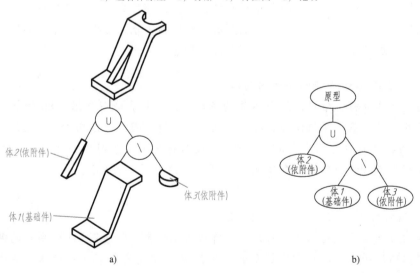

图 3-11 【例 3-2】CSG 树表示法
a）形体表示法 b）符号表示法

以上介绍了组合体创建的基本方法。但是在组合体创建的实际操作过程中，应先建立基础件，再建立依附件，创建组合体的具体操作步骤如下。

1）分析组合体构成特点，确定基础件、依附件。

2）画出 CSG 树，确定创建步骤。

3）根据基础件构形特点，选择特征运算方式，创建基础件。

4）根据依附件与基础件的相对位置关系，确定以叠加（增材）方式还是以挖切（减材）方式创建依附件。

5）完成组合体的创建。

第二节　组合体的三视图

上一节介绍了如何利用形体分析法完成对组合体的构形分析与三维建模，下面将针对组合体的二维表示法进行讨论。

微课讲解：
组合体三视
图的画法

一、组合体三视图的画法

与建立立体的三维模型一样，画组合体的三视图首先要对组合体进行形体分析，形体分析方法是组合体画图、尺寸标注和读图的基本方法。然而，对于组合体表面上的线和面，以及投影图中难以想象的投影图线、投影图框，必要时还需辅之以线面分析法，就是要遵循以形体分析法为主、线面分析法为辅的原则。

线面分析法是对立体表面上的线、面或者投影图中的图线、线框进行分析，进而掌握它们的形状、相对位置关系及其在投影面体系中的位置和投影特点的方法。它是画出或读懂立体上或视图中复杂而难以画图或读图的部分的重要方法。运用形体分析法应掌握基本几何体的投影特性，运用线面分析法应掌握线、面的投影理论。

下面以图 3-12 所示立体为例，介绍组合体的分析方法和画图步骤。

1. 形体分析

图 3-12h 所示立体可分解为底板、竖板和 V 形块三大部分。立体的构形可按如图 3-12 a～g 所示的顺序实现。

2. 选择主视图

主视图是表达组合体的一组视图中最主要的视图，应选择形状特征最明显、位置特征最多的方向作为主视图的投射方向，同时应避免在主视图、左视图上出现较多的虚线，否则会影响图形表达和尺寸标注的清晰性。以图 3-12h 所示箭头方向作为主视投射方向，符合主视图选择的要求。

3. 布置图面，画基准线

该组合体在上下方位（高度方向）和前后方位（宽度方向）上不对称，在底面和后端面的投影位置分别画出高度和宽度方向的基准线（细实线）；组合体在左右方位（长度方向）上对称，在主视图和俯视图上画出长度方向的左右对称中心线（细点画线），作为画图的基准线，如图 3-13a 所示。每个视图上的基准线是下一步画底稿的作图基线，同时也确定

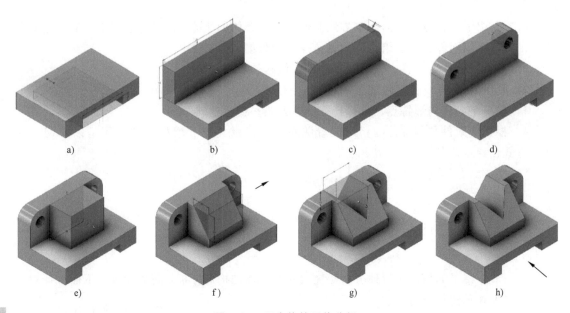

图 3-12　组合体的形体分析

a）建立长方体并在其上开方形通槽　b）叠加竖板　c）生成圆角　d）对称打孔

e）叠加长方体　f）截切三棱柱　g）挖切三棱柱　h）结果

了各视图的位置，应通过对图幅大小和画图比例的计算，合理地布置视图。

4. 画三视图底稿

以形体分析确定的构形顺序为作图顺序，依次画出组合体各组成部分的投影。注意画组成组合体的各基本几何体的三视图时，一般应先分别画出各组成基本几何体的特征投影，再画出另两投影，且按照"长对正、高平齐、宽相等"的投影规律同时画；画底稿时应采用细实线，以便于修改（图 3-13 中为明确每步作图的内容，使用了粗实线）。

1）画出底板长方体和底板上方形通槽的投影（即画出以主视图为底面的广义柱体的三视图），如图 3-13b 所示。

2）画出叠加的包括圆角和孔的竖板的投影（即画出以主视图为底面的广义柱体的三视图），如图 3-13c 所示。

3）画出叠加的长方体被截切了三棱柱的投影（即画出以左视图为底面的五棱柱的三视图），如图 3-13d 所示。

4）画出中间挖切三棱柱后的投影（即画出以主视图为底面的三棱柱的三视图），如图 3-13e 所示。

> **注意**：利用线面分析法对主、俯两视图中的阴影部分进行分析，也就是分析立体表面上的线、面或者投影图中的图线、图框：如图 3-13e 所示，立体被挖切三棱柱后会形成 V 形槽，主视图显示其左、右两侧面为正垂面，该正垂面与立体前侧被截切三棱柱后形成的侧垂面相交，产生了一般位置的交线，同时导致侧垂面的形状发生改变，其正面和水平面的投影如图 3-13e 中阴影部分线框所示，可以看出俯视图线框和主视图线框具有类似形的特点。如此找出侧垂面所具有类似形的两投影，可验证作图的正确性，同时也可更加明确此表面的形状。**运用线面分析法便于想象多次截切所形成的表面形状并完成其投影。**

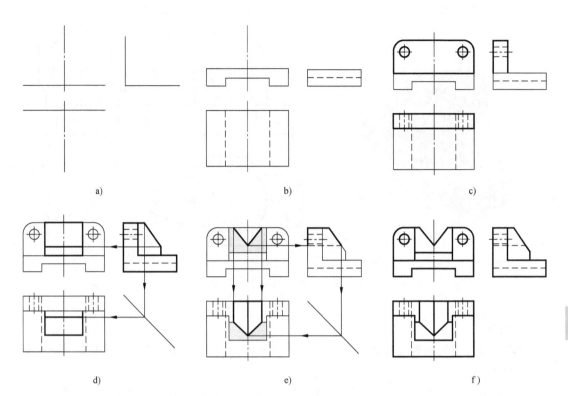

图 3-13　组合体三视图的画图步骤

a）布置图面，画基准线　b）画底板的投影　c）画竖板的投影　d）画叠加的长方体截切三棱柱的投影
e）画中间挖切三棱柱的投影　f）完成的三视图

5）检查图形，擦去多余辅助线，按照线型要求加深各类图线，完成的三视图如图 3-13f
所示。

微课讲解：
组合体相邻表面
间关系分析

二、组合体表面间关系分析

组合体中互相组合的两个基本几何体的表面间的关系有三种情况，即平齐、相切和相
交，如图 3-14 所示。

1. 平齐

互相组合的基本几何体表面平齐时，两基本几何体的表面实际上就构成一个"完整"
的平面（即共平面或共柱面），不存在分界线，在图 3-14 所示的立体中，左侧底板、大圆柱
和右侧底板的下表面即为平齐的表面，绘制投影时只需用一条直线画出。

2. 相切

两立体表面相切，可以是平面与回转面相切，例如图 3-14 所示立体中右侧底板侧面与圆
柱面的相切；也可以是两回转面相切，例如图 3-14 所示立体中上部半圆球面与大圆柱面相切。
由于相切处是光滑过渡的，不存在分界线，因此三视图中不应画出表示分界处的"分界线"
的投影，但应准确作出相切位置，得到相应轮廓的投影，如图 3-14b 的三视图所示。

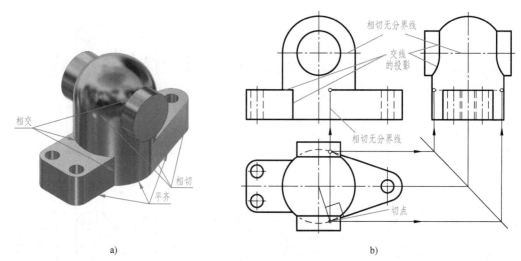

图 3-14　组合体相邻表面间关系

a）立体图　b）三视图

3. 相交

两立体相交也称为两立体相贯，立体表面会形成交线，在三视图中需画出交线的投影，如图 3-14 所示。

两立体相贯的情况是多种多样的，如图 3-15a～e 所示分别表示了两平面立体相交、平面立体与回转体相交、两回转体相交、四同轴回转体相交、两轴线平行圆柱相交的不同情况。

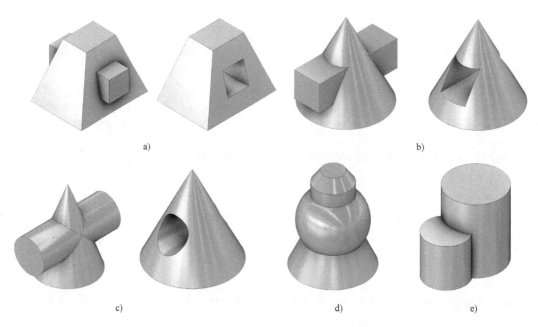

图 3-15　立体相交

a）两平面立体相交　b）平面立体与回转体相交　c）两回转体相交

d）四同轴回转体相交　e）两轴线平行圆柱相交

立体与立体的相交方式总体上可分为平面立体与平面立体相交、平面立体与回转体相交、回转体与回转体相交三种。下面就在立体相交的不同形式下，对立体表面所产生的交线进行分析。由于平面立体与平面立体相交的方式仍属于平面立体的范畴，因此不作为本部分讨论的内容，下面主要针对平面立体与回转体相交、两回转体相交的形式，重点讨论平面与回转面相交、回转面与回转面相交所产生的交线的基本概念和作图方法。

三、平面与回转面相交的分析与作图

常见的回转面有圆柱面、圆锥面、圆球面和圆弧回转面，平面与这四种形式的回转面相交会产生不同形状的交线，该交线称为截交线，该平面称为截平面。截交线的形状取决于回转面的形状和截平面与回转面轴线的相对位置，且截交线的形状一定是平面曲线或直线，同时该交线一定是截平面与回转面共有点的集合。但当截平面与回转面的轴线垂直时，任何回转面的截交线都是圆，这个圆即为第二章第二节所介绍的纬圆。

1. 求截交线的一般步骤

（1）空间分析　根据回转面的形状以及截平面与回转面轴线的相对位置，确定截平面与回转面相交所得截交线的空间形状。

（2）投影分析　根据交线是回转面与截平面共有点的集合的性质，再根据截平面与回转面轴线在投影面体系中的位置，明确截交线在每个投影面的投影特点，分析哪些截交线的投影是已知的，哪些截交线的投影是未知的，再采用适当的方法作图。

（3）截交线的投影作图　当截交线的投影是直线段时，可根据投影关系找出截交线的两个端点，或者一个端点及截交线的投影特性（如与轴线平行、垂直等关系）直接作出；当截交线的投影是圆或圆弧时，可根据投影关系找出圆心、半径画出；非圆曲线的投影可根据投影关系找点连线作出，作图步骤为先取特殊点（转向轮廓线上点、极限位置点、椭圆特征点等），再取中间点，然后判断可见性，顺次光滑连接各点即得到截交线的投影。

2. 求截交线的作图方法

作截交线的投影即作出截平面与回转面共有点的投影。平面与圆柱面相交共有点的求解是利用圆柱面和平面具有积聚性的特点。平面与圆锥面、圆球面相交共有点的求解通常利用纬圆法，下面具体介绍。

（1）平面与圆柱面相交的截交线　平面与圆柱面轴线的相对位置可分为三种情况，即平行、垂直和倾斜，平面与圆柱面相交产生的截交线分别为直线、圆和椭圆。不同情况下平面与圆柱面相交的立体图、三视图及作图步骤、投影分析及作图说明等见表 3-1，设定圆柱以轴线垂直于水平面放置。

（2）平面与圆锥面相交的截交线　平面与圆锥面轴线的相对位置可分为五种情况，平面与圆锥面相交产生的截交线分别为圆、椭圆、抛物线、双曲线和直线，不同相交情况下的立体图、三视图及作图步骤、投影分析及作图说明等见表 3-2（圆锥的半顶角为 α，截平面与轴线夹角为 θ），设定圆锥体以轴线垂直于水平面放置。

表 3-1　平面与圆柱面相交的截交线

平面位置	立体图	三视图及作图步骤	投影分析及作图说明
与圆柱 轴线平行	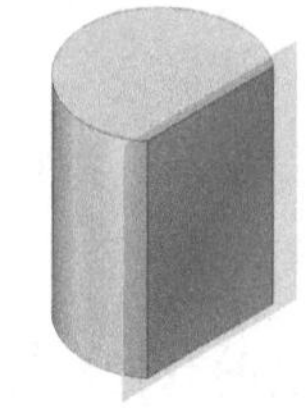	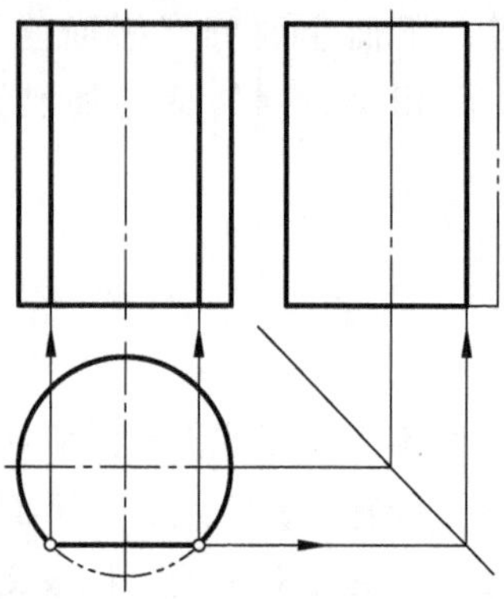	1. 圆柱面水平投影积聚成圆 2. 参与相交的平面是正平面,截交线是两条平行于轴线的素线,其正面、侧面投影反映实形 3. 截交线两条素线是铅垂线。根据截交线是两面共有点的集合的特性,截平面积聚的水平投影直线与圆柱面积聚的水平投影圆的交点即为截交线的水平投影
与圆柱 轴线垂直	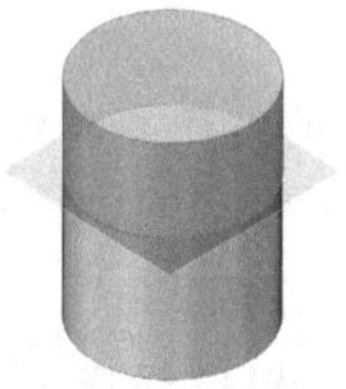	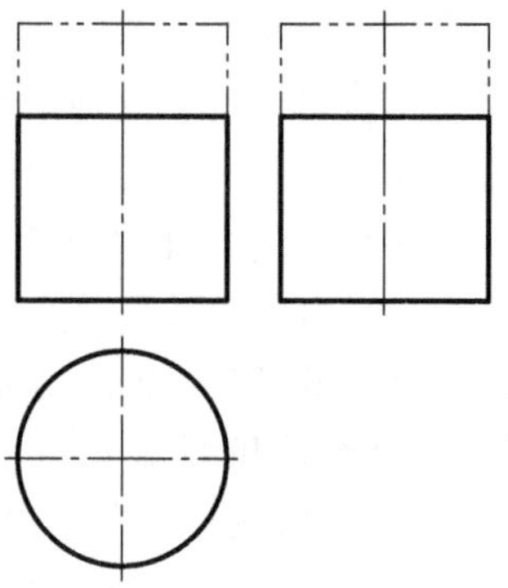	1. 参与相交的平面是水平面,截交线为圆,其水平投影反映实形 2. 截交线圆的另两面投影积聚成水平的直线段
与圆柱 轴线倾斜		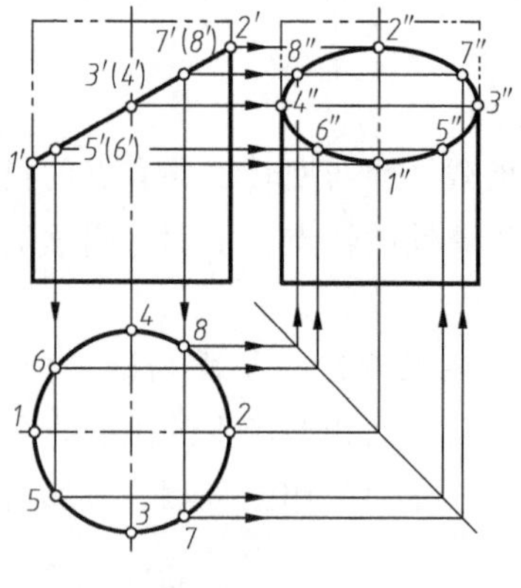	1. 参与相交的平面是正垂面,截交线是椭圆,其正面投影积聚成斜线,水平投影重合于圆柱面积聚的圆,侧面投影是截交线椭圆的类似形 2. 截交线的正面投影和水平投影都具有积聚性,可直接画出,侧面投影需作点连线求出 3. 如图,选取特殊点 I、II、III、IV和适当的一般位置点,判断可见性后光滑连线
说明	立体被平面截切后,其轮廓线必然不完整,可通过视图上投影的对应关系进行判别,进而在作图时去除不必要的部分。如平面斜切圆柱的情况,通过主视图中轴线与截平面投影的交点 3′(4′),可知左视图在相应投影点 3″4″以上的转向轮廓线被切去(图中细双点画线部分)。		

表 3-2　平面与圆锥面相交的截交线

平面位置	立体图	三视图及作图步骤	投影分析及作图说明
与圆锥轴线垂直（$\theta=90°$）	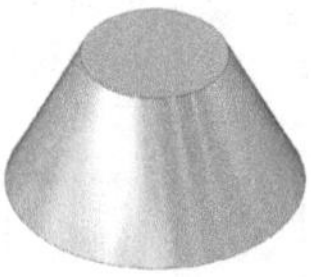	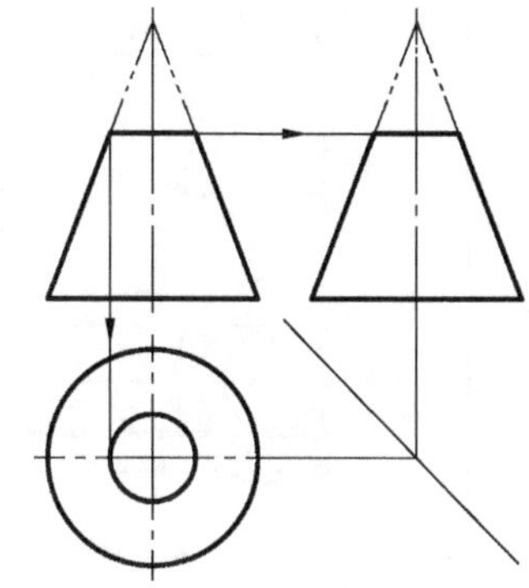	1. 参与相交的平面是水平面,截交线为圆,其水平投影反映实形 2. 截交线圆的另两面投影积聚成垂直于圆锥体轴线投影的直线段 3. 截交线圆的半径为正面或侧面直线投影的一半（纬圆法）
与圆锥体轴线倾斜（$\alpha<\theta<90°$）		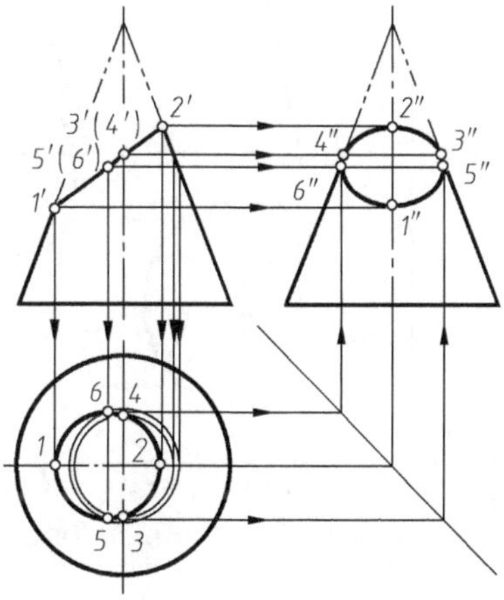	1. 参与相交的平面是正垂面,截交线为椭圆,其正面投影积聚成斜线,水平投影和侧面投影是截交线椭圆的类似形 2. 截交线的正面投影可直接画出,水平投影和侧面投影需由点连线作出 3. 如图,转向轮廓线上的点可利用投影关系直接作出,其他点可利用纬圆法作图
与圆锥体一条素线平行（$\theta=\alpha$）	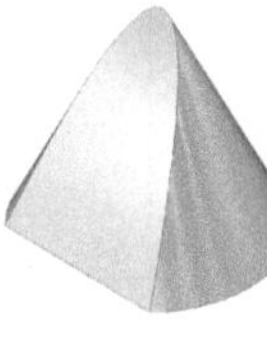	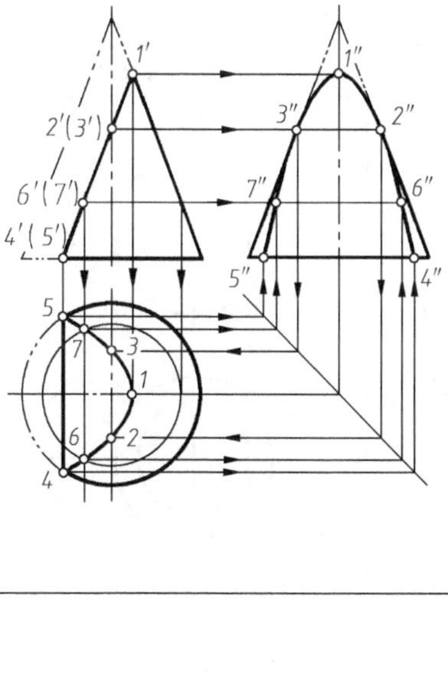	1. 参与相交的平面是正垂面,截交线为抛物线,其正面投影积聚成斜线,水平投影和侧面投影是截交线抛物线的类似形 2. 截交线的正面投影可直接画出,水平投影和侧面投影需由点连线作出 3. 如图,转向轮廓线上的点可利用投影关系直接作出,其他点可利用纬圆法作图

（续）

平面位置	立体图	三视图及作图步骤	投影分析及作图说明
与圆锥体轴线平行或 $0° < \theta < \alpha$	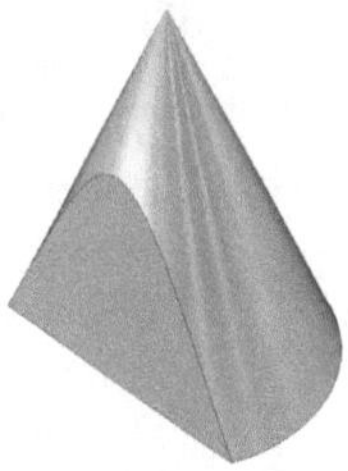	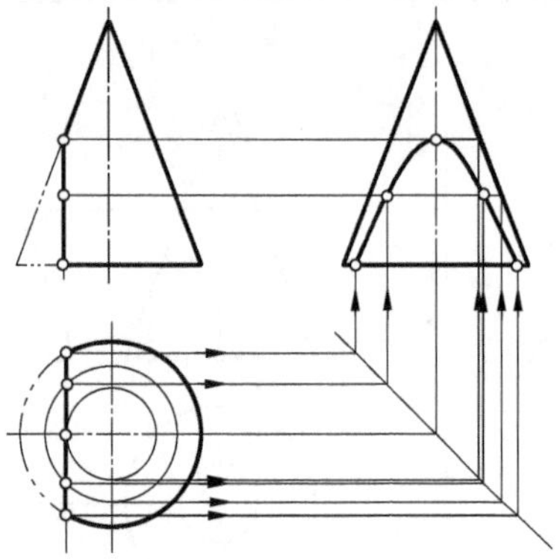	1. 参与相交的平面是侧平面，截交线为双曲线，其侧面投影反映实形，正面投影和水平投影则积聚成直线 2. 截交线侧面投影可用纬圆法求点连线
过圆锥体锥顶	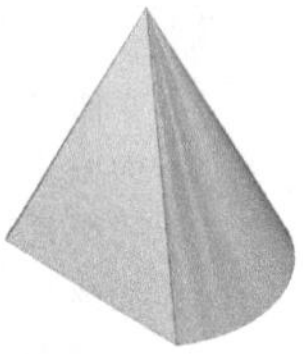	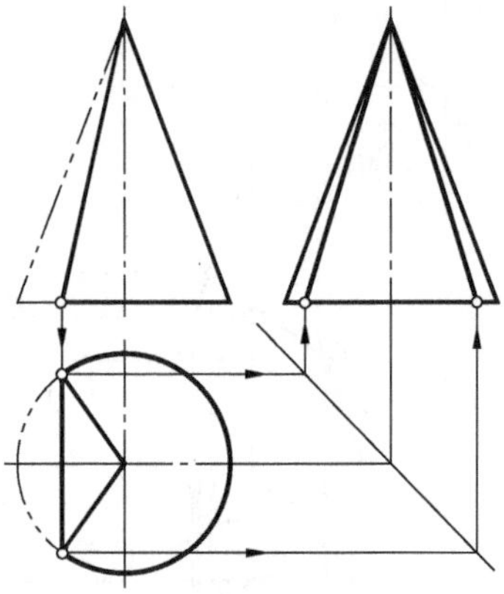	1. 参与相交的平面是正垂面，截交线为三角形，其正面投影积聚成斜线，水平投影和侧面投影是截交线三角形的类似形 2. 截交线的正面投影可直接画出，水平投影和侧面投影先由正面投影求出底面圆上交点的投影，再与锥顶投影连成直线
说明	圆锥面上取点采用纬圆法，纬圆垂直于圆锥轴线。当圆锥轴线垂直于某投影面，则在此投影面上的纬圆投影反映圆的实形，另两面投影是垂直于轴线的直线段，其一半长度即为纬圆半径		

（3）平面与圆球面的截交线　平面与圆球面相交，产生的截交线一定是圆。当截平面相对投影面处于不同位置时，截交线的投影可以是圆、椭圆或直线，见表 3-3。

表 3-3　平面与圆球面相交的截交线

平面类型	立体图	三视图及作图步骤	投影分析及作图说明
水平面	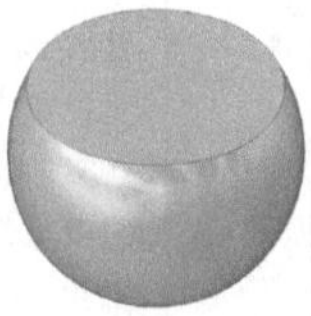	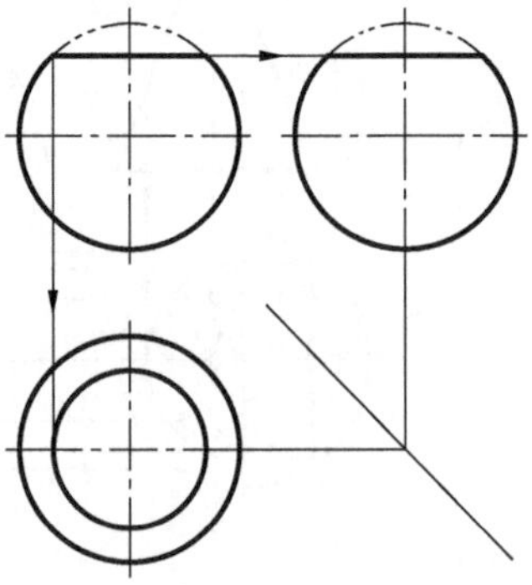	1. 参与相交的平面是水平面，截交线圆的水平投影反映实形 2. 截交线圆的另两面投影积聚成水平的直线段 3. 截交线圆（纬圆）的半径为正面或侧面直线段投影的一半

（续）

平面类型	立体图	三视图及作图步骤	投影分析及作图说明
水平面和侧平面			1. 参与相交的平面为水平面和左右对称的两个侧平面，水平面产生的截交线圆的水平投影、侧平面产生的截交线圆的侧面投影反映实形（均为方槽范围内的两段圆弧） 2. 截交线圆的另两面投影积聚成垂直于相应轴线的直线段
说明	平面与圆球面相交，主要分析参与相交的平面与投影面的相对位置，若该平面为投影面平行面，则可先在其平行的投影面内画出反映实形的圆的投影；若该平面为投影面垂直面，则在其垂直的投影面内的投影积聚为直线段，另两面投影为椭圆。平面与圆球面相交，截交线作图的关键在于找准纬圆的圆心和半径		

 拓展学习：
截交线作图
综合举例

 拓展学习：
截交线作图
典型错误解读

83

四、两回转面相交的分析与作图

如前所述，常见的回转面有圆柱面、圆锥面、圆球面和圆弧回转面，两回转面相交在表面所产生的交线称为相贯线。相贯线一般是封闭的空间曲线，在特殊情况下为平面曲线或直线，如图 3-15d、e 所示，相贯线上的每一点都是两回转面的共有点，相贯线即为两回转面共有点的集合。

1. 相贯线的投影特性

（1）相贯线的形状 相贯线的形状取决于回转面的形状、大小和两回转面轴线的相对位置，如图 3-16 所示。

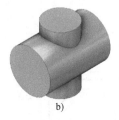

图 3-16 不同情况下的相贯线形状

a）不同形状两回转面相交 b）不同直径两圆柱面正交 c）不同直径两圆柱面偏交 d）相等直径两圆柱面正交

（2）相贯线的投影 相贯线的投影取决于相交两回转面轴线对各投影面的相对位置。作图时可根据相交两回转面的形状、大小和两回转面轴线的相对位置，分析交线的形状特点，再依据相交两回转面轴线对各投影面的相对位置，明确交线的各面投影特点，进而采用适当的方法作图。

（3）求相贯线投影的方法 为了使相贯线的作图清楚、准确，在求两面共有点时，应先求特殊点，再求一般点。相贯线上的特殊点包括可见性分界点、回转面转向轮廓线上的点、极限位置（最高、最低、最左、最右、最前、最后）点等。利用这些点不仅可以确定相贯线投影的范围，而且可以比较恰当地设计求一般点的位置。

2. 相贯线的作图方法

1）积聚投影法：相交两回转面中，如果有一个回转面的投影具有积聚性，就可利用该面的积聚性投影作出两回转面的一系列共有点的投影，然后依次连成相贯线的投影。对轴线垂直相交的两个圆柱，当两圆柱轴线垂直于投影面时，根据圆柱面的投影具有积聚性的投影特性，以及相贯线是两回转面共有点的集合的性质，可直接得出相贯线积聚在圆柱面上的投影，再利用表面取点法求出其他投影。不等直径和相等直径的轴线垂直相交两圆柱面的相贯线及其作图方法分别见表 3-4 和表 3-5。

表 3-4　不等直径的轴线垂直相交两圆柱面的相贯线及其作图方法

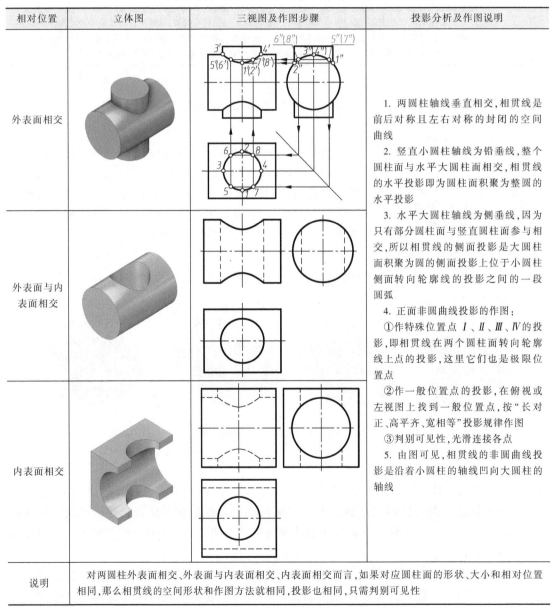

相对位置	立体图	三视图及作图步骤	投影分析及作图说明
外表面相交			1. 两圆柱轴线垂直相交,相贯线是前后对称且左右对称的封闭的空间曲线 2. 竖直小圆柱轴线为铅垂线,整个圆柱面与水平大圆柱面相交,相贯线的水平投影即为圆柱面积聚为整圆的水平投影 3. 水平大圆柱轴线为侧垂线,因为只有部分圆柱面与竖直圆柱面参与相交,所以相贯线的侧面投影是大圆柱面积聚为圆的侧面投影上位于小圆柱侧向转向轮廓线的投影之间的一段圆弧 4. 正面非圆曲线投影的作图: ①作特殊位置点 Ⅰ、Ⅱ、Ⅲ、Ⅳ 的投影,即相贯线在两个圆柱面转向轮廓线上点的投影,这里它们也是极限位置点 ②作一般位置点的投影,在俯视或左视图上找到一般位置点,按"长对正、高平齐、宽相等"投影规律作图 ③判别可见性,光滑连接各点 5. 由图可见,相贯线的非圆曲线投影是沿着小圆柱的轴线凹向大圆柱的轴线
外表面与内表面相交			
内表面相交			
说明	对两圆柱外表面相交、外表面与内表面相交、内表面相交而言,如果对应圆柱面的形状、大小和相对位置相同,那么相贯线的空间形状和作图方法就相同,投影也相同,只需判别可见性

表 3-5　相等直径的轴线垂直相交两圆柱面的相贯线及其作图方法

相对位置	立体图	三视图	投影分析及作图说明
两圆柱贯穿			1. 两圆柱轴线垂直相交且直径相等时,相贯线的空间形状是平面曲线,为椭圆 2. 在图示情况下,椭圆面是正垂面,因此相贯线的正面投影为两圆柱轮廓线投影交点的对角连线,且通过两轴线投影的交点
直角接头			

2）辅助平面法：利用辅助平面法求相贯线的投影，就是利用"三面共点"的原理，用辅助平面截切两相交回转面上有相贯线的部分，则辅助平面与两回转面产生的两条截交线的交点就是相贯线上的点。如图 3-17 所示，平面与圆柱面相交的截交线是直线，平面与圆锥面相交的截交线是圆，直线与圆的交点即为相贯线上的点。

利用辅助平面法作相贯线的投影，必须满足辅助平面与两相交回转面产生的交线是圆或直线，因此辅助平面一般选择投影面平行面，或者是能够简单准确作出截交线的其他平面。

3. 同轴回转面的相贯线

回转面的轴线通过圆球球心，或者圆柱和圆锥轴线重合时，相贯线一定是与回转面的轴线垂直的圆。当回转面的轴线平行于投影面时，这个圆在该投影面上的投影为垂直于轴线的直线段。图 3-18 所示为轴线重合且该轴线垂直于水平投影面的相交同轴多回转面构成的立体，相贯线的水平投影是反映实形的圆，正面和侧面投影是垂直于轴线的直线段。

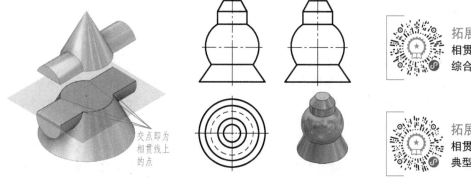

交点即为相贯线上的点

拓展学习：
相贯线作图综合举例

拓展学习：
相贯线作图典型错误解读

图 3-17　辅助平面法求相贯线　　图 3-18　同轴回转面的交线的投影

五、组合体三视图综合举例

【例 3-3】 如图 3-19a 所示，已知俯视图和左视图，画出主视图。

解 1) 从外轮廓入手，分析得出组合体是由半圆球、同轴的小圆柱和大圆柱叠加而形成的，由此绘出的叠加的组合体的三视图如图 3-19b 所示。

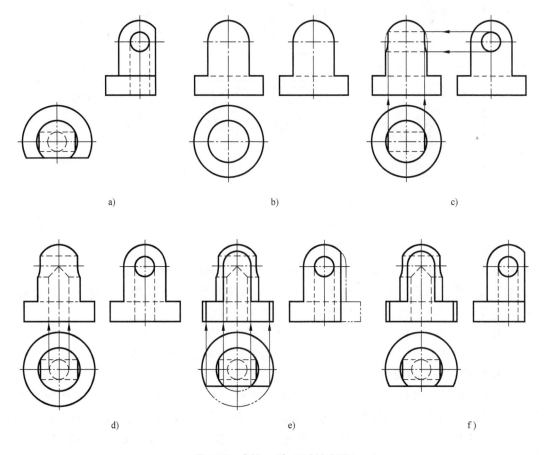

a) b) c)

d) e) f)

图 3-19 【例 3-3】画出主视图

a) 已知的俯视图和左视图 b) 叠加的组合体 c) 水平挖切圆柱孔

d) 竖直挖切圆柱孔 e) 正平面截切 f) 完成的主视图

2) 分析内部结构，做出内轮廓投影。

① 分析上部投影，可以看出组合体上部水平挖切一圆柱孔，孔的轴线位于半圆球和竖直圆柱的接合面位置，因此孔的上半部分与半圆球相交为同轴相贯，相贯线的侧面投影是上半圆弧，其正面和水平投影为垂直于水平圆柱孔轴线的直线段；孔的下半部分与小外圆柱面轴线垂直相交，相贯线的水平投影为一段位于小外圆柱面具有积聚性投影圆周上的一段圆弧，侧面投影是水平内圆柱面的投影圆与外圆柱共有区域圆周上的下半圆弧，由已知的水平投影和侧面投影即可作出正面投影的非圆曲线，如图 3-19c 所示。

② 分析中部投影，可以看出组合体中部竖直挖切一圆柱孔，竖直内圆柱孔与水平内圆柱孔轴线垂直相交且直径相等，相贯线为椭圆，竖直内圆柱孔高度截止到水平内圆柱孔轴线位置，因此相贯线的正面投影为从轮廓线的交点到两轴线交点连线的直线段，如图 3-19d 所示。需要注意的是，水平内圆柱孔对正面的转向轮廓线在竖直圆柱孔轮廓线中间的部分已不存在。

3）分析外轮廓可知立体前部被正平面截切，正平面截切立体后的水平投影和侧面投影具有积聚性，均为一条直线段，正平面截切立体产生的截交线的正面投影需根据截切不同立体分别作图。

① 正平面截切半圆球，所得截交线为一段半圆弧，纬圆圆心、半径可从水平投影得到，则可画出正面反映真形的投影半圆弧。

② 正平面截切轴线垂直于水平面的小外圆柱面和大外圆柱面，截交线为各圆柱面上与轴线平行的两条素线，根据截交线水平投影积聚为点的投影特性，按"长对正"画出正面投影的直线段。正平面截切立体的作图方法如图 3-19e 所示，完成的主视图如图 3-19f 所示，立体如图 3-20 所示。

图 3-20　【例 3-3】立体

【例 3-4】　如图 3-21a 所示，已知俯视图，画全主视图和左视图。

解　形体分析：先从外形轮廓入手，分析得出本例组合体是由半圆球和水平大圆柱同轴叠加，然后在上方叠加俯视图反映底面真形（特征面）的广义柱体构成的；再分析内部轮廓，内部轮廓是由轴线垂直于水平面的竖直圆柱孔所形成的，孔与半圆球同轴，且与水平圆柱的轴线垂直相交，组合体结构前后对称。

投影分析与作图：

1）画竖直圆柱孔与半圆球、水平圆柱相贯的投影。分析可知孔左半部分与半圆球同轴相贯，相贯线的正面投影和侧面投影是垂直于轴线的直线段。孔右半部分与外圆柱面相交，通过侧面投影作出交线最高点、最低点（两圆柱面对正面的转向轮廓线的交点）的正面投影，画出正面非圆曲线的投影，再补画水平圆柱左端面的正面投影，如图 3-21b 所示。

2）画上方叠加的广义柱体的右侧外半圆柱面与水平圆柱面相贯的投影。分析可知的广义柱体中的右侧外半圆柱面与水平外圆柱面的轴线垂直相交，相贯线的水平投影为半圆，侧面投影为一段圆弧（不可见，应画为虚线），作出相贯线最低点与最高点（两圆柱面对正面的转向轮廓线的交点）的正面投影，再画出正面非圆曲线的投影，如图 3-21c 所示。

3）画上方叠加的广义柱体的左侧长方体与水平外圆柱面相交的投影。长方体前、后正平面与水平外圆柱面的轴线平行，因此与其相交产生的截交线为一平行于水平外圆柱面轴线的直线段。根据"三面共点"或投影规律，以上一步所作出的正面投影的非圆曲线的最低点为起始点，画出截交线的正面投影，为平行于水平外圆柱面轴线投影的直线段，如图 3-21c 所示。

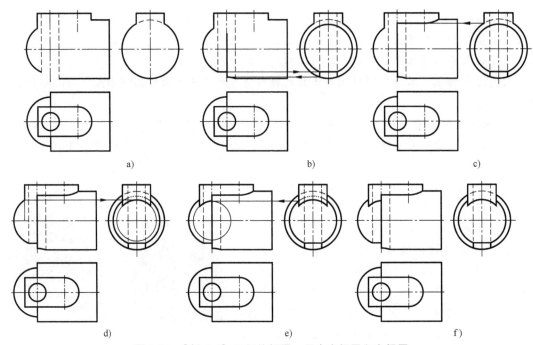

a)   b)   c)

d)   e)   f)

图 3-21 【例 3-4】已知俯视图，画全主视图和左视图

a) 已知条件　b) 画竖直圆柱孔的相贯投影　c) 画叠加的广义柱体的相贯投影

d) 画侧平面与圆球面截交线的投影　e) 画正平面与圆球面截交线的投影　f) 完成的三视图

4）画半圆球上方叠加广义柱体中的左侧长方体的投影。广义柱体中的左侧长方体与半圆球相交，同样也会有截交线产生。长方体的左端面为侧平面，与圆球面截交线的侧面投影为圆弧，如图 3-21d 所示。长方体的前、后端面为正平面，与圆球面截交线的正面投影为圆弧，利用"纬圆法"，找出纬圆圆心、半径，可作出相应的投影，如图 3-21e 所示。完成的三视图如图 3-21f 所示，立体如图 3-22 所示。

图 3-22 【例 3-4】立体

拓展学习：
组合体三视图典型实例剖析

微课讲解：
组合体的尺寸标注

第三节　组合体的尺寸标注

一、组合体尺寸标注的基本要求

1. 正确

尺寸标注应该完全符合国家标准的相关规定。

2. 完整

尺寸必须注写齐全，既不遗漏也不重复，能完全确定立体的形状和大小。

3. 清晰

尺寸布置要恰当，每个尺寸均应标注在对所指定形体的形状和位置反映得最清晰的视图上，如反映形体底面的尺寸最好集中标注在组成组合体的各基本几何体的特征面上，以便与其结构形成较直接的关联。

二、组合体的尺寸分析

1. 尺寸基准

标注尺寸的起点称为尺寸基准。在长、宽、高三个方向上，应选择组合体的底面、端面、对称面、回转体的轴线等作为尺寸基准。如图 3-23 所示，长度方向的尺寸基准选择为组合体的右端面，高度方向的尺寸基准选择为组合体的底面，组合体在前后方向上结构对称，因此以对称面为宽度方向的尺寸基准。

2. 定位尺寸

确定组合体中各基本几何体之间相对位置的尺寸。如图 3-23 所示，定位尺寸有竖板上孔到底面尺寸基准的尺寸 50、底板上方槽到右端面尺寸基准的尺寸 15、底板上两个小孔到右端面尺寸基准的尺寸 58 及以对称面为基准的孔间距离尺寸 36。

当基本几何体在组合体中的位置为与端面贴合（间距为零）、平齐，或者关于对称面对称时，在相应方向上不需标注定位尺寸。如图 3-23 所示，三棱柱在宽度方向上关于组合体对称面对称，在高度和长度方向上与底板和竖板面贴合（间距为零），定位尺寸已确定分别为底板高度尺寸 10 及竖板厚度尺寸 10，因此都不需标注定位尺寸。

3. 定形尺寸

确定组合体中各基本几何体大小的尺寸。如图 3-23 所示，定形尺寸有底板的长、宽、

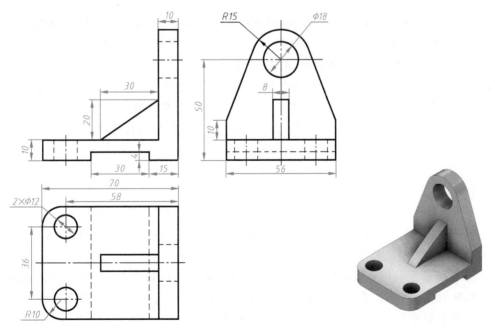

图 3-23　组合体的尺寸分析

高尺寸，以及方槽的长和高、孔的直径、圆角的半径及肋板的长、宽、高等尺寸。

4. 总体尺寸

确定组合体的总长、总宽和总高的尺寸。如图 3-23 所示，总长即为底板的长度尺寸 70，总宽即为底板的宽度尺寸 56，总高由竖板上孔的定位尺寸 50 和与孔同轴的圆柱面的半径尺寸 R15 共同确定，因此不标注总高尺寸。

> 注意：当组合体的一端由同轴于孔的回转面形成时，该方向上的总体尺寸一般不标注。

三、组合体尺寸标注的注意事项

1）基本几何体被平面截切（或两基本几何体相贯）后的尺寸注法，除了需标注基本几何体的定形尺寸外，还应标注截平面（或相贯的两基本几何体之间）的定位尺寸，不应标注表示截交线（或相贯线）的大小的尺寸。这是因为截平面与基本几何体（或相贯的两基本几何体）的相对位置确定之后，截交线（或相贯线）的形状和大小就确定了。正确的尺寸注法如图 3-24 所示。

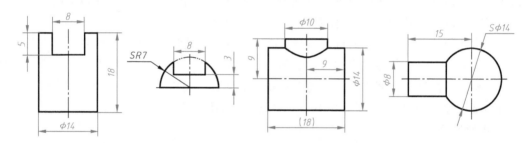

图 3-24　截切体和相贯体的尺寸注法

2）尺寸应尽量标注在视图之外，与两个视图有关的尺寸最好布置在两个视图之间。

3）同一基本几何体的定形、定位尺寸应尽量集中标注在明显反映形状和位置特征的视图上，例如，图 3-23 中反映竖板特征面的尺寸集中标注在左视图上。

4）直径尺寸应尽量标注在投影为非圆的视图上，如图 3-25b 中的竖直圆柱面的尺寸；也可标注在投影为圆的视图上，但最多只能标注两个同心圆的直径尺寸，如图 3-25c 所示；当同心圆多于两个时，其他同心圆的直径尺寸可标注在投影为非圆的视图上。

四、标注组合体尺寸的步骤

标注组合体的尺寸时，应运用形体分析法分析形体，并确定该组合体长、宽、高三个方向的主要基准，然后分别标注出组成组合体的各基本几何体的定位尺寸和定形尺寸，再标注总体尺寸，最后调整、校对全部尺寸。

如图 3-25 所示，组合体由底板、竖直空心圆柱和前部圆柱凸台三部分构成。该组合体的尺寸基准为：长度方向上以竖直空心圆柱的轴线为基准，高度方向上以底面为基准，宽度方向上形体近似看作对称，以竖直空心圆柱的轴线为基准。尺寸标注时，逐个标注构成组合体的各基本几何体的定位尺寸和定形尺寸，最后标注或调整组合体的总体尺寸。

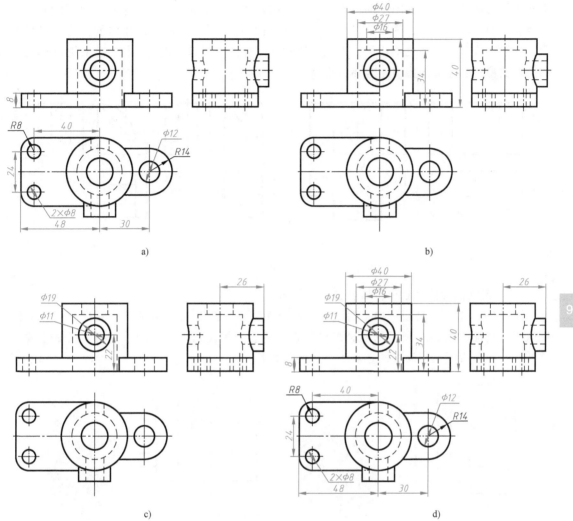

图 3-25　组合体的尺寸标注

a) 标注底板尺寸　b) 标注空心圆柱尺寸　c) 标注圆柱凸台尺寸　d) 标注出全部尺寸

第四节　组合体读图

　　组合体的读图是依据必要的视图，通过分线框、对投影，想象出各组成部分的立体形状，再依据组成立体之间的相对位置关系得出整个组合体空间形状的过程。读图是画图的逆过程，同样遵循以形体分析法为主、线面分析法为辅的原则。

一、读图要点

1. 要把几个视图联系起来进行分析

一般情况下，一个视图不能完全确定组合体的形状，例如，图 3-26a、b 所示两视图的主视图是相同的，而俯视图不同，它们所表示的形体完全不同。有时两个视图也不能完全确定组合体的形状，例如，图 3-26c、d 所示三视图的俯视图和左视图是相同的，而主视图不同，它们所表示的形体也不相同。因此，要把几个视图联系起来进行分析，找到明确反映形状特征的视图，才能想象出组合体的形状。

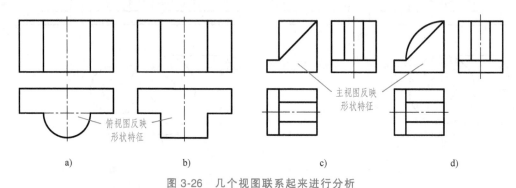

a)   b)   c)   d)

图 3-26　几个视图联系起来进行分析

2. 从反映组合体形状和位置特征的视图看起

图 3-26a、b 所示两视图中，俯视图反映形状特征；图 3-26c、d 所示三视图中，主视图反映形状特征。图 3-27 所示的两个形体，它们的主、俯视图完全相同，主视图反映主要形状特征，而左视图最能反映圆柱和长方体的位置特征。

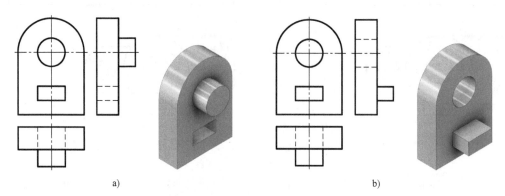

a)   b)

图 3-27　从反映形状和位置特征的视图看起

二、读图方法和步骤

1. 形体分析法

读组合体的视图，应根据投影规律，从特征投影入手，把投影分解为若干个对应的部分，确定它们所表示的各为哪种类型的基本几何体，再分析它们的组合形式、相对位置关系及表面连接关系，综合起来想象出组合体的整体形状。下面以图 3-28a 所示的组合体三视图为例，介绍形体分析法读图的方法和步骤。

（1）**看视图，分线框**　组合体三视图如图 3-28a 所示，从主视图看起，各个视图兼顾，如图 3-28b 所示，找出特征投影及其对应的其他投影，分离出三视图上投影关系相互对应的四个线框。

（2）**对投影，定形体**　按投影关系，从每个基本几何体的特征投影入手，想象出每一部分的形状，它们分别为底板、肋板、空心半圆柱及凸台，如图 3-28c 所示。

（3）**综合起来想整体**　根据各基本几何体的组合形式及各部分之间的相对位置关系，想象出组合体的整体形状。组合体是左右对称的结构，如图 3-28d 所示。

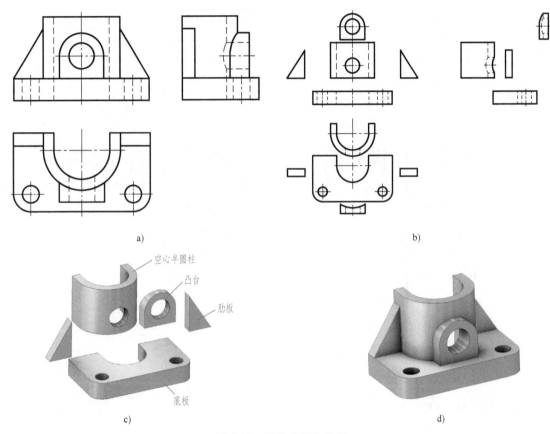

图 3-28　形体分析法读图

a）三视图　b）看视图，从特征投影分线框　c）对投影，用特征投影定形体　d）综合起来想整体

2. 线面分析法

对于以平面截切立体或者立体与立体相贯等方式形成的组合体，利用形体分析法可确定构成立体的基本几何体的形状及相对位置，但是相邻形体表面的关系，尤其是交线的形状和投影，有时只用形体分析法很难想象和确定，这时就可利用线面分析法来读图。下面以图 3-29a 所示的组合体三视图为例，介绍形体分析法结合线面分析法读图的方法和步骤。

从主视图入手，兼顾其他视图分析可知，组合体的原形可看作由细双点画线补齐轮廓的长方体，如图 3-29a 所示。被挖切掉的基本几何体（棱柱）的特征投影如图 3-29b 带阴影的部分所示。这些被挖切掉的形体在组合体上已不存在，但是在组合体上产生了新的轮廓，即面和线，因此需作线面分析。

（1）**看视图，分线框**　如图 3-29c 所示，俯、左视图上的阴影线框相互对应且是类似形，在主视图上对应的投影为斜线；如图 3-29d 所示，主、左视图上的阴影线框相互对应且是类似形，在俯视图上对应的投影为前后对称的斜线。

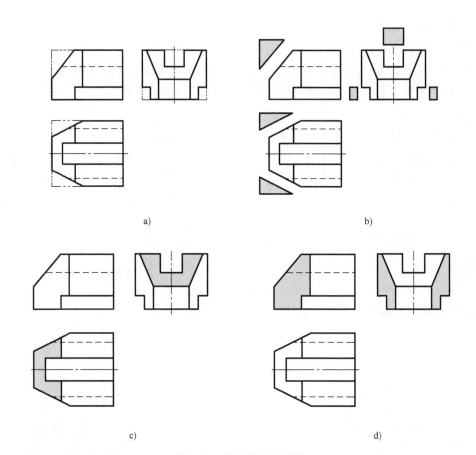

图 3-29　线面分析法读图

a）三视图　b）形体分析法读图　c）线面分析得正垂面　d）线面分析得铅垂面

（2）**对投影，想形状**　根据线、面的投影特性可知，图 3-29c 中的阴影线框反映的是正垂面，图 3-29d 中的阴影线框反映的是铅垂面，在三维立体中的对应面如图 3-30 所示。

（3）**综合起来想整体**　通过形体分析，结合立体上的投影面垂直面的分析，想象出立体整体形状，如图 3-30 所示。

正垂面

铅垂面

图 3-30　三维立体

三、读图综合举例

【**例 3-5**】　如图 3-31a 所示，已知主、俯视图，画出左视图。

　　解　形体分析：先分析外轮廓，根据俯视图上的同心圆和左右对称的广义柱体特征面的投影特性，结合主视图可知该组合体由圆筒和底板（广义柱体）两部分构成。再分析内部细节，可知底板上左右对称打了两个圆柱孔；圆筒的后方打了一个圆柱孔；圆筒的前方开了槽，槽底为半圆柱面，槽底半圆柱面轴线以上部分为方形。

　　作图：

1）**构建轮廓**。画出圆筒和底板部分的左视图，即内、外轮廓的矩形投影，底板前、后

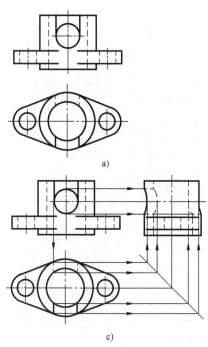

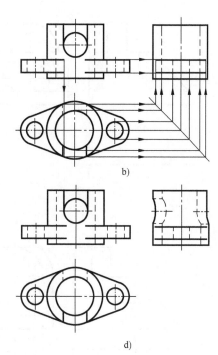

a)　　　　　　　　　　　　　　b)

c)　　　　　　　　　　　　　　d)

图 3-31 【例 3-5】已知主、俯视图，画出左视图

a) 已知主、俯视图　b) 构建轮廓　c) 分析细节并作图　d) 完成的三视图

表面与圆筒外表面相切，因此按如图 3-31b 所示方式，从主、俯视图上的相切位置按"长对正、宽相等"投影规律作图。

2）分析细节并作图。圆筒后方的孔属于两圆柱面轴线垂直相交的相贯情况，求解相贯线的未知投影需从分析相贯线的已知投影出发，即从主、俯视图中找特殊点并作出它们对应的侧面投影点，再光滑连接各点得到相贯线的非圆曲线投影。圆筒前方的半圆柱面槽底的相贯情况与后方的孔相同，其相贯线的作图方法也与后方的孔相同；上部分方形槽的左、右两侧面为侧平面，且与圆筒轴线平行，根据"三面共点"的投影规律，可利用已作出的相贯线上的点，直接作出截交线的投影，作图过程如图 3-31c 所示。完成的三视图如图 3-31d 所示，其立体如图 3-32 所示。

图 3-32 【例 3-5】立体

【例 3-6】 如图 3-33a 所示，已知主、左视图，画出俯视图。

解 形体分析：首先分析图 3-33a 所示主、左两视图的外轮廓，可认为该组合体是由上、下两部分组成。上部分对应于图 3-33b 中的无阴影部分，左视图的半圆和较大的不完整半圆分别对应主视图的左、右两矩形框，可知其对应的基本几何体为两个半圆柱，且右端半圆柱顶部被水平面截切。下部分对应图 3-33b 中的阴影部分，主视图的五边形对应左视图的矩形框，可知其对应的基本几何体为五棱柱。再依据如图 3-33a 所示主、左视图分析其内部结构，可知在五棱柱左侧分别挖切了不通的燕尾槽和四棱柱，并以燕尾槽右端面为起始面分别挖切了圆柱槽和圆柱通孔。

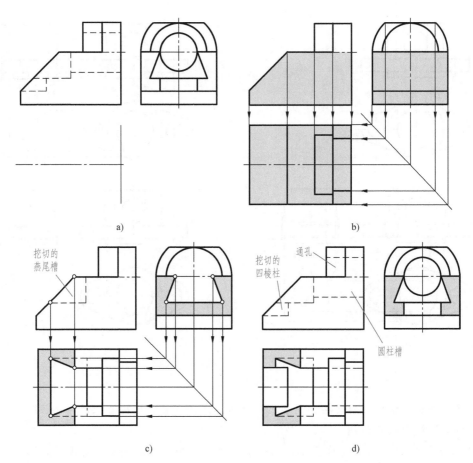

图 3-33 【例 3-6】已知主、左视图，画出俯视图

a）已知主、左视图　b）分析并画出基本几何体投影　c）画燕尾槽　d）完成的三视图

作图：

1）根据"长对正、宽相等"的投影规律作出俯视图的外形轮廓投影，如图 3-33b 所示。

2）画五棱柱和上部两个半圆柱的水平投影。右端半圆柱被水平面截切，产生平面与回转面相交的截交线，画出截交线的水平投影，如图 3-33b 所示。

3）画燕尾槽的水平投影，可利用线面分析法进行分析。从主、左视图可知，五棱柱左上方的面为正垂面，燕尾槽左端起于此面。因此可按如图 3-33c 所示方法，通过燕尾槽四个端点的正面和侧面投影，求出其水平投影，顺次连接各点，得到的线框与左视图中的对应线框是类似形，符合正垂面的投影特性。然后画出燕尾槽各棱线及右端面的水平投影，注意判别可见性。分析燕尾槽的前、后棱面，可知它们都是侧垂面，作图得到的水平投影与正面投影的线框同样是类似形，如图 3-33c 所示，图中没有用阴影标出，可自行分析判断。

4）画出挖切四棱柱后的水平投影，如图 3-33d 所示。

5）画等直径的半圆柱槽和圆柱通孔的水平投影。从主视图可知，半圆柱槽起始于燕尾槽的右端面，俯视图上的投影可见；圆柱孔的轮廓线投影不可见，应画为虚线，完成的俯视图如图 3-33d 所示。其立体如图 3-34 所示。

图 3-34 【例 3-6】立体

第五节 组合体的轴测投影图

第二章第四节介绍了基本几何体正等轴测图的基本概念与画法，本节将重点介绍组合体正等轴测图和斜二等轴测图的画法。

一、组合体正等轴测图的画法

画组合体的轴测图时，需要根据组合体的形体结构，正确分析其结构特点，并确定组成组合体的各形体的相对位置。因此，组合体的坐标原点的选择一定要有利于组成各形体相对位置的确定。下面以图 3-35a 所示三视图表示的组合体为例，介绍组合体轴测图的作图步骤。

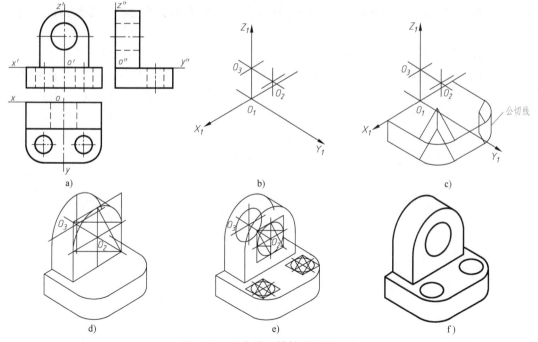

图 3-35 组合体正等轴测图的画法

1）根据组合体的结构特点选择坐标原点。图 3-35a 所示组合体由底板和立板组成且左右对称，因此选择底板上表面、后端面、中间对称平面的交点为坐标原点，各坐标轴的选择如图 3-35a 所示。

2）画出轴测坐标轴，利用坐标法确定立板前、后底面圆心 O_2、O_3 位置，如图 3-35b 所示。

3）画底板轴测投影。用坐标法、平移法画出底板上、下底面的轴测投影，并作出右侧上、下两圆弧的公切线，结果如图 3-35c 所示。

4）画立板轴测投影。先以 O_2 为中心用四心法、平移法画出立板顶部半个圆柱面的正等轴测图，轮廓投影为两段半个的近似椭圆弧，再作出两椭圆弧的公切线，如图 3-35d 所示。

5）画出底板和立板上圆柱孔的正等轴测图，如图 3-35e 所示。

6）擦去多余线，加深可见轮廓线，结果如图 3-35f 所示。

二、斜二等轴测图的画法

正等轴测图具有便于度量的优点，但与坐标面平行的圆的投影都是椭圆，绘制不方便，因而工程上也常应用斜二等轴测图。

1. 斜二等轴测图的轴间角和轴向伸缩系数

绘制斜二等轴测图时，通常使物体坐标系的 XOZ 坐标面平行于轴测投影面 P，投射方向倾斜于投影面。此时，所有平行于 XOZ 坐标面的图形的轴测投影都反映实形，便于作图。此外，为便于作图，通常选取 OX_1 轴和 OZ_1 轴的轴间角为 90°，当所选择的斜投射方向使 OY_1 轴和 OX_1 轴的轴间角为 135°，或者选取 OY_1 轴和 OZ_1 轴的轴间角为 45°，如图 3-36 所示。因为 $X_1O_1Z_1$ 轴测坐标面投影反映实形，所以 OX_1 轴和 OZ_1 轴的轴向伸缩系数 $p=r=1$，同时选取 OY_1 轴的轴向伸缩系数为 $q=0.5$，这样得到的轴测图就称为斜二等轴测图，简称斜二测。

根据斜二等轴测图的特点，平行于 XOZ 坐标面的圆的斜二等轴测投影反映实形，平行于 XOY、YOZ 两个坐标面的圆的斜二等轴测投影为椭圆，而且椭圆的短轴不与任何轴测轴平行，如图 3-36c 所示。平行于 XOY、YOZ 坐标面的椭圆长轴分别相对于 O_1X_1、O_1Z_1 轴偏转 7°，且其长轴约为 $1.06d$，短轴约为 $0.33d$，如图 3-36c 所示。因此，斜二等轴测图一般用来表示只在一个平面内有圆或圆弧的立体，作图时将这些平面定为平行于 XOZ 坐标面放置，其轴测投影仍为圆或圆弧。由此可见斜二等轴测图具有如下投影特性。

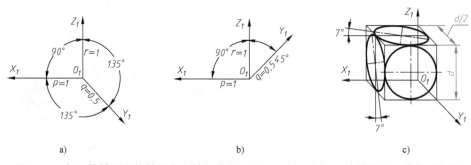

a)　　　　　　　　　　　　b)　　　　　　　　　　　　c)

图 3-36　斜二等轴测图的轴间角和轴向伸缩系数、平行于坐标面的圆的斜二等轴测投影

98

1）平行于 XOZ 坐标面的圆的斜二等轴测投影反映实形。

2）平行于 XOY、YOZ 坐标面的斜二等轴测投影为椭圆，且其长、短轴都不与相应的轴测轴平行。

2. 斜二等轴测图的画法

【例 3-7】　画出图 3-37a 所示两视图表示的圆柱的斜二等轴测图。

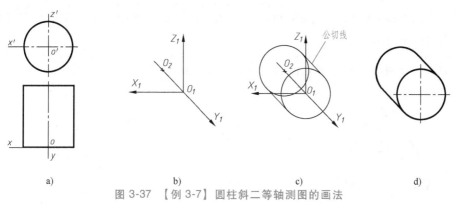

图 3-37　【例 3-7】圆柱斜二等轴测图的画法

a）选择坐标系和原点　b）画斜二等轴测投影轴并确定圆心位置　c）画圆柱的轴测投影　d）加深图线得结果

解　分析：圆柱的轴线为正垂线，其前底面和后底面都是正平面，因此可将坐标原点选择在前底面圆心处，以减少不必要的不可见轮廓线。

作图：由于 XOZ 坐标面平行于轴测投影面，该面内图形的轴测投影都反映实形。因此可直接画出前底面反映实形的圆投影，利用移心法将圆柱的圆心平移一个柱体高度，以确定出后底面圆心的轴测投影位置。

1）确定坐标轴和坐标原点，如图 3-37a 所示。

2）画出斜二等轴测投影轴，并根据柱体高度及 O_1Y_1 轴的轴向伸缩系数 $q = 0.5$，在 O_1Y_1 轴上确定出前、后两底面的圆心位置，如图 3-37b 所示。

3）画出圆柱前、后两底面圆的轴测投影，再作出圆柱前、后两底圆投影的公切线，如图 3-37c 所示。

4）擦去多余图线，加深可见轮廓，完成斜二等轴测图，结果如图 3-37d 所示。

【例 3-8】　画出图 3-38a 所示两视图所表示的连接盘的斜二等轴测图。

解　分析：连接盘由一个广义柱体构成的三角形底板和一个空心圆柱叠加形成，底板上分布三个圆孔。圆孔和圆柱轴线均为正垂线，因此可将坐标原点选择在空心圆柱轴线与底板前底面的交点处，利用移心法即可确定底板后底面、圆柱前底面的圆心位置。

作图：依据平行于轴测投影面图形的轴测投影都反映实形的特点。直接画出底板的实形和三个小孔的圆的投影。再平移圆心，分别确定出底板后底面、圆柱前底面圆心的位置。

1）确定坐标轴和坐标原点。坐标原点选择在底板前底面和圆柱轴线交点处，如图 3-38a 所示。

2）画斜二等轴测投影轴，根据两柱体的厚度及 O_1Y_1 轴的轴向伸缩系数 $q = 0.5$，在 O_1Y_1 轴上分别画出底板后底面和圆柱前底面的圆心位置 O_2、O_3，如图 3-38b 所示。

3）画底板投影。先画底板位于 XOZ 坐标面的前底面的轴测图，如图 3-38c 所示。

4）利用平移法在 O_2 位置画出底板后底面及三个圆孔的轴测图，作出底板前、后两底面圆弧投影的公切线，如图 3-38d 所示。图中为醒目，用粗实线标出了公切线。

5）画空心圆柱投影。在 O_3 位置分别画出空心圆柱前底面内、外圆的轴测图；利用移心法将外圆圆心移动到底板前底面 O_1 位置，画出 O_1 位置的外圆的轴测图，再作出空心圆柱前、后两底圆的公切线，如图 3-38e 所示。

注意：图 3-38e 的 O_1 位置没有画出空心圆柱内圆的轴测图，原因在于其不可见，而轴测图只需画出可见的轮廓。

6）擦去多余图线，加深可见轮廓，结果如图 3-38f 所示。

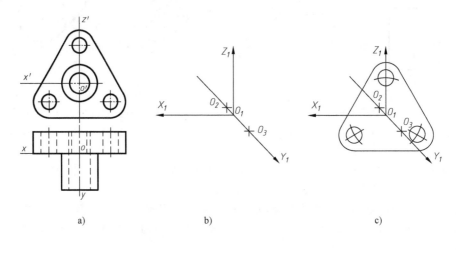

a)   b)   c)

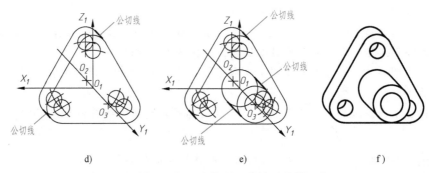

d)   e)   f)

图 3-38 【例 3-8】组合体斜二等轴测图的画法

a）选择坐标系和原点　b）画斜二等轴测投影轴并确定圆心位置　c）画底板前底面的投影　d）画全底板投影
e）画空心圆柱投影　f）加深图线得结果

根据国家标准《技术制图 图样画法 视图》（GB/T 4458.1—2002），机件的图样表示方法有如下要求。

1）技术图样应采用正投影法绘制，并优先采用第一角画法。

2）绘制技术图样时，应尽量使制图简便，且便于看图。

对机件进行视图表达时，首先要根据机件的结构特点，选择适当的表达方法。在完整、清晰、准确表达机件的前提下，力求用最简洁的表达方法制图。

对图 4-1a 所示透盖，若将其按照基本投影视图进行表达，则至少需要绘制主视图、左视图、右视图，如图 4-1c 所示，这样虽然可以完整、清晰地表达机件的内、外结构特征，但视图中存在虚线与粗实线交汇的区域，尤其当机件的内部形状更复杂时，在视图中就会出现更多的虚线，导致视图中的各种图线纵横交错在一起，层次不清，这样的视图会降低读图的效率，增加读图的难度，增加表达的复杂性，更不便于绘图、标注尺寸和读图。为了解决

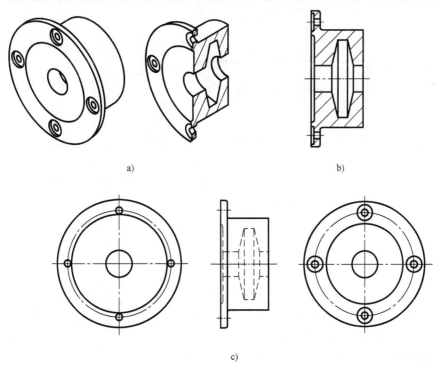

a)   b)

c)

图 4-1 透盖及其表达方法

a）透盖轴测图及其轴测剖视图　b）透盖剖视图　c）透盖投影视图

机件内部形状的表达问题，减少虚线，可以按照国家标准规定采用假想剖开机件的方法将内部结构由不可见变为可见，从而将虚线变为实线，例如，图 4-1b 所示的剖视图表达方法就更为清晰简洁。因此，选择恰当的表达方法对于简便清晰地表达机件的内、外结构形状很有意义。本章主要介绍表达机件内、外结构形状的各种方法，以及国家标准对图样画法和简化表示法的各种相关规定，以便在绘制图样中能够灵活选用。

第一节　视图

按照相关的标准与规定，视图是使用正投影法绘制出的机件图形。视图一般只表达机件的可见轮廓，必要时可画出其不可见轮廓。视图的种类有基本视图、向视图、局部视图和斜视图。

一、基本视图

1. 定义

基本视图就是将机件向六个分别垂直于基本投射方向的投影面投射所得到的视图，它们分别是主视图、左视图、右视图、俯视图、仰视图及后视图，如图 4-2 所示。

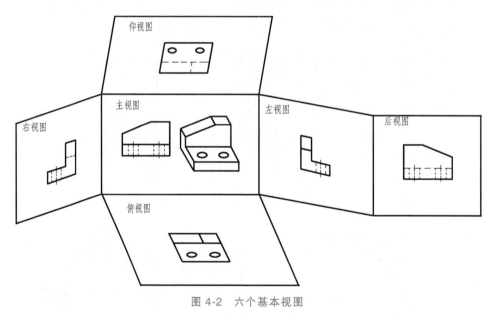

图 4-2　六个基本视图

六个基本视图中，主视图是由前向后投射所得到的视图，左视图是由左向右投射所得到的视图，俯视图是由上向下投射所得到的视图。此外的右视图、仰视图、后视图分别是由右向左、由下向上、由后向前投射所得。

2. 配置与标注

六个基本视图按照图 4-2 所示方式展开，得到图 4-3 所示的配置方式时，可不标注视图的名称。六个基本视图符合长对正、高平齐、宽相等的投影规律。

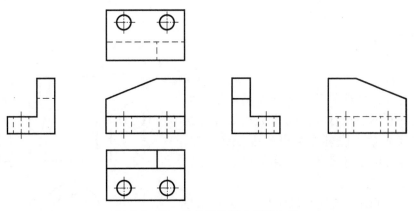

图 4-3　第一角投影法基本视图布局

> 注意：在确定机件的表达方案时，需根据机件结构形状特点，以合理、清晰、简洁为宗旨来选用若干或全部基本视图（注意并非一定要采用六个基本视图）。例如，图 4-1c 所示的透盖表达方法选用了主视图、左视图、右视图三个基本视图来表达机件的主体结构，同时省去了左视图和右视图中已表达清楚的不必要的细虚线。

二、向视图

1. 定义

向视图就是可以自由配置的视图。受图纸空间限制时，可将向视图平移到其他位置，如图 4-4 所示，为便于视图布局，将 A、B、C 三个视图平移到了主视图与俯视图的右侧。

2. 配置与标注

向视图必须进行视图标注。在向视图上方须标注大写拉丁字母，在相应视图的附近用箭头指明该向视图的投射方向，并标注相同的字母，如图 4-4 所示，字母 A、B、C 指示了投射方向和视图的名称。

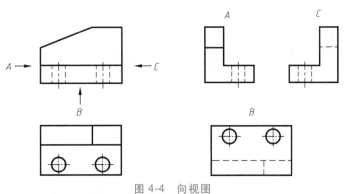

图 4-4　向视图

> 注意：
> 1）向视图使用灵活，可自由配置在图纸范围内的适当位置。
> 2）标注时，用来表示向视图名称的字母应以看图方向水平书写。

三、局部视图

1. 定义

局部视图是将机件的某一部分向基本投影面投射所得到的视图。局部视图用来表达机件上某一局部的真实形状，使机件结构表达更为简练、清晰，同时符合国家标准关于选用适当表示方法的要求。

1）如图 4-5 所示，在表达机件上左、右两端凸台的形状时，由于机件的主体结构为带孔的圆柱，其已经在主视图、俯视图中表达清楚，故为了避免重复表达，将左视图和右视图画成了局部视图。

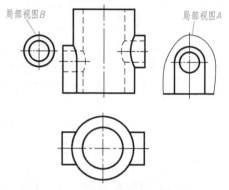

图 4-5　局部视图的表达方法

> **注意**：局部视图的假想断裂边界用波浪线或双折线表示，如图 4-5 中局部左视图所示。当所表达的局部结构的外形轮廓是完整的封闭图形时，可省略断裂边界线，如图 4-5 中局部右视图所示。

2）如图 4-6 所示，在表达机件一侧的法兰结构时，由于该结构的外形轮廓封闭且孔对称均匀分布，故在不致引起误解的情况下，局部视图的表示可采用画一半或者只画四分之一的简化画法，如图 4-6c、d 所示。

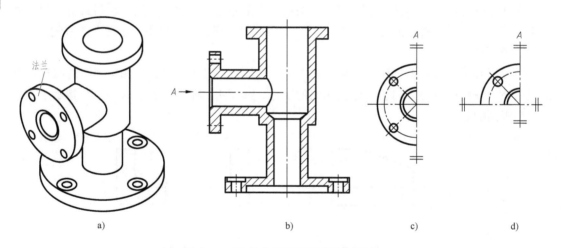

a)　　　　　　　　　　　　b)　　　　　　　　　　　c)　　　　　　　　　d)

图 4-6　对称结构局部视图的简化画法

a）立体图　b）主视图　c）只画一半的局部视图　d）只画四分之一的局部视图

> **注意**：采用简化画法绘制局部视图时，在对称中心线的两端须画出两条与其垂直的平行细实线。

2. 配置与标注

在绘制局部视图时，一般可按向视图的形式配置，同时须按向视图的方式进行标注，加注投射方向和字母，如图 4-6b ~ d 所示。当局部视图按基本视图的形式配置时，可省略标注，如图 4-5 中的局部视图 *A* 和局部视图 *B* 所示。

四、斜视图

1. 定义

将机件向不平行于任何基本投影面的平面投射所得到的视图称为斜视图。斜视图用于表达机件上倾斜结构的真实形状。

如图 4-7 所示，为了表达机件倾斜部分的真实形状，省略了该部分结构的俯视图，增加了斜视图 *A* 和 *B*。

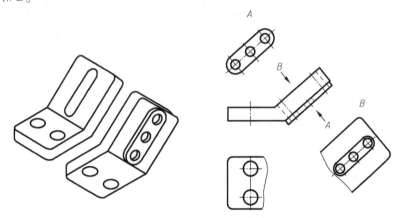

图 4-7　机件立体图及其斜视图表达方法

注意：

1）绘制斜视图时，它与其他视图仍然存在"长对正、宽相等"的投影规律，如图 4-7 中的视图 *B* 和俯视图保持"宽相等"的投影规律，与主视图保持"长对正"的投影规律。

2）斜视图所在的斜投影面是一个垂直于基本投影面且与倾斜表面平行的辅助投影面，如图 4-7 所示的斜投影面与正面投影面垂直。

3）斜视图是用于以真形表达与基本投影平面不平行部分的结构，因此常画成局部斜视图，其断裂的边界一般用波浪线表示，如图 4-7 中的视图 *B* 所示；也可以用双折线，但是同一张图样中断裂边界只能用同一种线型。

4）同局部视图的绘图规则一样，如果所表达的倾斜结构是完整的，而且外轮廓线封闭时，波浪线可以省略不画，如图 4-7 中的视图 *A*、图 4-8b 中视图 *A* 所示。

2. 配置与标注

1）斜视图应配置在符合投影关系的位置上，如图 4-7、图 4-8 所示，也可以平移到其他位置，表示投射方向的箭头必须垂直于投影平面，且标注的字母应水平注写。

2）如图 4-8c 所示，在不致引起误解的情况下，斜视图可旋转画出（旋转角度不大于 90°），此时应该在该斜视图上方按照旋转的方向画出相应的旋转符号，并在旋转符号的箭头端一侧标注表示该视图名称的大写拉丁字母，也允许将旋转角度标注在字母之后。

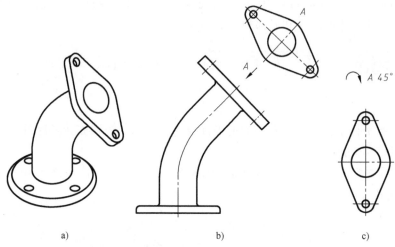

图 4-8　机件立体图及其斜视图配置与标注

a）立体图　b）斜视图　c）旋转后的斜视图

3）标注时，旋转符号为带有箭头的半圆，半圆的线宽等于字体笔画宽度，半圆的半径等于字体高度，箭头表示旋转方向。

第二节　剖视图

如图 4-9 所示，当机件内、外结构复杂时，视图中往往会出现过多的细虚线，且会与图样中的粗实线及中心线相交错，不仅使视图表达不清晰，也会增大读图的难度，为了清晰、简便地表达机件的内部结构，常采用剖视图的表达方法，使原本不可见的内部结构变为可见，如图 4-9c 所示。

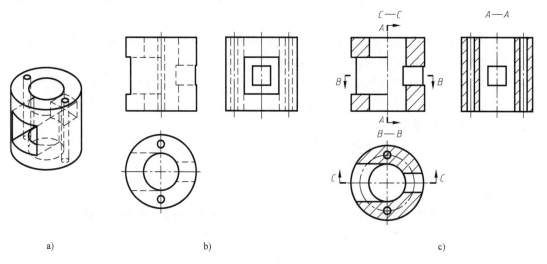

图 4-9　机件的三视图及剖视图

a）立体图　b）视图表示　c）剖视图表示

一、剖视图的概念

如图 4-10 所示，假想用（一个或多个）剖切面（平面或曲面）剖开机件，将处在观察者和剖切面之间的部分移去，而将其余部分向与剖切平面所平行的投影面（V面）进行投射所得到的图形称为剖视图（简称剖视）。剖视图主要用于表达机件内部的结构形状。

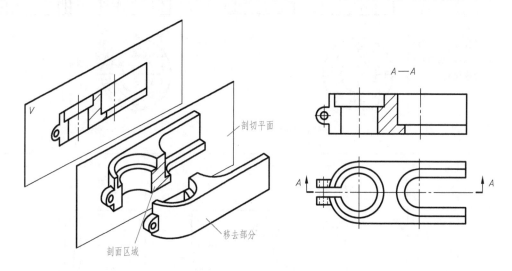

图 4-10　剖切过程示意图及剖视图

1. 剖视图的作图步骤

根据剖切的目的与国家标准中的相关规定，剖视图的绘制步骤见表 4-1。

表 4-1　剖视图的绘制步骤

步骤	方法	图例(以图 4-9 中的机件为例)
第一步	确定剖切位置。剖切平面应通过内部结构的对称面或回转结构的轴线	

（续）

步骤	方法	图例（以图 4-9 中的机件为例）
第二步	绘制剖视图。作出移去部分后的投影（注意对比分析立体剖切前、后投影的变化）	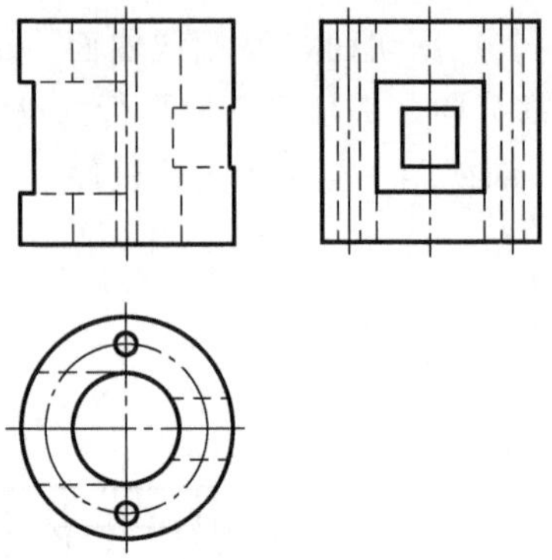 未剖切投影 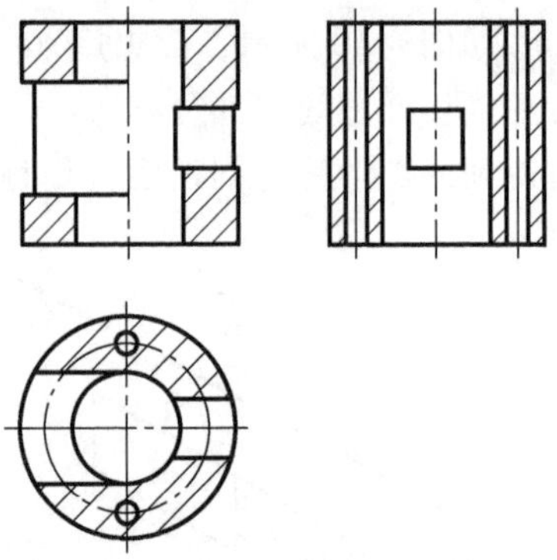　　　剖切后的投影
第三步	绘制剖面符号，完成标注。需标出剖切平面的剖切位置、投射方向及对应的剖视图名称	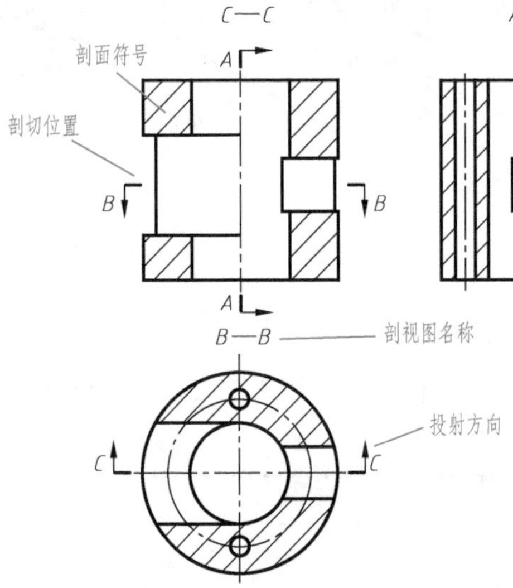

2. 剖切位置的确定

为了清楚地表达机件内部孔、槽结构，得到能表达出反映其内部结构真实形状的剖视图，通常沿着经过孔或槽的对称面或通过其轴线的位置进行剖切。

3. 剖视图的图线

如表 4-1 步骤二图例所示，剖视图被假想的剖切平面剖开之后，剖切平面与机件接触的外轮廓及剖切平面之后的可见的轮廓线用粗实线绘制，为使表达清晰，采用剖视图后，已表达清楚的不可见轮廓线不再画出。

剖切平面与机件接触的部分称为剖切区域，也称为断面。如表 4-1 步骤三图例所示，一系列间隔相等、方向相同的细实线所表示的区域即为剖切区域。在剖切区域（断面）上应画出剖面符号，剖面符号可以表示出被剖机件的不同材料，不同机件材料对应剖切区域的特定剖面符号见表 4-2。

表 4-2　剖切区域的表示法（GB/T 4457.5—2013）

材料类别	剖面符号	材料类别	剖面符号	材料类别	剖面符号
金属材料（已有规定剖面符号者除外）	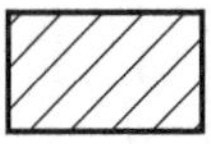	转子、电枢、变压器、电抗器等的叠钢片	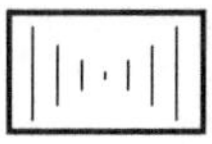	型砂、填砂、粉末冶金、砂轮、陶瓷刀片、硬质合金刀片等	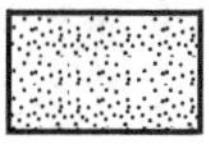
非金属材料（已有规定剖面符号者除外）	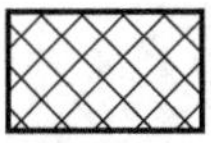	玻璃及供观察用的透明材料	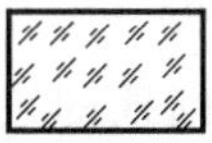	砖	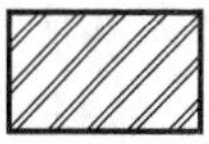
线圈绕组元件	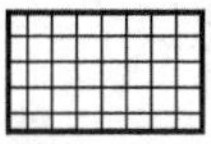	液体	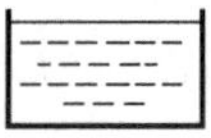	钢筋混凝土	

金属材料制造的机件，其剖面符号应画成与水平方向成 45°夹角且间距相等的细实线，向左或向右倾斜均可，如表 4-1 步骤三图例所示。需特别注意的是，在同一张图纸上的图样中，同一零件的剖面符号的方向和间隔必须一致。

注意：

1）剖视图中的剖切区域必须用剖面符号进行填充。

2）当图形中的主要轮廓与水平方向成 45°时，该图形的剖面线应画成与水平方向成 30°或 60°的平行线，其倾斜方向仍与该机件的其他图形的剖面线一致。

3）绘制剖视图时，剖开后的可见轮廓线用粗实线绘制，为使表达清晰，采用剖视图时，已表达清楚的不可见轮廓线不再画出。

4）剖视图是一种假想画法，当机件的一个视图画成剖视图后，其他视图仍应以机件的完整结构画出。

4. 剖视图的配置与标注

（1）剖视图的配置　剖视图的配置仍遵循视图配置的规定，一般按投影关系配置并进行标注，如图 4-9c、图 4-10 所示。必要时也允许配置在其他适当位置，但此时必须进行标注。

（2）剖视图的标注　在剖视图中，一般需要标注剖切位置、投射方向和剖视图名称。

1）剖切位置：在相应的视图上的起止位置用剖切符号（短粗实线）表示剖切位置（为投影面体系中剖切平面与投影面的交线位置），且尽可能不与图形的轮廓线相交，如图 4-9c、图 4-10 俯视图中的短粗实线。

2）投射方向：用带箭头的细实线绘制，与剖切符号垂直，如图 4-9c、图 4-10 俯视图中的短粗实线旁的箭头线。

3）剖视图名称：一般应在剖视图的上方及相应视图的起止位置的剖切符号旁标注相同的大写拉丁字母，如图 4-9c 中的 A 与 A—A、B 与 B—B、C 与 C—C，以及图 4-10 剖视图上方的 A—A 和俯视图中的 A。

（3）剖视图标注的省略　在如下情况下，剖视图的标注可以省略。

1）当剖视图按投影关系配置，中间又无其他图形隔开时，可省略箭头，如图 4-11 中的 A、B 处标注所示。

2）当剖切平面重合于机件的对称平面或基本对称的平面，并且剖视图是按投影关系配置，中间又无其他图形隔开时，可省略标注。

（4）剖视图的分类　按照剖视的表达范围划分，有全剖视图、半剖视图和局部剖视图。按照得到剖视图所采用的剖切方法，即剖切面的构成划分，则分为单一剖切面、几个平行的剖切面和几个相交的剖切面剖切的剖视图。

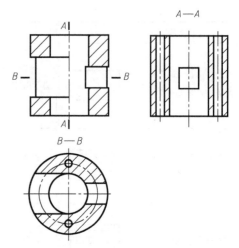

图 4-11　剖视图标注的省略

注意：得到剖视图的过程可以认为是两个环节，一是选择用何种剖切面剖开机件，二是确定对剖切面中的什么范围进行表达，这两个环节即对应两种剖视图的分类方法。为便于理解，下面先从采用单一剖切平面剖切的不同范围的剖视图开始介绍。

二、按表达范围划分的剖视图

1. 全剖视图

用剖切平面完整地剖开机件所得到的剖视图称为全剖视图。

全剖视图一般适用于表达外形简单或外形已在其他视图中表达清楚的机件。例如，图 4-10 所示机件外形简单且主体形状特征在俯视图中已经表达清楚，所以将主视图画成了全剖视图。

注意：由于全剖视图无法表达机件的外部结构形状，在必须反映机件的内部结构形状，且必须采用全剖视图来进行表达时，为表达相应的外部结构形状，可考虑增加同方向投射的向视图。

2. 半剖视图

当机件具有对称平面时，向垂直于对称平面的投影面上投射所得到的图形，可以以对称中心线为界，一半画成视图，另一半画成剖视图，如此得到的剖视图称为半剖视图。

半剖视图可兼顾机件外形和内部结构，所以当机件对称或机件基本对称而非对称部分已经在其他视图中表达清楚时，往往可采用半剖视图（而在机件外形特别简单或外形已经表达清楚时，可采用全剖视图）。如图 4-12 所示，由于机件前后对称且左右对称，为了在一个投影图中既表示其外形结构又表示其内部结构，将三视图均以对称中心线为界，一半画成视图，另一半画成剖视图。

　　注意：由于半剖视图是用假想的剖切平面剖切立体获得的，因此其对称中心线（即剖视图与视图的分界线为用细点画线绘制的中心线）不能画成粗实线，如图 4-12 所示。

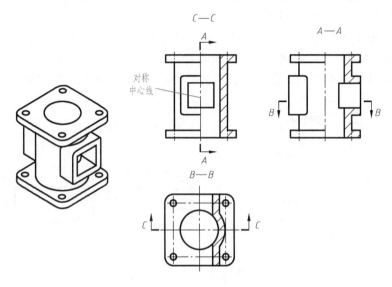

图 4-12　半剖视图

3. 局部剖视图

　　用剖切平面局部地剖开机件所得到的剖视图称为局部剖视图。 局部剖视图不受机件是否对称的条件限制，既可表达外形，又能表达机件的内部结构，所以应用非常广泛。如图 4-13

微课讲解：
局部剖视图

所示，由于机件的内外结构均需要表达，形体不具有结构对称性，故不能采用半剖视图，而采用了局部剖视图。

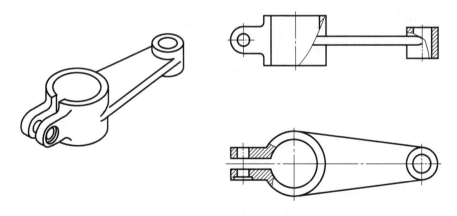

图 4-13　局部剖视图

　　局部剖视图的剖视部分与视图部分以波浪线分界。该波浪线可理解为假想断裂线，所以只能存在于有实体材料的部分，如图 4-13 所示。从投射方向观察，距观察者最近的表面存在实体材料遮挡，有断裂痕迹存在，因此图 4-13 所示波浪线即表示实体材料上的断裂痕迹，是视图和剖视图的分界线。另外，波浪线是独立的一条线，不应和图样上其他图线重合，也不能画在其他图线的延长线上。同时应注意波浪线不能超过剖切部分的轮廓线。

通常在如下情况下采用局部剖视图。

1）当剖切的结构为回转体时，如图 4-14 中的俯视图所示，可以将该结构的轴线作为局部剖视图中剖与不剖的分界线建立局部剖视图。

2）在表达诸如图 4-15 所示的实心件上的某些孔或槽时，可采用局部剖视图进行表达。

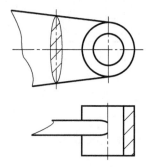
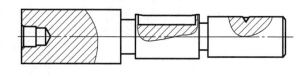

图 4-14　以轴线为分界线的局部剖视图　　　图 4-15　表达孔或槽的局部剖视图

3）在表达具有对称结构的机件，且采用半剖视图会在对称中心线处出现重叠的图线而增加看图的复杂性时，可采用局部剖视图进行表达，以得到更为清晰的图形，如图 4-16 所示。

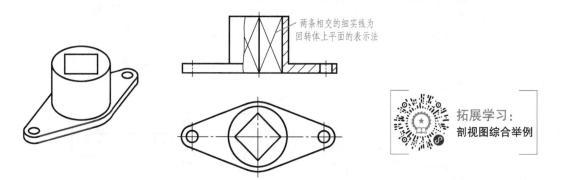

图 4-16　不宜采用半剖视图的对称机件的局部剖视图

拓展学习：
剖视图综合举例

三、按剖切面构成划分的剖视图

1. 单一剖切面剖切的剖视图

（1）定义　用一个剖切面剖切机件所得到的剖视图。单一剖切面可以是投影面平行面、不平行于投影面的投影面垂直平面或曲面。

1）投影面平行面是最常见的剖切面类型，如前所述的剖视图图例均为采用单一的投影面平行面剖切得到的剖视图。

2）采用不平行于任何基本投影面的投影面垂直面剖开机件，可以表达机件某些倾斜部分的结构，这样得到的剖视图也称为斜剖视图，如图4-17和图4-18所示。

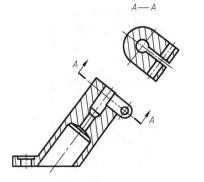

图 4-17　斜剖视图一般配置方法

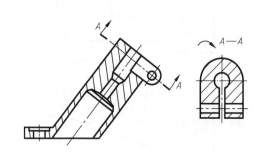

图 4-18　斜剖视图旋转配置方法

3）当单一剖切面为曲面时，一般是为了剖切柱面机件；为了方便表达，将曲面展开为平面的剖切面，绘制时也应将剖视图按展开的形式绘制。如图4-19中的A—A展开剖视图所示，所对应的剖切面即为与机件同轴的圆柱面。

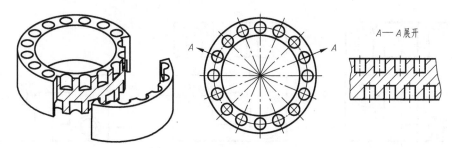

图 4-19　柱面机件剖切方法

（2）配置与标注　斜剖视图的配置和标注方式通常如图4-17所示。必要时，允许将斜剖视图旋转配置，但必须在剖视图上方标注出旋转符号（标注方法与斜视图相同），不可省略，剖视图的名称应靠近旋转符号的箭头端，如图4-18所示。

采用垂直于基本投影面的某一柱面作为剖切面来表达机件上的某些柱面结构，标注时需添加"展开"，如图4-19中的"A—A展开"。

2. 几个平行的剖切平面剖切的剖视图

（1）定义　用几个互相平行的剖切平面剖开机件所得到的剖视图，在较旧版本的国家标准中也称为阶梯剖视图。如图4-20所示，为了在一个剖视图中同时表达出小圆孔、大圆孔的内部结构形状，采用了两个互相平行的剖切平面进行剖切。

（2）画法与标注

1）在采用平行的剖切平面进行剖切画剖视图时，各剖切平面的转折处必须为直角，并且要使表达的内部结构不能互相遮挡，同时在图形内不应出现不完整的结构要素，如图4-20所示。仅当两个要素在图形上具有公共的对称中心线或轴线时，可以各画一半，此时应以对称中心线或轴线为界，如图4-21所示。

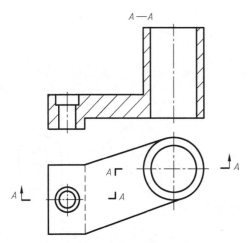

图 4-20　采用平行的剖切平面剖切的剖视图

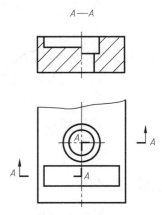

图 4-21　有公共的对称中心线或轴线时的画法

2）由于用几个平行的剖切平面进行剖切只是假想地剖开机件，因此不应画出剖切平面转折处的交线，如图 4-22 所示。

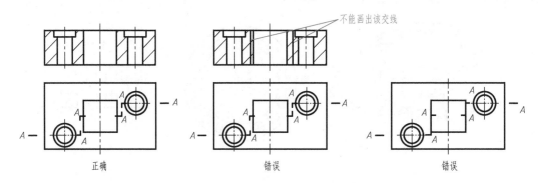

图 4-22　多剖切平面转折处的正确选择及剖视图的正确表示方法

3）剖切符号在剖切平面的起止和转折处均应画出，且应尽可能不与图形的轮廓线相交。箭头线应与剖切符号垂直。在剖切符号的起止和每个转折处应标记相同的字母，字母总是水平书写，如图 4-20～图 4-22 所示。但当转折处位置有限且不致引起误解时，允许省略标注。

> 注意：几个互相平行的剖切平面剖切得到的剖视图中每个剖切平面的名称需一致，且每个剖切平面的位置必须明确标示，不得省略。

3. 几个相交的剖切面剖切的剖视图（交线垂直于某一投影面）

几个相交的剖切平面一般有三种情况：采用两个相交的剖切平面进行剖切、采用连续的几个相交的剖切平面进行剖切、采用相交的平面与其他剖切面组合的方式进行剖切。

1）采用两个相交的剖切平面剖切机件，在绘制剖视图时，先假想按剖切位置剖开机件，然后将剖开后所显示的结构及其有关部分旋转到与选定的投影面平行的位置，再进行投射。但剖切平面之后的结构不应旋转（如剖切平面之后的孔结构），仍按原来的位置投射。标注方法如图 4-23、图 4-24 所示，注意在起止和每个转折处都需添加字母。

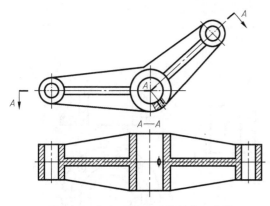

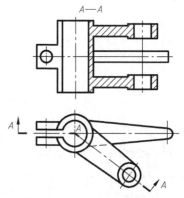

图 4-23　剖切平面之后的结构不旋转　　　　图 4-24　两相交的剖切平面的剖视图

2）采用连续的几个相交的剖切平面剖切机件，剖视图应选择展开画法作出，标注方式如图 4-25 所示，在剖切位置的起止和每个转折处标注字母 A，并在剖视图上方标注 $A—A$ 展开。

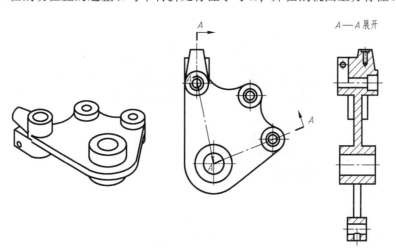

图 4-25　连续的几个相交剖切平面的剖视图

3）采用相交的平面与其他剖切面组合的方式进行剖切，标注方式如图 4-26 所示，在剖切位置的起止和每个转折处标注字母 A 并在剖视图上方标注 $A—A$。

四、剖视图中的规定画法

针对某些特殊的结构，国家标准规定了一些特定的绘制方法来简化制图，同时使读图也更简便。

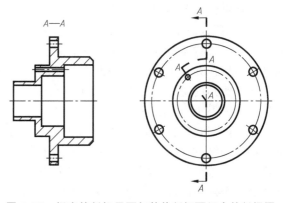

图 4-26　相交的剖切平面与其他剖切面组合的剖视图

注意：无论用何种剖切面剖开机件都可建立全剖视图、半剖视图、局部剖视图，因此应根据所要表达机件的结构特点分析和确定以什么样的表达范围绘制机件剖视图。

1）对于机件的肋、轮辐及薄壁等，如果按照纵向剖切，这些结构不绘制剖面符号，而是用粗实线在剖切位置将其与相邻接部分分开，如图 4-27a、b 所示；如果是横向剖切，则在剖切区域内必须绘制剖面符号，如图 4-27c 所示。

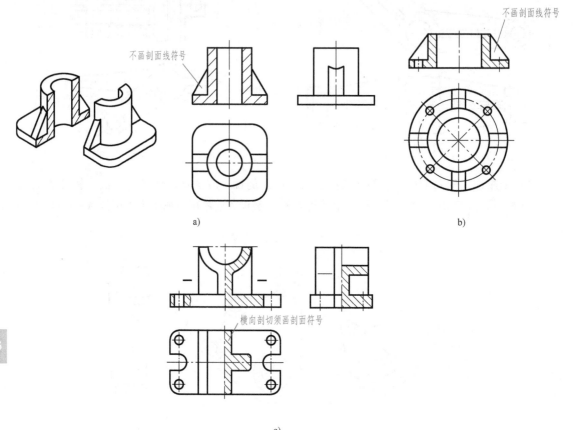

不画剖面线符号

不画剖面线符号

a)

b)

横向剖切须画剖面符号

c)

图 4-27　纵向、横向剖切到肋板的表示方法

2）当肋板或轮辐上的部分内形需要表示时，可画成局部剖视图，如图 4-28 所示的斜孔。

3）在要表达的机件中，回转体上均匀分布的肋板、轮辐、孔等结构不处于一个剖切平面时，可将这些结构旋转后剖切，并将不在投影平面上的结构以回转体中心为圆心旋转到剖切平面上画出，如图 4-27b 所示圆柱孔的画法和图 4-28 所示肋板的画法。

4）如果机件的内部结构在剖视图中仍存在没有表达清楚的部分结构时，可以在移去观察者和剖切平面之间的部分后在剩余部分内部再做一次局部剖视。绘制时，需注意两个剖切区域（断面）的剖面线符号应互相交错，间隔与方向相同，两个位置的剖切区域（断面）以波浪线作为分界线，标注时可用引出线方式标注局部剖视图的名称，如图 4-29 所示。

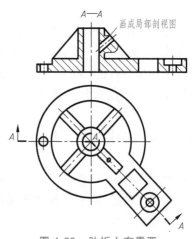

A—A

画成局部剖视图

图 4-28　肋板上有需要
表达结构的表达方法

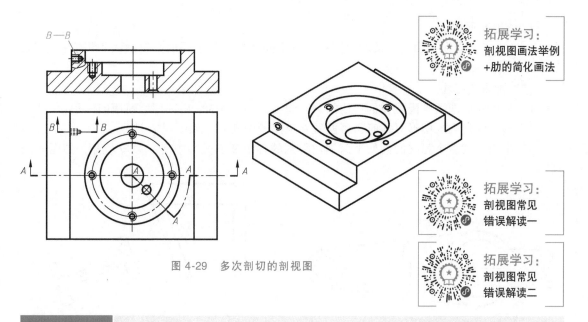

拓展学习：
剖视图画法举例
+肋的简化画法

拓展学习：
剖视图常见
错误解读一

拓展学习：
剖视图常见
错误解读二

图 4-29　多次剖切的剖视图

第三节　断面图

微课讲解：
断面图

一、基本概念

假想用剖切平面将机件的某处切断，仅画出剖切平面与机件接触部分的图形（无须画出剖切平面之后的可见轮廓），这样得到的图形称为断面图，如图 4-30 所示。

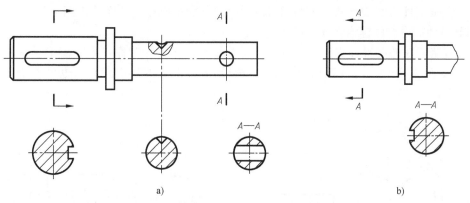

图 4-30　轴类零件的移出断面图表达方法

断面图经常用来表达机件的横截面形状，如轴（图 4-30、图 4-31）、薄板（图 4-32、图 4-33）的横断面等。

二、断面图的种类

断面图分为移出断面图和重合断面图。

1. 移出断面图

（1）定义 画在视图之外的断面图称为移出断面图。移出断面图轮廓线用粗实线绘制，如图 4-30 所示。

（2）配置与标注

1）移出断面图通常配置在剖切线的延长线上，如图 4-30a 中部凹坑断面图所示。

2）移出断面图的图形对称时，可配置在视图的中断处，如图 4-31 所示。

3）由两个或多个相交的剖切平面剖切得到的移出断面图，中间一般应断开，如图 4-32 所示。

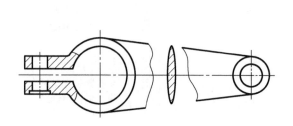

图 4-31 配置在视图中断处的移出断面图

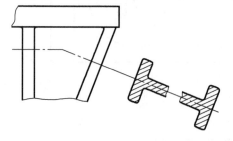

图 4-32 断开的移出断面图

4）必要时可将移出断面图配置在其他适当的位置。移出断面图的标注方法类似于剖视图，一般应用大写的拉丁字母标注移出断面图的名称"×—×"，并在相应的视图上用剖切符号表示剖切位置及投射方向（用箭头表示），并标注相同的字母，如图 4-30b 所示。

5）在不致引起误解时，允许将图形旋转配置，此时应在断面图上方标出旋转符号，断面图的名称应标注在旋转符号的箭头端，如图 4-33 所示。

（3）标注的省略

1）省略字母的配置方式：配置在剖切符号延长线上的不对称移出断面图不必标注字母，如图 4-30a 中左侧键槽断面图所示。

2）省略箭头的配置方式：不配置在剖切符号延长线上的对称移出断面图，一般不必标注箭头，如图 4-30a 中 A—A 断面图所示；按投影关系配置的移出断面图也可省略箭头，如图 4-34 所示。

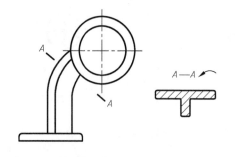

图 4-33 旋转配置移出断面图表示方法

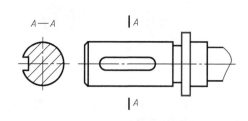

图 4-34 断面图省略箭头

3）省略字母与箭头的配置方式：配置在剖切线延长线上的对称移出断面图不必标注字母和箭头，如图 4-30a 中部凹坑断面图所示。

注意：切断的剖切平面（断面）应形成一个封闭的轮廓，不能由两个及两个以上的分离的断面图形构成。

1）当剖切平面通过回转而形成的孔或凹坑的轴线时，则这些结构应按剖视图绘制，即回转结构的孔口、凹坑口、贯通的圆孔、非圆孔口应画成闭合，如图 4-35a 所示。

2）当剖切平面通过非圆孔，会导致出现完全分离的断面图时，则这些结构应按剖视图绘制，如图 4-35b 所示。

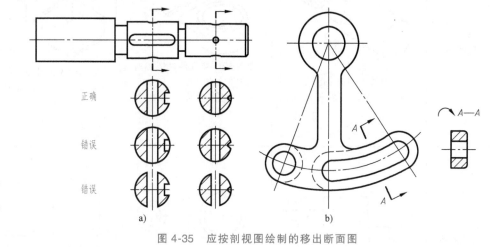

图 4-35 应按剖视图绘制的移出断面图

2. 重合断面图

（1）定义 画在视图中被剖切结构的投影轮廓之内的断面图称为重合断面图。重合断面图轮廓用细实线绘制，如图 4-36 所示。

（2）配置与标注 所绘制的重合断面图的图形应重合于视图之内，断裂边界用波浪线绘制，剖切区域（断面）根据材料选择剖面符号，如图 4-36 所示。

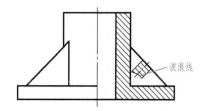

图 4-36 重合断面图的断裂边界

注意：当视图的轮廓线穿越重合断面图图形时，视图的轮廓线不可中断，如图 4-37 所示，重合断面图可省略全部标注。

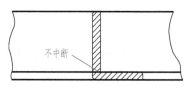

图 4-37 重合断面图与视图的轮廓线

三、绘制断面图的方法

断面图主要用来配合视图完成轴、轮辐、型材等带有孔、凹坑、肋板等结构的表达，具体的绘制方法见表 4-3。

表 4-3　断面图的绘制方法

步骤与方法	移出断面图		重合断面图
	轴类零件	连杆类对称零件	钣金类零件
第一步： 确定剖切位置	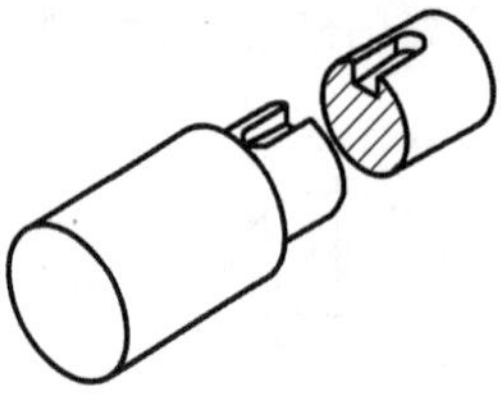 回转体类机件的剖切平面一般放置于垂直回转体轴线的位置	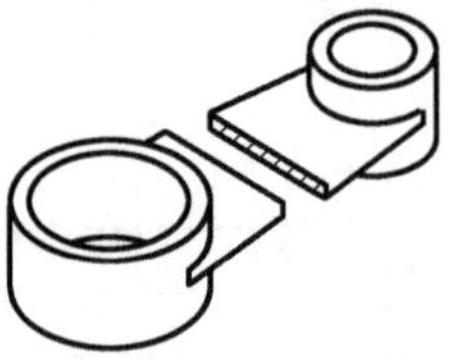 非回转体类机件以剖切到需要表达的结构为目的，剖切平面一般放置于需表达清楚的结构处	 非回转体类机件以剖切到需要表达的结构为目的，剖切平面一般放置于需表达清楚的结构处
第二步：完成断面图形的绘制	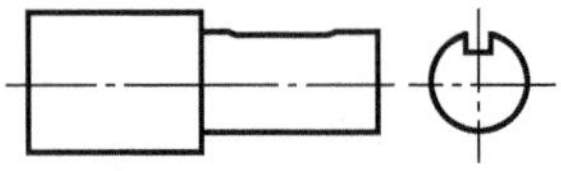 1. 依据断面形状，用粗实线绘制出完整封闭的图形 2. 注意参照绘制断面图时的具体规定，以及国家标准中有关键槽、锥孔、通孔的绘制规定	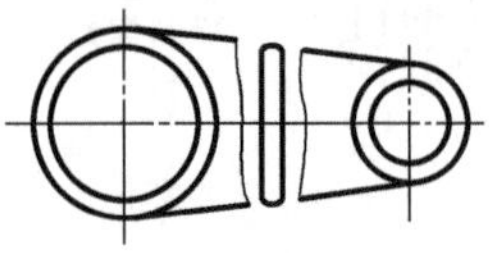 1. 依据断面形状，用粗实线绘制出完整封闭的图形 2. 视图断开的部分用细波浪线绘制	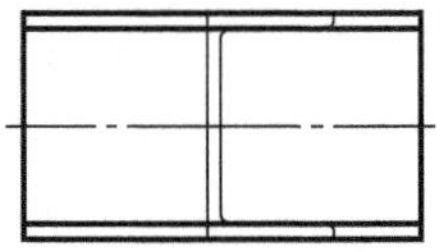 1. 依据断面形状，用细实线在视图中绘制出完整封闭的图形 2. 保留视图原轮廓的结构形状不变
第三步：添加剖面符号并进行标注	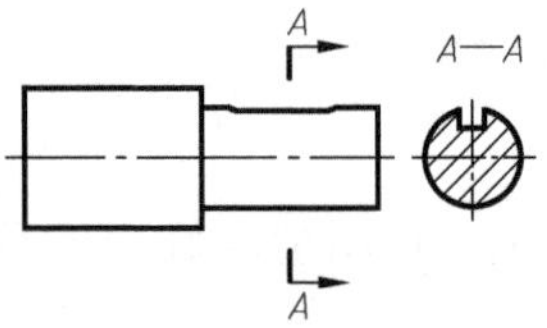 添加剖面符号，遵循断面图的配置原则进行标注	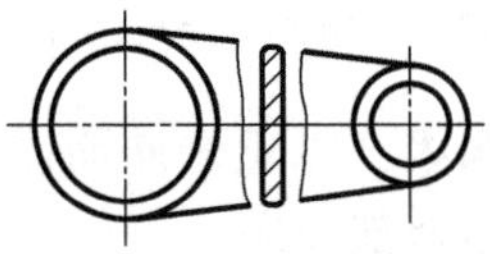 添加剖面符号，无须标注	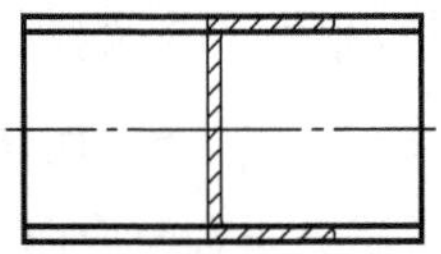 添加剖面符号，无须标注

第四节　局部放大图、简化画法

一、局部放大图

在表达一个机件的过程中，某些细小的结构无法以原视图所选的比例表达清楚，甚至影响对该结构的尺寸标注（结构小于标注的尺寸数字的最小尺寸）时，则可以选择用局部放大图对其进行表达。所谓局部放大图，就是将机件的部分结构用大于原视图所采用的比例画出的局部结构的图形。局部放大图的表达主要具有如下特点。

1）局部放大图可以画成视图、剖视图或断面图，与原视图上被放大部分的表达方式无关，如图 4-38 所示。局部放大图应尽量配置在被放大部位的附近。

2）绘制局部放大图时，除了螺纹的牙型、齿轮及链轮的齿型外，应将被放大的部分在原视图中用细实线圆圈圈出。若在同一个机件上有几处结构都需要放大画出时，用罗马数字标明放大部位的序号顺序，并且在相应的局部放大图上方标出相应的罗马数字及对应的放大比例，以便于与其他视图进行区分，如图 4-38 所示。若机件上只有一处需要放大，则可以省略罗马数字的标注，只在局部放大图上方标注所采用的比例即可，如图 4-39 所示。

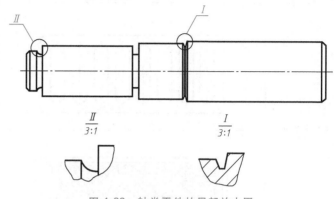

图 4-38　轴类零件的局部放大图

3）当同一个机件上不同位置的局部放大图所表达的图形一致或对称时，只需画出其中的一个，并在原有放大的部位标注相同的罗马数字，如图 4-40 所示。

121

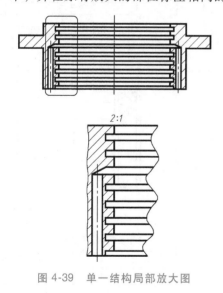

图 4-39　单一结构局部放大图

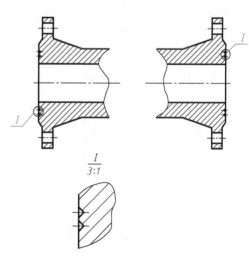

图 4-40　相同结构局部放大图

二、简化画法

在表达某些重复结构或对称性结构时，可以用示意图表示，或者画出重复结构的一部分，其余的示意表示即可，这种表达方法称为简化画法。

表4-4列出了不同简化种类的具体简化方法。简化画法最重要的是在表达清晰、准确的基础上进行简化，最终获得更为简明扼要的表达方法，也可以减少制图的工作量。

表 4-4　简化画法种类

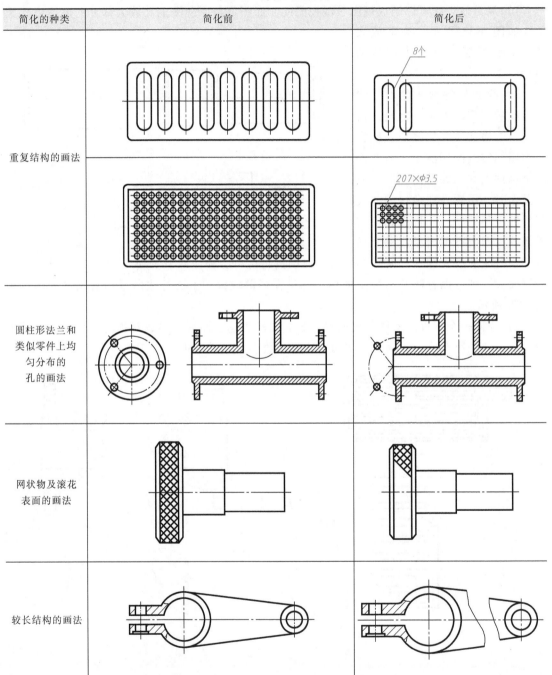

简化的种类	简化前	简化后
重复结构的画法		8个
		207×φ3.5
圆柱形法兰和类似零件上均匀分布的孔的画法		
网状物及滚花表面的画法		
较长结构的画法		

对于简化画法的应用，应注意以下简化原则。

1）简化时保证不会使读图者产生误解，在此基础之上，应尽量使制图简便。

2）简化制图，便于看图，注重制图与读图均简化的综合效果。

第五节　轴测剖视图

　　轴测图是一种能同时反映立体的正面、侧面和水平形状的单面投影图，第二章第四节、第三章第五节已经介绍了轴测图的基本知识、正等轴测图的画法、斜二等轴测图的画法。在轴测图中，为了表示机件内部不可见的结构形状，也常用剖切后的轴测图来表示，这种剖切后的轴测图称为轴测剖视图。

一、轴测剖视图画法的有关规定

1. 剖切平面的位置

　　为了同时表达机件的内、外形状，通常采用两个平行于不同坐标面的相交平面剖切机件，剖切平面应通过机件的主要轴线或对称平面，避免采用一个剖切平面将机件全部剖开，对应的剖切平面位置和轴测剖视图如图 4-41a、b 所示。

2. 剖面线的画法

　　剖切平面剖到的机件实体部分上应画等距、平行的剖面线。

　　1）正等轴测图剖面线方向如图 4-41c 所示，从坐标原点起，分别在三条轴测轴上等长取点，再连成三角形，三角形每一边表示相应轴测坐标面的剖面线方向。

　　2）斜二等轴测图剖面线方向如图 4-41d 所示，从坐标原点起，分别在 O_1X_1 轴和 O_1Z_1 轴上等长取点，在 O_1Y_1 轴上按 O_1X_1 轴和 O_1Z_1 轴上所取长度的一半取点，再连成三角形。三角形每一边表示相应轴测坐标面的剖面线方向。

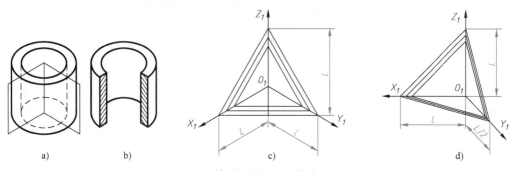

图 4-41　轴测剖视图画法的有关规定

a）剖切平面位置　b）轴测剖视图　c）正等轴测图剖面线方向　d）斜二等轴测图剖面线方向

二、轴测剖视图的画图步骤

　　画轴测剖视图时，通常先把机件完整外形的轴测图画出，然后沿着平行于坐标面的方向将机件剖开。以图 4-42a 所示组合体为例，轴测剖视图的具体画图步骤如下。

　　1）选定坐标原点和坐标轴，如图 4-42a 所示。

　　2）画出机件外形轮廓的轴测投影，如图 4-42b 所示。

3）在 $X_1O_1Z_1$、$Y_1O_1Z_1$ 轴测坐标面内分别画出剖切区域的形状和剖面线，补画剖切后下部孔的轴测投影，如图 4-42c 所示。

4）擦去被剖切掉的 1/4 部分的图线和不可见轮廓线，加深可见轮廓线，完成轴测剖视图，如图 4-42d 所示。

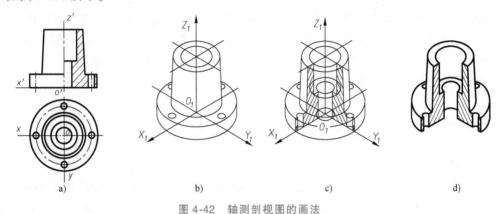

图 4-42　轴测剖视图的画法

a）选定坐标原点和坐标轴　b）画出外形轮廓的轴测投影　c）画剖切区域的形状和剖面线　d）完成的轴测剖视图

第六节　第三角投影法

国际上制图的投影规则主要分为两种：第一角投影法和第三角投影法。我国的国家标准规定优先采用第一分角建立投影，而有些国家（如美国、日本、加拿大等）则采用第三分角建立投影，为了满足国际技术交流的需求，下面针对第三角投影法进行简单的介绍。

一、第三角投影法的概念

第二章已经介绍了互相垂直的三个投影面把空间分成八个分角，依次为 I、II、III、IV、V、VI、VII、VIII分角。第三角投影法是将物体置于第三分角内进行投射的方法，如图 4-43 所示，也称为第三角画法。

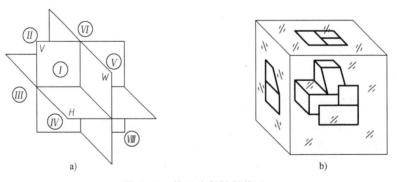

图 4-43　第三分角投影体系

a）八个分角划分　b）第三分角投影

采用第一角投影法绘制图样时，物体被放置在观察者和投影面之间，呈现观察者→物体→投影面的位置关系，如图 4-44 所示。当采用第三角投影法绘制图样时，把投影面看成是透明的平面，同样采用正投影法进行投射，观察者、物体和投影面所呈现的位置关系为：观察者→投影面→物体，如图 4-45 所示。

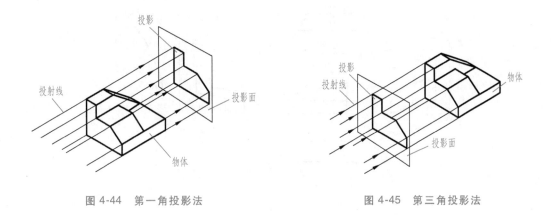

图 4-44　第一角投影法　　　　　　　图 4-45　第三角投影法

二、第三角投影法需要注意的问题

第一角投影法和第三角投影法的 6 个基本投影面的展开方式和 6 个基本视图的配置不同，分别如图 4-46~图 4-49 所示。

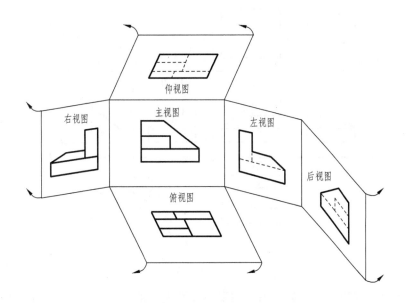

图 4-46　第一角投影法视图展开

采用第三角投影法时，需要注意如下事项。

1）六个基本视图同样遵循"长对正、高平齐、宽相等"的投影规律，如图 4-50 所示。

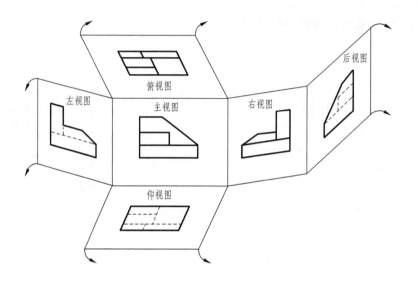

图 4-47　第三角投影法视图展开

126

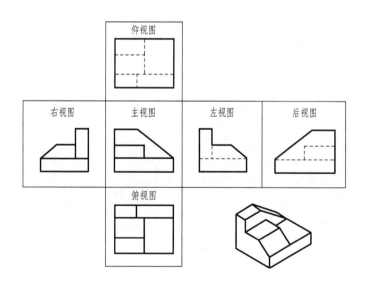

图 4-48　第一角投影法视图配置

2）主视图周围的俯视图、仰视图、左视图及右视图的方位，靠近主视图的一侧是机件前侧的投影。

3）采用第三角投影法时，必须在图样中画出第三角画法的识别图形符号，如图 4-51a 所示。而第一角画法的图形识别符号如图 4-51b 所示，一般情况下无须注写。

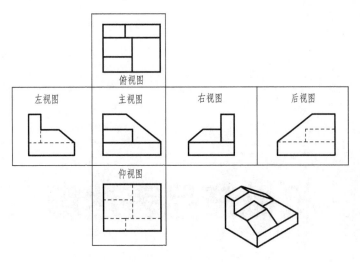

图 4-49　第三角投影法视图配置

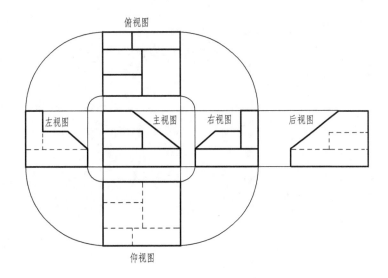

图 4-50　第三角投影法遵循的投影规律

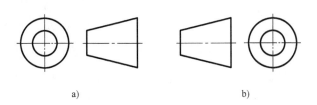

a)　　　　　　　　　　　　b)

图 4-51　不同分角画法的识别符号

a）第三角画法识别图形符号　b）第一角画法识别图形符号

127

机械产品表达篇

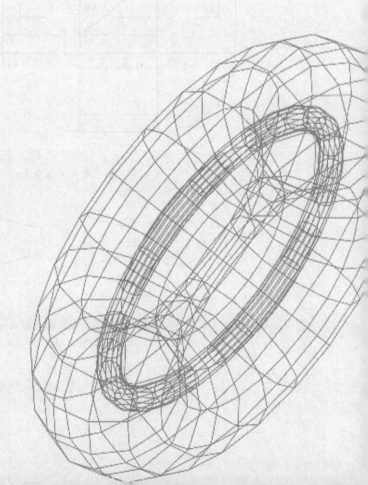

零件是组成任何机器或部件的最小单元，若干零件按一定要求就可装配成产品，例如图 2-1 所示千斤顶及图 5-1 所示的齿轮泵。齿轮泵是柴油机的一个部件，它可以将低压油变

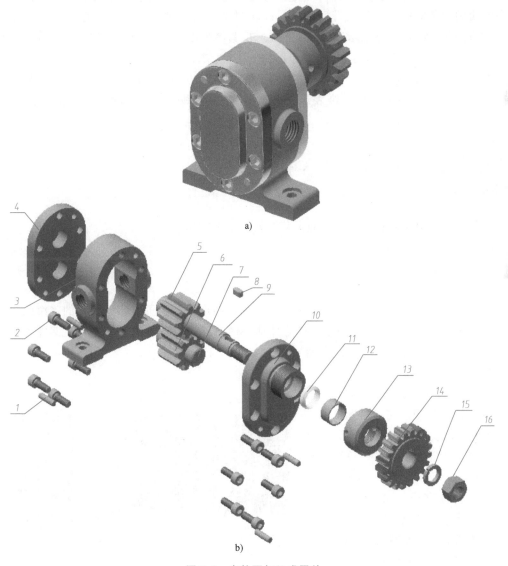

图 5-1 齿轮泵与组成零件

a）齿轮泵 b）零件

为高压油送至柴油机各部分进行润滑或冷却。该组成齿轮泵的零件如图 5-1b 所示，可将这些零件分为三大类，具体如下。

1）标准件：这类零件包括螺纹紧固件（如螺栓、螺柱、螺钉、螺母、垫圈）、轴承、键、销、弹簧等，已由国家或行业制定了标准，由专业厂家按照标准设计和生产。图 5-1 所示齿轮泵中共有五种标准件，它们分别是圆柱销 1、螺栓 2、平键 8、垫圈 15 和螺母 16。它们在机器中主要起零件间的定位、连接、支承、密封等作用。设计时只需根据已知条件查阅相关标准，就能获得标准件的全部尺寸。标准件不需要画零件图，使用时可根据标记直接采购。

2）传动件：这类零件包括从动齿轮 5、主动齿轮 6、从动轴 7、主动轴 9、传动齿轮 14。传动件需根据使用要求画出零件图。

3）一般零件：这类零件如轴、箱体等。它们的形状、结构、大小需要根据零件在装配体中的功用和装配关系专门设计、制造。齿轮泵中共有 6 种一般零件，它们分别是左端盖 4、右端盖 10、泵体 3、密封圈 11、轴套 12、压紧螺母 13。这些零件必须先设计和编写出用于制造、检验零件是否合格的技术文件，才能用于生产。

本章主要介绍零件的三维建模和二维零件图的表示方法，包括零件上的螺纹结构和常见工艺结构的表示法，并围绕二维表示法所涉及的零件图的内容、读零件图的方法等进行介绍。

第一节　零件上的常见工艺结构

本节主要介绍螺纹和一些常见的工艺结构的基本知识。

微课讲解：
零件上的常见
工艺结构

一、螺纹

螺纹是指在圆柱表面或圆锥表面上，沿着螺旋线形成的、具有相同断面的连续凸起和沟槽，如图 5-2 所示，凸起部分的顶端称为牙顶，构槽部分的底部称为牙底。在零件外表面形成的螺纹称为外螺纹，在零件内表面形成的螺纹称为内螺纹。

1. 螺纹的五要素

（1）螺纹牙型　在通过螺纹轴线的断面上，螺纹的轮廓形状称为螺纹牙型。常见的螺纹牙型有三角形、梯形、锯齿形、矩形，如图 5-3 所示。

（2）公称直径　公称直径是指代表螺纹尺寸的直径。螺纹直径有大径、小径和中径，如图 5-4 所示。

1）与外螺纹的牙顶或内螺纹的牙底相重合的假想圆柱直径（即螺纹

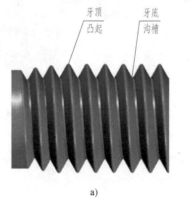

a)　　　　　　　　　　　b)

图 5-2　螺纹

a）外螺纹　b）内螺纹

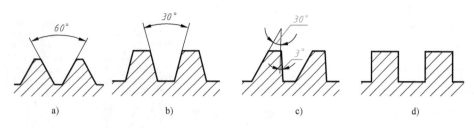

图 5-3 常见的螺纹牙型

a) 三角形 b) 梯形 c) 锯齿形 d) 矩形

的最大直径）称为大径，内、外螺纹的大径分别以大写字母 D 和小写字母 d 表示。

2）与外螺纹的牙底或内螺纹的牙顶相重合的假想圆柱直径（即螺纹的最小直径）称为小径，内、外螺纹的小径分别以大写字母 D_1 和小写字母 d_1 表示。

3）在大径和小径之间假想有一圆柱，它的母线通过牙型上沟槽宽度和凸起宽度

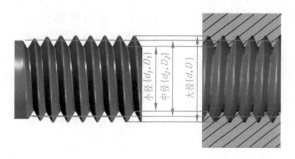

图 5-4 螺纹的基本尺寸

相等的地方，此假想圆柱称为中径圆柱，中径圆柱的母线称为中径线，直径为螺纹中径，内、外螺纹中径分别以大写字母 D_2 和小写字母 d_2 表示。

（3）螺纹线数（n） 沿一条螺旋线形成的螺纹称为单线螺纹，$n=1$，如图 5-5a 所示。沿两条或两条以上在轴向等距离分布的螺旋线所形成的螺纹称为多线螺纹，$n \geqslant 2$。其中双线螺纹如图 5-5b 所示。

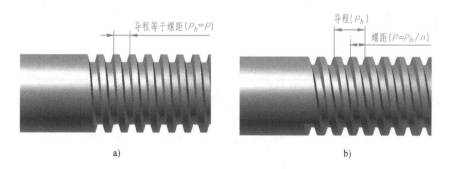

图 5-5 螺纹的线数、螺距

a) 单线螺纹（$n=1$） b) 双线螺纹（$n=2$）

（4）螺距（P）和导程（P_h） 相邻两牙在中径线上对应两点间的轴向距离称为螺距（P）。同一条螺旋线形成的螺纹上的相邻两牙在中径线上对应两点间的轴向距离称为导程（P_h）。因此，单线螺纹的螺距 P = 导程 P_h，多线螺纹的螺距 P = 导程 P_h/线数 n，如图 5-5 所示。

（5）旋向 顺时针旋转时旋入的螺纹称为右旋螺纹，逆时针旋转时旋入的螺纹称为左旋螺纹，如图 5-6 所示。

牙型、公称直径、螺距、线数和旋向是确定螺纹结构尺寸的五要素。只有五要素完全相同的外螺纹和内螺纹才能相互旋合。

2. 螺纹的种类

根据制造和使用的要求，螺纹可按下列方法分类。

（1）按标准分类　螺纹可分为标准螺纹、特殊螺纹和非标准螺纹。凡牙型、公称直径、螺距都符合国家标准的螺纹称为标准螺纹；牙型符合国家标准，而公称直径、螺距不符合国家标准的螺纹称为特殊螺纹；牙型不符合国家标准的螺纹称为非标准螺纹。

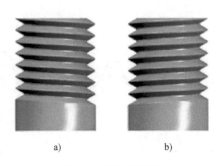

图 5-6　螺纹的旋向

a）左旋螺纹　b）右旋螺纹

常用的标准螺纹有普通螺纹（M）、梯形螺纹（Tr）、锯齿形螺纹（B）和管螺纹（G）。矩形螺纹是非标准螺纹，没有特征代号。常见螺纹的种类、代号、牙型及用途见表 5-1。

（2）按用途分类　螺纹可分为连接螺纹和传动螺纹两种，前者起连接、固定的作用，后者则用于传递运动和动力。普通螺纹和管螺纹一般用作连接螺纹，梯形螺纹、锯齿形螺纹和矩形螺纹一般用作传动螺纹，见表 5-1。

表 5-1　常见螺纹的种类、代号、牙型及用途

螺纹种类	普通螺纹	梯形螺纹	锯齿形螺纹	管螺纹	矩形螺纹
代号	M	Tr	B	G	无
牙型	三角形，牙型角为 60°，牙顶、牙底削平	等腰梯形	不等腰梯形	三角形，牙型角为 55°，牙顶、牙底成圆弧形	矩形
用途	连接零件	传递动力	传递单向力	连接管道	传动螺纹

（3）按螺距分类　普通螺纹有粗牙和细牙之分。螺纹大径相同时，螺距最大的一种称为粗牙螺纹，其余都称为细牙螺纹。

二、常用机械加工工艺结构

1. 倒角

为了去除切削零件时产生的毛刺、锐边，使操作安全，保护装配面及便于装配，通常在轴和孔的端部等处加工出倒角，即在轴端做出小圆锥台结构，在孔口做出小圆锥台孔结构。倒角多为 45°，也可制成 30°或 60°，如图 5-7 所示。

2. 倒圆

对于阶梯状的孔和轴，为了避免转角处应力集中而产生裂纹，设计和制造零件时，这些地方常以圆角过渡，如图 5-8 所示。

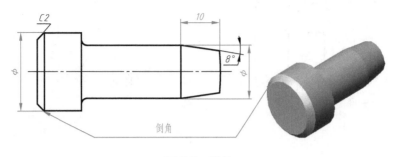

图 5-7 倒角

3. 螺纹退刀槽和砂轮越程槽

在车削加工，特别是在车削螺纹时，为了避免在所加工零件的尾端出现一段达不到规定螺纹深度的螺尾。就在车螺纹之前对将产生螺尾的那一段预先车出一个槽，这个槽称为螺纹退刀槽，如图 5-9a 所示。同样地，用砂轮磨削加工时，为避

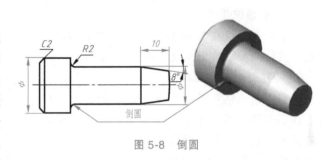

图 5-8 倒圆

免轴肩与圆柱面交界处产生的圆角影响装配时零件的可靠定位，以及使砂轮磨削后越过加工面而不破坏端面，通常预先在被加工轴的轴肩处加工出一个退刀槽，这种退刀槽称为砂轮越程槽，简称越程槽，如图 5-9b 所示。综上所述，为保证零件的加工质量，通常在零件待加工面的台肩处，预先加工出越程槽和退刀槽。

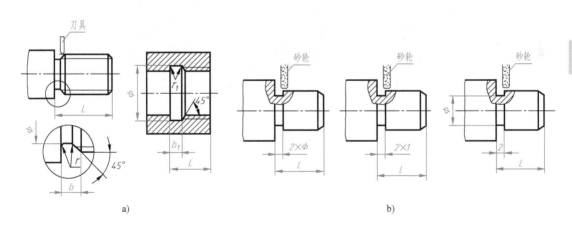

图 5-9 螺纹退刀槽和砂轮越程槽

a）螺纹退刀槽 b）砂轮越程槽

4. 中心孔

中心孔是在轴类零件端面制出的小孔，供在车床和磨床上进行加工或检验时实现定位和装夹，是轴类零件上常见的工艺结构。标准的中心孔有 R 型、A 型、B 型和 C 型四种形式，它们的形状和尺寸系列可查有关标准。A 型和 B 型中心孔如图 5-10 所示。

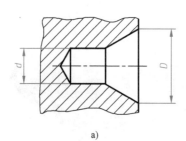
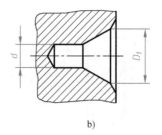

图 5-10　中心孔

a）A 型中心孔　b）B 型中心孔

5. 不通螺纹孔

加工不通螺纹孔的顺序为：先用钻头钻出圆柱孔，然后用丝锥攻出螺纹，如图 5-11 所示。

6. 钻孔处的工艺结构

对需用钻头钻孔的零件进行结构设计时，应考虑加工方便，以及保证钻孔的主要位置准确和避免钻头折断。因此，要求钻头行进的方向尽量垂直于被钻孔的端面，如果钻孔处的表面是斜面或曲面，应预先设计出与钻孔方向垂直的平面凸台或凹坑，如图 5-12 所示，以避免钻头单边受力而产生偏斜或发生折断。

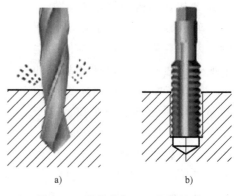

图 5-11　用丝锥加工不通螺纹孔

a）钻孔螺纹　b）攻螺纹

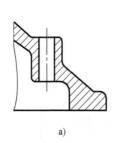
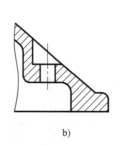
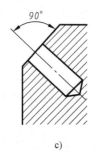

图 5-12　钻孔处的工艺结构

a）凸台　b）凹坑　c）斜面

三、铸造工艺结构

由于铸造加工属于成型加工，通常是将熔化的金属液体注入砂箱的型腔内，待金属液体冷却凝固后，去除型砂而获得铸件。因此在铸造加工时，为了保证零件质量，便于加工制造，铸件上需设计出均匀的壁厚、铸造圆角、凸台、凹坑和凹槽等一些铸造工艺结构。

1. 铸件的壁厚

（1）铸件的最小壁厚　受金属液的流动性及浇注温度的限制，同时为了避免金属液在充满砂箱型腔之前凝固，铸件壁厚一般不小于表 5-2 所列数值。数值大小与铸件的尺寸和材料相关。

表 5-2　铸件的最小壁厚　　　　　　　　（单位：mm）

铸造方法	铸件尺寸	铸钢	灰铸铁	球墨铸铁
砂型	≤200×200	8	6	6
	>200×200～500×500	10～12	6～10	12
	>500×500	15～20	15～20	

（2）铸件壁厚的均匀性　铸件壁厚应保持大致相等或逐渐过渡。若铸件壁厚相差过大，浇注后，铸件会因各部分在凝固过程中的冷却速度不同而产生气泡、变形、缩孔或裂缝。因此，铸件壁厚应该尽量均匀或采用逐渐过渡的结构，如图 5-13 所示。

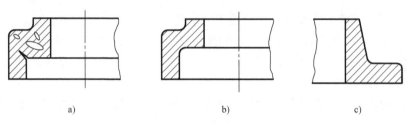

图 5-13　铸件壁厚
a）壁厚不均匀　b）壁厚均匀　c）逐渐过渡

（3）内壁、外壁与肋的厚度　为了使铸件均匀冷却，避免铸件因铸造应力而变形、开裂，应使外壁最厚，内壁次之，肋板最薄，外壁、内壁与肋的厚度顺次相差 20% 左右，如图 5-14 所示。

2. 铸造斜度（起模斜度）

铸造零件的毛坯时，为了便于从砂型中取出模样，一般将模样沿起模方向做成 1∶20～1∶10 的斜度（3°～6°），这种斜度称为起模斜度，如图 5-15 所示。若对零件的起模斜度无特殊要求，可仅在技术要求中说明，无须在图上画出。

135

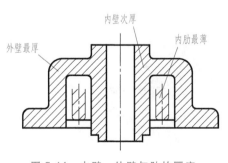

图 5-14　内壁、外壁与肋的厚度

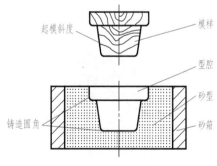

图 5-15　铸造斜度（起模斜度）

3. 铸造圆角

为保证铸件在铸造加工时能方便起模，防止浇注铁水时将砂型转角处冲坏，以及避免铸件在冷却时产生裂纹或缩孔，毛坯各相邻表面相交处均应以圆角过渡。铸造圆角的半径一般为 3~5mm，如图 5-16 所示。

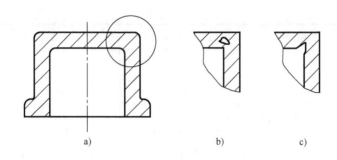

a)　　　　　　　　b)　　　　　c)

图 5-16　铸造圆角

a）铸造圆角　b）缩孔　c）裂纹

4. 箱体类零件底面和安装面上的铸造工艺结构

为了使箱体类零件的底面在装配时接触良好，应合理地减少接触面积，因此通常在箱体类铸件底面设计一些凹坑和凹槽等铸造工艺结构，如图 5-17a 所示。这样还可减少铸件的加工面积，节省材料和加工费用。

为了保证在装配时各零件接触面间的良好接触，铸件与其他零件相接触（或相配合）的面需进行切削加工。为了既能获得良好的接触表面，又可减少加工面积、降低成本，通常在铸件的接触面处设计出凸台、沉孔或凹坑等结构，如图 5-17b 所示。

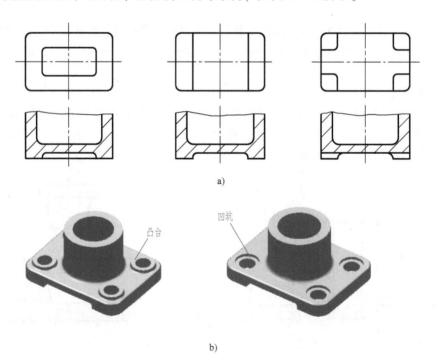

a)

b)

图 5-17　箱体类零件底面和安装面上的铸造工艺结构

a）凹坑和凹槽　b）凸台和凹坑

第二节　典型零件的构形分析与三维建模

一、典型零件的构形分析

一般零件的设计结构取决于该零件在特定装配体中的功用及其与相邻零件的装配关系。零件在机器或部件中，可以起到支撑、容纳、传动、配合、连接、安装、定位、密封和防松等一项或几项功用，这些功能对零件的要求是决定零件主要结构的依据。根据零件设计结构的形状特点，可将零件分为如第一章第二节所描述的箱体类、盘盖类、轴套类、叉架类四大类典型零件。

1. 轴套类零件

常见轴套类零件如图 5-18 所示。图 5-18a 所示的轴是用来支承传动零件，并使之绕其轴线转动的零件，通常根据需要在某些轴段上设计出起连接、定位作用的孔、槽等结构。图 5-18b 所示的柱塞主体部分是同轴回转体，具有径向尺寸小、轴向尺寸大的特点。图 5-18c 所示的钻套具有与轴配合的内形结构。轴套类零件的主要加工过程是在卧式车床上完成的。

a)　　　　　　　　　b)　　　　　　　　c)

图 5-18　轴套类零件
a）轴　b）柱塞　c）钻套

137

2. 盘盖类零件

常见盘盖类零件如图 5-19 所示。盘盖类零件的结构特征是径向尺寸大、轴向尺寸小，

a)　　　　　　　　　b)　　　　　　　　c)

图 5-19　盘盖类零件
a）齿轮　b）尾架端盖　c）电动机端盖

一般为偏平状结构，并且常带有均匀分布的孔、销孔、肋板及凸台等结构。盘盖类零件的主要加工过程是在卧式车床上完成的。

3. 叉架类零件

常见叉架类零件如图 5-20 所示。叉架类零件的毛坯多为铸件，经多道工序加工而成，一般可分为工作部分、连接部分和支承部分。工作部分和支承部分细部结构较多，通常有圆孔、螺纹孔、油槽、油孔、凸台和凹坑等。连接部分多为肋板结构，且形状有弯曲、扭斜。叉架类零件形状各异，在制造时所使用的加工方法并不一致。

图 5-20　叉架类零件

4. 箱体类零件

常见箱体类零件如图 5-21 所示。箱体类零件通常起支承、容纳机器运动部件的作用，其内部常具有空腔、孔等结构，空腔形状取决于所需容纳零件的形状。

a)　　　　　　　　　　　b)　　　　　　　　　　　c)

图 5-21　箱体类零件

a）阀体　b）支座　c）泵体

二、零件的三维建模

实际的机器零件不同于几何体，零件具有其独特的设计和加工工艺信息，因此零件三维建模的任务不仅是创建有形状的实体模型，还应将设计和工艺信息注入其中，并能够为后续的 CAD（计算机辅助设计）、CAPP（计算机辅助工艺规程）或 CAM（计算机辅助制造）提供正确的数据。然而，关于如何正确制订零件的加工工艺、合理选择加工方案等内容将在后续的专业课程中进行学习，本节主要关注零件建模的方法和步骤，需在第二章第二节和第三章第一节的基础上学习。

1. 零件三维建模的方法和步骤

通常将零件建模过程分为如下两步。

（1）形体分析 虽然零件的形状是各种各样的，但从几何角度来看，零件都可以分解成一些基本几何体的组合，如棱柱、棱锥、圆柱、圆锥、圆球等。因此，进行形体分析主要就是为了将复杂零件进行分解，以达到化繁为简、化难为易的目的。

（2）造型分析 造型分析就是在对零件进行形体分析的基础上，分析构成零件的各基本几何体的构形特点，以确定零件建模的基本思路、建模方式和工作流程。

造型分析一般包括下列内容。

1）分析构成零件的每个基本几何体的构成方式，即分析该基本几何体是通过拉伸运算方式还是某种其他运算方式创建的。

2）分析每个特征所属的类型，如属于绘制性特征还是置放性特征等。

3）分析添加的特征是否符合制造工艺。

4）分析添加特征的顺序是否符合制造工序等。

显然，前两步与第二章第二节、第三章第一节介绍的建模过程相同，但第3）、4）步则是零件造型过程中需要多加思考的，需要在具备一定专业知识的基础上完成。

这里只需注意，有时一个结构会有多种创建方法。例如，零件上的通孔、圆角和倒角等结构可按照广义柱体的构型方式进行创建，但是以置放性特征方式建模则更为合适，因为这些结构属于工艺结构，一定要考虑它们的制造和检验的流程。

2. 综合举例

【例 5-1】 创建图 5-22a 所示的十字把手零件模型。

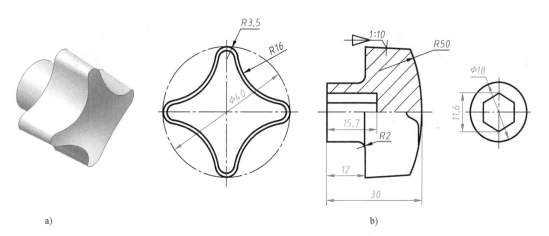

a) b)

图 5-22 【例 5-1】十字把手零件模型及工程图

a）十字把手零件模型 b）十字把手工程图

解 形体分析：该零件可分成 $S_1 \sim S_3$ 三个基本几何体，原型 S 是在旋转体 S_1 上挖切拉伸体 S_2（求差运算）之后，再与拉伸体 S_3 进行求差运算形成的，如图 5-23 所示。

造型分析与建模：该零件的三维建模可按图 5-24 所示的过程创建。（注：图 5-24 中显示的尺寸为尺寸约束，不代表该图素的尺寸标注。）

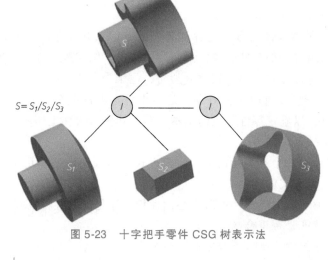

图 5-23　十字把手零件 CSG 树表示法

$S = S_1/S_2/S_3$

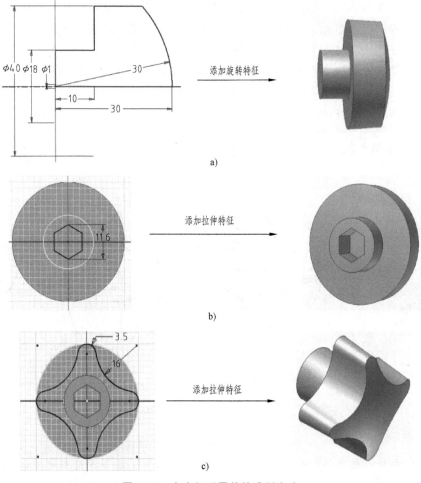

a)

b)

c)

图 5-24　十字把手零件的造型方法

a）添加旋转特征创建主体　b）添加拉伸特征挖切出六角孔　c）添加拉伸特征切割出槽

140

【例 5-2】 创建图 5-25 所示的蝴蝶阀阀体模型。

解 形体分析：根据蝴蝶阀阀体的结构，可将其分为三个部分：主体、凸台和底部，如图 5-25 所示。

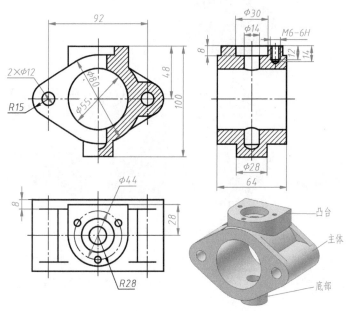

图 5-25 【例 5-2】蝴蝶阀阀体工程图及结构立体图

造型分析与建模：

1）方法一：该蝴蝶阀阀体 S 可认为是由拉伸体 S_1、S_3 与体素 S_2 求并后，再与拉伸体 S_4 求差形成的，其构造式为 $S=(S_1 \cup S_2 \cup S_3)/S_4$。其中，体素 S_2 可认为是端面为"腰形"的拉伸体 S_5 与拉伸体 S_6 求差后，再与拉伸体 S_7 和 S_8 求差形成，其构造式为 $S_2=S_5/S_6/S_7/S_8$，如图 5-26 所示。

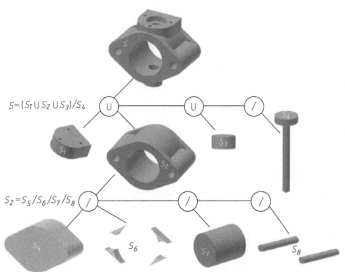

图 5-26 蝴蝶阀阀体的 CSG 树表示法

2）方法二：体素 S_2 还可认为是拉伸体 S_5 与拉伸体 S_6 求并后，再与拉伸体 S_7 和 S_8 求差形成的，其构造式为 $S_2 = (S_5 \cup S_6)/S_7/S_8$，如图 5-27 所示。

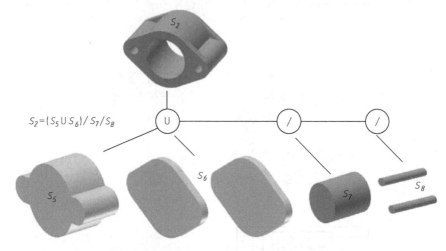

图 5-27　体素 S_2 的 CSG 树表示法

注意：【例 5-2】零件的造型方法不止所介绍的两种，请思考是否还有其他更好的造型方法。

第三节　零件的二维表示法——零件图

一、零件图的作用和内容

在实际生产中，零件的制造是根据零件图所表达的各种加工信息完成的。也就是说，零件图是制造和检验零件的依据，直接服务于生产实际，例如，支架零件图如图 5-28 所示。零件图通常包括以下内容。

1）表达零件结构形状的一组视图。

2）制造零件所需的全部尺寸。

3）零件在制造和检验时应达到的一些技术要求，如尺寸公差、几何公差、表面结构要求、表面处理及热处理要求等。

4）说明零件的名称、材料、图样比例、图号等内容的标题栏。

二、零件图的视图选择

零件图的视图选择是指根据零件的结构特点正确选用视图、剖视图、断面图等表达方法

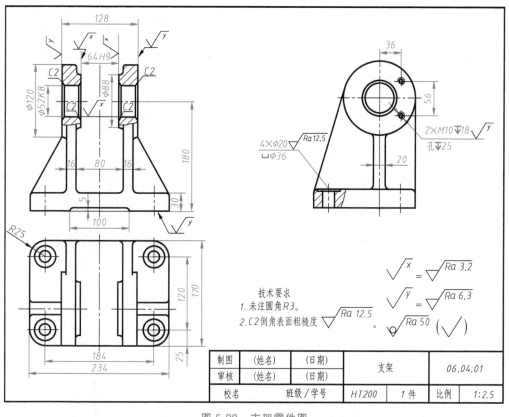

图 5-28 支架零件图

进行表达。为了将零件的结构形状完整、清晰地表达出来，视图选择的原则是：在便于读图的前提下，力求做到视图表达完整、清晰、合理、简练。零件图的视图选择一般可参考下列步骤进行。

（1）分析零件 分析零件在机器（或部件）中的作用、工作原理及所采用的加工方法，并对零件进行形体分析或造型分析。

（2）选择主视图 根据零件的类型特点，确定主视图的选择原则，选择主视图投射方向。

（3）选择其他视图 应灵活运用各种表达方法，根据零件的每个组成部分的形状和它们的相对位置选择并配置其他视图。

1. 选择主视图的一般原则

（1）形状特征原则 该原则是要求所选主视图应能够较好地反映零件的形状特征，即能较好地将零件各功能部分的形状及相对位置表达出来。该原则用于确定主视图的投射方向。

对如图 5-29a 所示的轴，比较按 A 向与 B 向投射所得到的视图，很明显按 A 向投射得到的视图能较好地反映此轴各部分结构的形状特征，因此应选择 A 向作为主视图的投射方向。

（2）加工位置原则 该原则是要求所选的主视图应尽可能与零件在机床上加工时的装夹位置一致，以便于读图加工。该原则用于确定零件在主视图中的放置状态。

由于轴、套、轮、盘、盖类零件一般是在卧式车床上完成机械加工的，因此可按加工位置原则选择主视图，即将其轴线水平放置，如图 5-30、图 5-31 所示。

（3）工作位置原则 该原则是要求所选的主视图应尽可能与零件在机器（或部件）中的

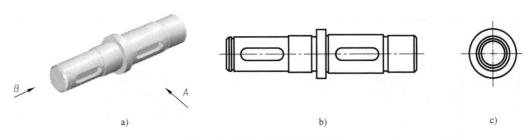

图 5-29 轴的主视图的投射方向

a）轴零件 b）按 A 向投射好 c）按 B 向投射不好

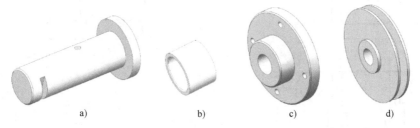

图 5-30 轴套类和盘盖类零件在主视图中的放置状态

a）轴类零件 b）套类零件 c）盖类零件 d）盘类零件

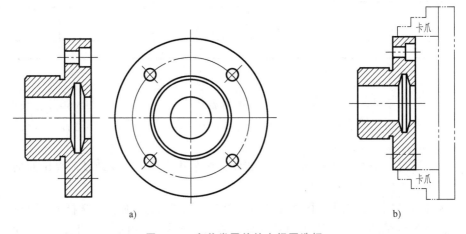

图 5-31 盘盖类零件的主视图选择

a）按加工位置原则绘制的两视图 b）盘盖类零件加工时的装夹位置示意图

工作位置一致，以便于对照装配图进行装配。该原则用于确定零件在主视图中的放置状态。

由于支座、箱体类零件，其结构一般比较复杂，往往需要加工多处不同的表面，加工位置经常变化，因此不宜采用加工位置原则。对于此类零件，选择主视图时应采取工作位置原则，如图 5-32、图 5-33 所示。

选择主视图时，上述三个原则不一定能同时满足，往往需要综合考虑并加以比较而定。此外，选择主视图时，还需考虑主视图的选择应使其他视图中的细虚线较少。

2. 选择其他视图

为了清楚表达零件的每个组成部分的形状和它们的相对位置，一般还需要选择其他视图来补充表达方案。

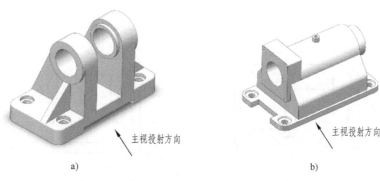

a)　　　　　　　　　　　　　　　　　　　b)

图 5-32　支座类和箱体类零件在主视图中的放置状态

a）支座类零件　b）箱体类零件

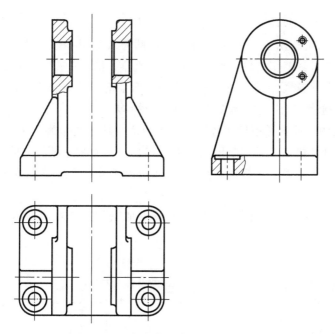

图 5-33　支座类零件的主视图选择

145

　　在选择其他视图时，应根据零件的结构特点，分析还需要清楚表达零件哪个组成部分的形状和相对位置，也就是考虑还需要哪些视图与主视图配合，以及所选视图之间如何配合。

如图 5-34 所示，轴的主视图已将轴上各段圆柱的大小和相对位置表达清楚，但键槽部分还需要选择两个断面图来表达其深度等。

　　此外，有时还要考虑到视图与尺寸注法的配合，如对图 5-35 所示零件，采用一个视图并标注带有符号"ϕ"的尺寸，即可清楚表示零件属于回转体。

　　3. 举例

　　下面以图 5-36a 所示的支座为例，

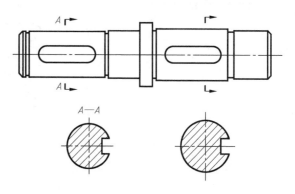

$A—A$

图 5-34　轴的视图表达方案

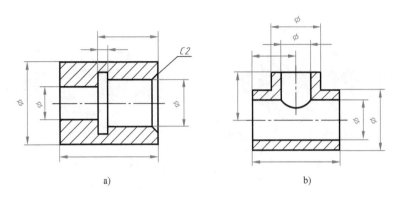

图 5-35　视图与尺寸标注的配合

说明零件视图选择的具体过程。

（1）分析零件　支座用于支承传动轴，它由圆筒、底板和起支撑作用的十字肋组成。如图 5-36a 所示 A 向与其工作位置一致，以此方向观察，圆筒中部有个倾斜的贯通筒壁的凸台结构，圆筒内部是阶梯孔结构，左、右端面各有四个均布的螺纹孔。底板上有四个带贯通孔的凸台，底部有通槽。十字肋为十字交叉的肋板结构。

（2）选择主视图　综合考虑形状特征和工作位置原则，选择图 5-36a 中 A 向为主视图投射方向。为了使主视图既能表达清楚圆筒内的阶梯孔，又能表达倾斜的贯通筒壁的凸台内孔结构和凸台的左右位置关系，主视图采用 A—A 旋转剖视图；左、右两端四个螺纹孔均按简化画法画出。

（3）选择其他视图　为了配合主视图，能够更加完整、清晰地表达支座各组成部分的

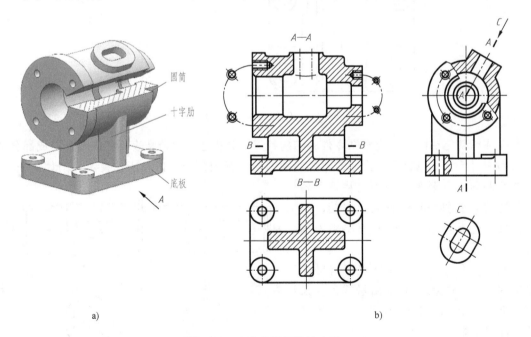

图 5-36　支座的视图表达方案

a）支座零件模型　b）支座的表达方案

形状和相对位置，其他视图按如下分析进行选择和配置。

1）圆筒：为了表达倾斜凸台的方位和左端螺纹孔的分布情况，选用左视图；倾斜凸台的端面形状则用斜视图表达。

2）底板：为了表达底板的形状，选用俯视图。

3）十字肋：对于十字肋基本形状的表达，可以选配左视图或俯视图，但为了能在表达底板的同时表达出肋的横断面形状，在俯视图上采用全剖视图。

4）结构间的相对位置：圆筒、底板和十字肋的上下位置和左右位置关系已经在主视图中表达清楚；前后位置关系可用左视图或俯视图来表达，但在俯视图上它们的投影互相重叠，不好分辨，因此在左视图上选择了局部剖视图进行表达。

综合上述分析，最后确定的表达方案如图 5-36b 所示：俯视图采用 $B—B$ 全剖视图，配合主视图，主要表达底板和十字肋的形状；左视图与主视图相配合，表达圆筒的形状，以及圆筒与底板、十字肋两部分的前后位置关系，左视图上部的局部剖视图除了表达倾斜凸台的形状外，还表达了十字肋的前后两个正平面与圆筒外表面的相切关系，左下角的局部剖视图则是为了表明底板四个角上的孔都是通孔。在上述表达方案中，一些次要部位，如倾斜凸台端面结构的表达问题，往往是在零件基本形状的表达方案确定后考虑的，因此，在基本形状的表达方案确定后，采用了 C 向局部斜视图进行适当补充，使之更加完善。

支座的另一个表达方案如图 5-37 所示，该表达方案多画了一个 $B—B$ 移出断面图，主视图未画出左、右两端四个螺纹孔的简化画法，结合左视图和尺寸标注可以确定螺纹孔的个数和位置，故主视图中省略；俯视图用视图表达支座外形，但由于凸台结构与水平投影面不平行，其结构在水平投影面上的投影不反映真形且与 C 向局部斜视图表达重复；左视图上部虽采用了局部剖，但其剖切范围处理不当，没有将十字肋与圆筒表面前后的相切关系表达出来。因此，这个方案表达得不够完整、清晰，既不便于读图，也不便于画图。

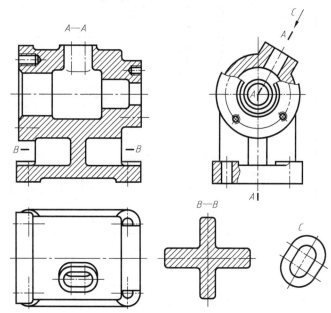

图 5-37 视图表达方案选择得不合理

三、典型零件的表达方法

（1）轴套类零件表达方法　在视图选择时，一般只采用一个基本视图。再根据其细节部分的具体结构，选择一些断面图、放大图等进行表达。由于轴类零件一般是实心的，因此主视图多采用不剖或局部剖视图，轴上的沟槽和孔结构可采用移出断面图或局部放大图表达。

主视图按加工位置原则选择，将轴线水平放置，以垂直于轴线的方向作为主视图的投射方向。选用水平放置的轴线和重要端面（如加工精度最高的面、轴肩等）作为主要尺寸基准。在图 5-38 所示的主动齿轮轴中，各部分均为同轴回转体，轴上有一个键槽，齿轮部分的两端设计有砂轮越程槽结构。径向的主要尺寸基准为轴线，长度方向的主要尺寸基准为齿轮的左端面。此外，主视图设置为键槽向前的投射方向，以表达键槽的形状，键槽的深度用断面图表示。

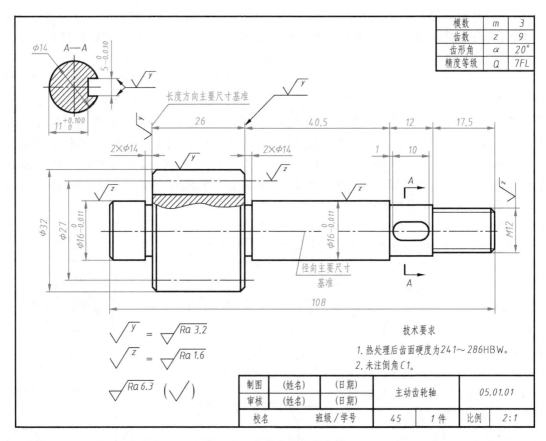

模数	m	3
齿数	z	9
齿形角	α	20°
精度等级	Q	7FL

图 5-38　主动齿轮轴零件图

（2）盘盖类零件表达方法　盘盖类零件通常需用两个基本视图来进行表达，主视图常取剖视图，以表达零件的内部结构；左视图或右视图主要表达其外形轮廓，以及零件上各种孔、肋、轮辐等的数量及分布情况，常采用简化画法；如果还有细小结构没有表达清晰，则需增加局部放大图。通常采用孔的轴线和重要端面（如与其他零件的接触面）作为主要尺寸基准。如图 5-39 所示的端盖，径向的主要尺寸基准为孔的轴线，长度方向的主要尺寸基准为零件右端结合面。视图选择主视图和左视图，其中的主视图为采用两个相交的平面剖切的剖视图。

（3）叉架类零件表达方法　叉架类零件结构（尤其是外形）较为复杂，加工方法和加工位置不止一个，因此通常需要两个或两个以上的基本视图，再根据需要配置一些局部视图、斜视图或断面图来进行表达。主视图一般以工作位置原则选择。常采用重要安装面、加工面、接触面或对称面，以及孔轴线作为主要基准。如图 5-40 所示的支架零件图中，长度

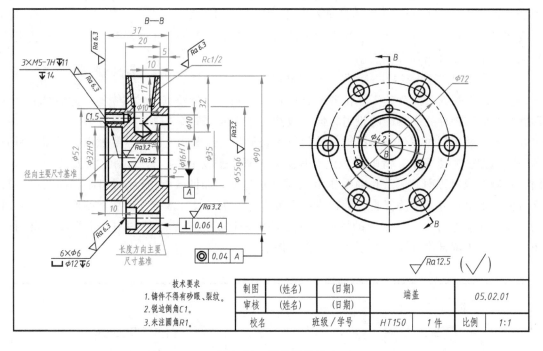

图 5-39　端盖零件图

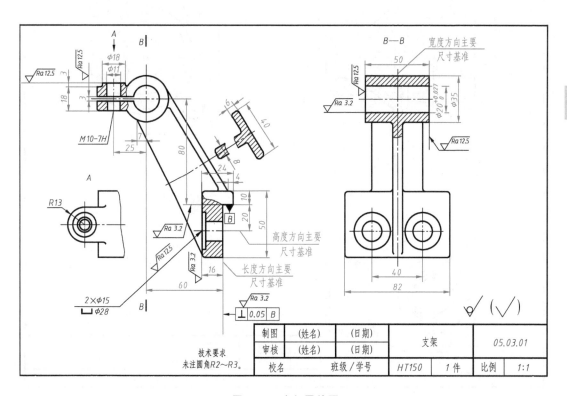

图 5-40　支架零件图

149

方向的主要尺寸基准为下方结构的右端面；宽度方向的主要尺寸基准为前后对称面，高度方向的主要尺寸基准为φ15孔结构的轴线。主视图与工作位置一致，主、左视图均采用局部剖视图进行表达；此外，为了表达支架上部凸台的形状，采用了A向局部视图，倾斜肋板的断面形状采用了移出断面图表示。

（4）箱体类零件表达方法　箱体类零件内部常具有空腔、孔等结构，通常按这类零件的工作位置放置确定主视图，以反映其形状特征的方向作为主视图的投射方向。表达时至少需要三个基

拓展学习：
支架零件的表达方案及尺寸

本视图，一般采用过主要支承孔轴线的剖视图表示其内部形状，并且需要配以剖视图、断面图等表达方法才能完整、清晰地表达箱体类零件的各部分结构。常采用重要安装面、加工面、接触面或对称面，以及孔轴线作为主要尺寸基准。如图 5-41 所示的阀体零件图中，长度方向的主要尺寸基准为竖直孔的轴线；宽度方向的主要尺寸基准为前后对称面；高度方向的主要尺寸基准为φ43孔结构的轴线。该零件图采用的三个基本视图中，主视图为全剖视图，俯视图为局部剖视图，左视图为半剖视图。

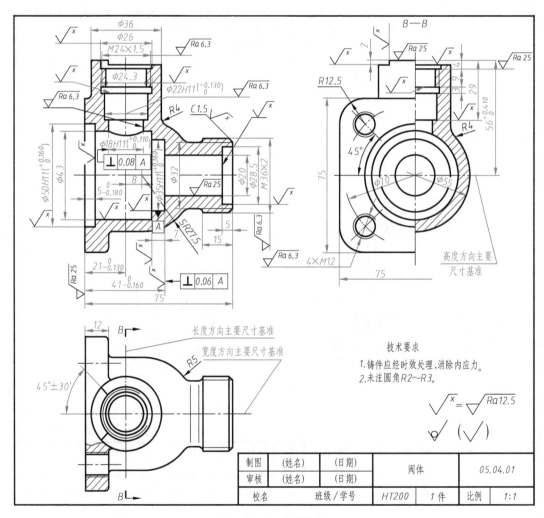

图 5-41　阀体零件图

第四节 零件图的尺寸标注

一、零件图尺寸标注的基本规则

标注零件图尺寸的基本要求是完整、清晰、合理。在第三章第三节中已介绍了用形体分析法完整、清晰地标注尺寸的方法，这里主要介绍零件图中合理标注尺寸的基本知识。要使尺寸标注合理，所标注的尺寸必须满足：①设计要求，以保证机器的质量；②工艺要求，以便于加工制造和检验。要达到以上目标，还需掌握一定的实际生产加工知识和其他有关的专业知识。

1. 尺寸基准的选择

尺寸基准是指在零件的设计、制造和测量时，确定尺寸位置的几何元素。零件的长、宽、高三个方向上都至少要有一个尺寸基准。当同一方向上有几个基准时，其中之一为主要基准，其余为辅助基准。要合理标注尺寸，就必须正确选择尺寸基准。基准有设计基准和工艺基准两种。

（1）设计基准 设计基准是根据零件在机器中的作用和结构特点，为保证零件的设计要求而选定的一些基准。设计基准一般用来确定零件在机器中的位置，可以是接触面、对称面、端面及回转面的轴线等。

如图 5-42 所示定滑轮的心轴，其径向是通过心轴与支架上的轴孔处于同一条轴线上来定位的；轴向是通过轴肩右端面 A 来定位的。所以，心轴的回转轴线和轴肩右端面 A 就是其在径向和轴向上的设计基准。

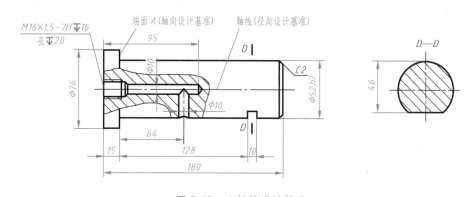

图 5-42 心轴的设计基准

图 5-43 所示定滑轮的支架，它是定滑轮的主体，结构左右对称，因此，该支架的左右对称面就是长度方向的设计基准。定滑轮在机器中的位置是通过支架的底面和前端面来定位的，所以，底面和前端面分别是支架在高度和宽度方向上的设计基准。

（2）工艺基准 工艺基准是指零件在加工过程中，用于装夹定位、测量和检验零件的已加工面时所选定的基准，主要是零件上的一些面、线或点。

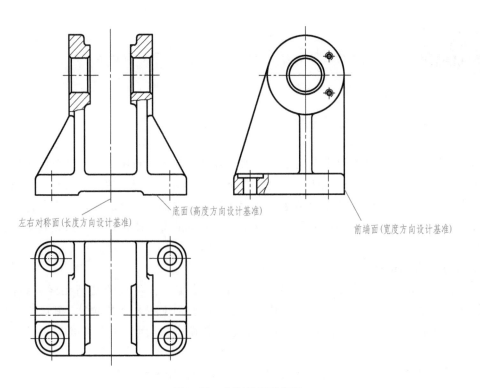

图 5-43　支架的设计基准

如图 5-44 所示。在车床上加工心轴上的 $\phi52h7$ 轴段时，夹具以右端大圆柱面 B 来定位；车削加工及测量长度时以端面 C 为起点。因此，圆柱面 B 和端面 C 分别是加工 $\phi52h7$ 轴段时的工艺基准。

从设计基准出发标注尺寸，能保证设计要求；从工艺基准出发标注尺寸，则便于加工和测量。因此，最好使设计基准与工艺基准重合。当设计基准与工艺基准不

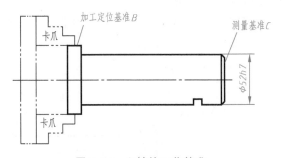

图 5-44　心轴的工艺基准

重合时，所注尺寸应在保证设计要求前提下，满足工艺要求。

2. 尺寸的合理标注

（1）正确选择尺寸基准　当依据功能要求确定了机器（或部件）中各零件的结构、位置和装配关系后，其设计基准就基本确定了，但工艺基准还需要根据所采用的加工方法来进一步确定。设计基准和工艺基准一致，可以减少误差。标注尺寸时，重要尺寸一般以设计基准为起点标注，以保证设计要求；其他一些必要的尺寸则从工艺基准出发进行标注，以便于加工和测量。

（2）尺寸链中留出一个尺寸不标注以形成开环　同一方向上的一组尺寸按顺序排列时，会连成一个封闭回（环）路，其中的每一个尺寸均受到其余尺寸的影响，这种尺寸回路称为尺寸链，例如，图 5-45a 所示 a、b、e、c 就构成了一个尺寸链，且为封闭尺寸链。尺寸链

中的尺寸均称为环。每个尺寸链均应对精度要求最低的环不注尺寸，如图 5-45b 中未注尺寸 *e*，此环称为开口环，目的是使加工其他尺寸产生的加工误差累积到这个环上，但有时，为了给设计、加工、检测或装配提供参考，也可把开口环的尺寸加上括号注出（称为参考尺寸），如图 5-45c 所示。但应注意，尺寸不能标注成图 5-45a 所示的封闭尺寸链形式。

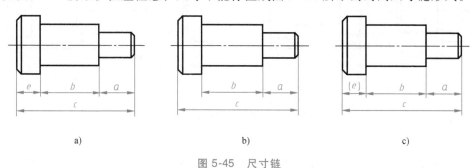

图 5-45　尺寸链

a）封闭尺寸链　b）有开口环的尺寸注法　c）参考尺寸注法

（3）重要尺寸必须直接标注　重要尺寸是指零件上对机器（或部件）的使用性能和装配质量有直接影响的尺寸，这些尺寸必须在图样上直接注出。如图 5-46 所示，标注定滑轮支架的尺寸时，支架上部轴孔（心轴装在其内）的尺寸 $\phi52K8$，轴线到底面的距离（中心高）180，底板安装孔的位置尺寸 25、120 及 184 等都是重要尺寸，必须在零件图上直接标注。完整的支架尺寸标注如图 5-28 所示。

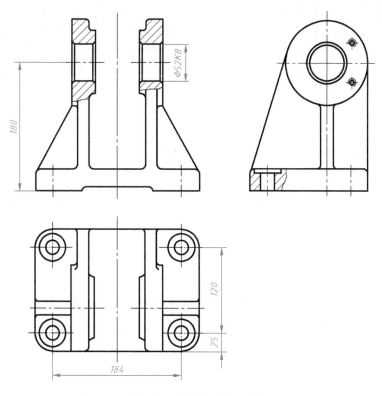

图 5-46　支架的重要尺寸

（4）尽量符合零件的加工要求并便于测量　除重要尺寸必须直接标注外，标注零件尺寸的顺序应尽可能与加工顺序一致，并且要便于测量，如图 5-47 所示。

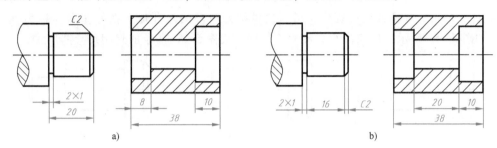

图 5-47　阶梯轴及孔的尺寸注法

a）正确注法　b）错误注法

（5）毛面的尺寸注法　毛面是指用铸造或锻造等方法制造零件毛坯时，所形成的且未经任何机械加工的表面。标注零件的尺寸时，需分清毛面与加工面，在一个方向上，加工面与毛面之间，只能有一个尺寸联系，其余则为毛面与毛面或加工面与加工面之间的尺寸联系。如图 5-48 所示，在同一方向上的多个毛面不能与同一个加工面直接发生尺寸联系。

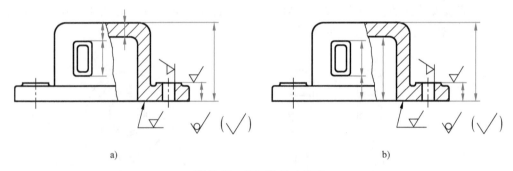

图 5-48　毛面的尺寸注法

a）合理　b）不合理

二、其他常见结构表示与尺寸标注

微课讲解：
螺纹的规定画法

1. 螺纹的表示法

为了画图和读图方便，国家标准对螺纹的表示法做了规定，螺纹的规定画法见表 5-3。

2. 螺纹的标注方法

在图样中，由于螺纹采用简化画法，其五要素等没有表达，因此必须用标记和标注对螺纹进行描述。

（1）标准螺纹的标记

1）普通螺纹标记的内容和格式为：

| 螺纹特征代号 | 尺寸代号 | -公差带代号 | -旋合长度代号 | -旋向代号 |

表 5-3 螺纹的规定画法

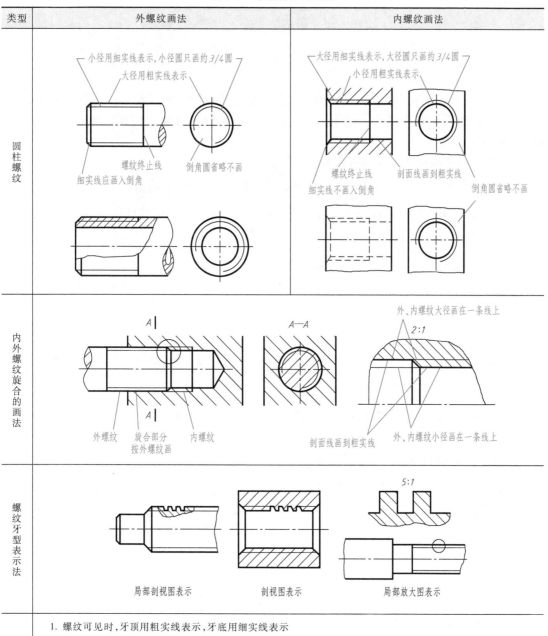

类型	外螺纹画法	内螺纹画法
圆柱螺纹		
内外螺纹旋合的画法		
螺纹牙型表示法	局部剖视图表示	剖视图表示	局部放大图表示
画法说明	1. 螺纹可见时,牙顶用粗实线表示,牙底用细实线表示 2. 在垂直于螺纹轴线的投影面的视图中,表示牙底的细实线圆只画约 3/4 圆,在此视图中,螺杆(外螺纹)或螺纹孔(内螺纹)的倒角圆均省略不画 3. 有效螺纹的终止界线(简称终止线)用粗实线表示,当外螺纹终止线处被剖开时,螺纹终止线只画出表示牙型高度的一小段 4. 不可见螺纹的所有图线都画成虚线 5. 在剖视图和断面图中,内、外螺纹的剖面线都必须画到粗实线 6. 内、外螺纹连接时的画法:用剖视图表示时,旋合部分按外螺纹的画法绘制,其余部分仍按各自的画法绘制。绘制主、左视图中的剖面线时,注意同一零件的剖面线方向和间距应保持一致 7. 螺纹小径可近似按大径的 0.85 倍(即 0.85d)画出 8. 当需要表示螺纹牙型时,可采用局部剖视图、局部放大图表示,或者直接在剖视图中表示

例如，M20×1-5g6g-L-LH 的含义为

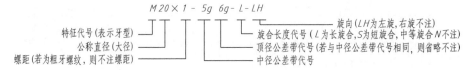

说明：尺寸代号由公称直径、导程、螺距组成。单线螺纹时，写成"公称直径×螺距"（如 20×1），如果是粗牙螺纹，则不注螺距；多线螺纹时，写成"公称直径×Ph 导程 P 螺距"（如 20×Ph4P2）。

2）梯形螺纹标记的内容和格式为：

| 螺纹特征代号 | 尺寸代号 |-| 中径公差带代号 |-| 旋合长度代号 |-| 旋向代号 |

其中，梯形螺纹的尺寸代号又分为单线梯形螺纹和多线梯形螺纹两种形式，分别如下：

单线梯形螺纹：| 公称直径 |×| 螺距 |

多线梯形螺纹：| 公称直径 |×| 导程 P 螺距 |

例如，Tr40×12P6LH-7e-L 的含义为

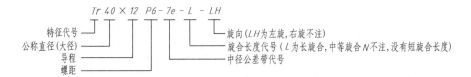

3）锯齿形螺纹的标记与梯形螺纹的相似，其特征代号为 B。

4）55°非密封管螺纹标记的内容和格式为：

外螺纹：| 特征代号 | 尺寸代号 | 公差等级代号 |-| 旋向代号 |

内螺纹：| 特征代号 | 尺寸代号 | 旋向代号 |

例如，G1/2A-LH 的含义为

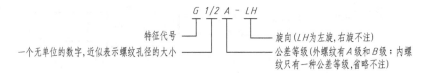

55°密封管螺纹的特征代号分为 Rp、Rc、R_1、R_2 四种。

Rp 表示圆柱内螺纹，标记示例：Rp 3/4 LH。

Rc 表示圆锥内螺纹，标记示例：Rc 3/4。

R_1、R_2 分别表示与 Rp、Rc 内螺纹配合组成螺纹副的圆锥外螺纹，标记示例：R_1 3/4、R_2 3/4。

（2）非标准螺纹的标注　对于非标准螺纹，不仅应画出螺纹牙型，还应注出所需尺寸，如表 5-4 中的标注图例所示。当线数为多线，旋向为左旋时，应在图样的适当位置注明。

（3）特殊螺纹的标注　特殊螺纹或有特殊要求的非标准螺纹的标注方法可查阅《机械制图》国家标准。

表 5-4 螺纹的标注

螺纹种类		标注图例	说明
普通螺纹	粗牙	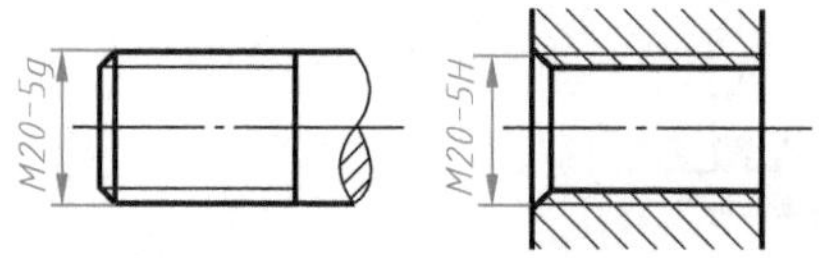 M20-5g M20-5H	粗牙普通螺纹,大径为20mm,右旋,中等旋合长度;外螺纹中径和顶径公差带代号均为5g;内螺纹中径和顶径公差带代号均为5H
	细牙	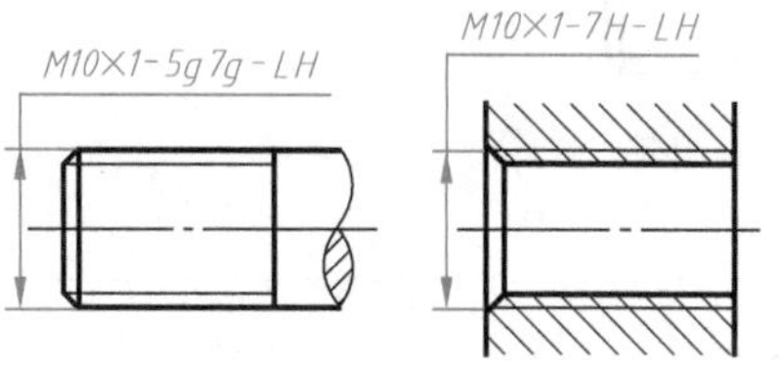 M10×1-5g7g-LH M10×1-7H-LH	细牙普通螺纹,大径为10mm,螺距为1mm,左旋,中等旋合长度;外螺纹中径和顶径公差带代号为5g和7g;内螺纹中径和顶径公差带代号均为7H
梯形螺纹		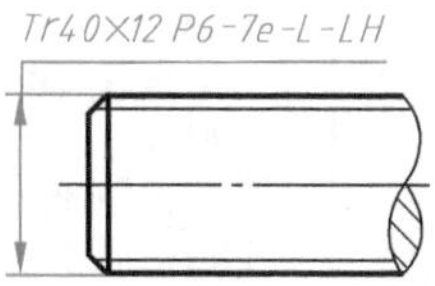 Tr40×12 P6-7e-L-LH	梯形螺纹,大径为40mm,导程为12mm,双线,左旋,中径公差带代号为7e,长旋合长度
锯齿形螺纹		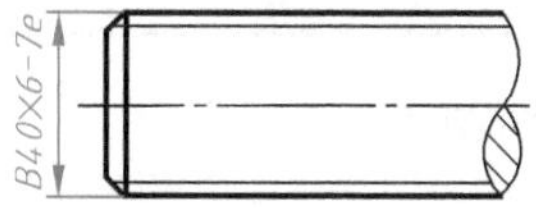 B40×6-7e	锯齿形螺纹,大径为40mm,螺距为6mm,右旋,中径公差带代号为7e,中等旋合长度
55°非密封管螺纹		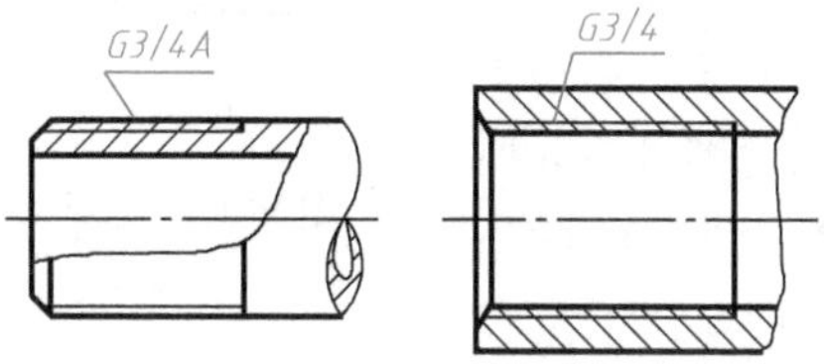 G3/4A G3/4	55°非密封管螺纹,尺寸代号为3/4,右旋,外管螺纹中径公差等级为A级
55°密封管螺纹		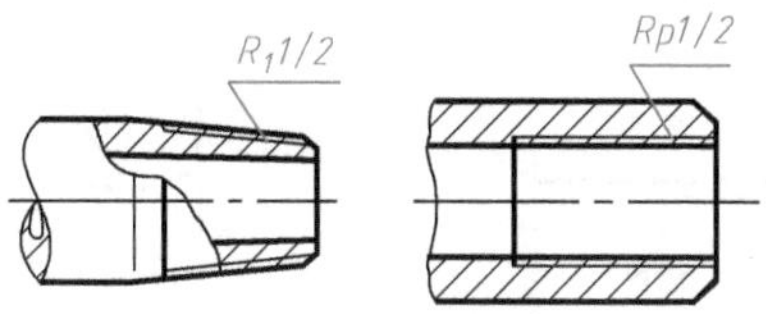 $R_1$1/2 Rp1/2	55°密封圆柱内管螺纹及与圆柱内螺纹相配合的圆锥外螺纹,尺寸代号为1/2,右旋
		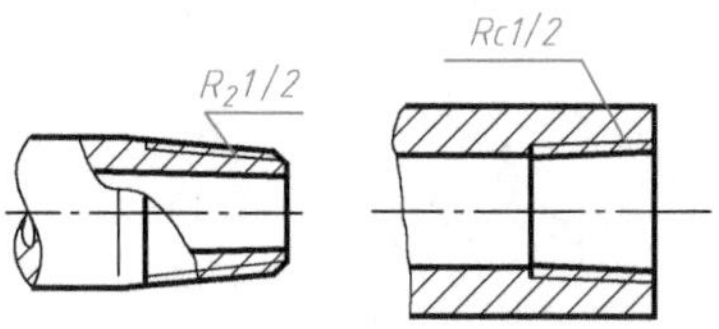 $R_2$1/2 Rc1/2	55°密封圆锥内管螺纹及与圆锥内螺纹相配合的圆锥外螺纹,尺寸代号为1/2,右旋

157

（续）

螺纹种类	标注图例	说明
矩形螺纹 （非标准螺纹）	注法一　　　　注法二	矩形螺纹,单线,右旋,螺纹尺寸如图所示
内、外螺纹旋合	M20-5H/5g	在装配图中标注普通螺纹的螺纹副标记时,内、外螺纹的公差带代号用斜线分开 内、外螺纹旋合长度应包括螺纹倒角,如图中的尺寸 25

（4）螺纹长度的标注　螺纹长度的标注如图 5-49 所示，应将螺纹倒角包括在内。

3. 常用机械加工工艺结构尺寸标注

（1）倒角的尺寸标注　图 5-50a 所示为外螺纹倒角的两种尺寸注法，C 表示 45°倒角，h_1 为外螺纹倒角的轴向长度代号，若取 $h_1 = 2$，则标注为 $C2$。图 5-50b 所示为内螺纹倒角的尺寸注法，图中注出了圆台的两条转向轮廓线之间的夹角及孔倒角端面圆的直径，直径数值一般取螺孔大径（D）的 1~1.05 倍。

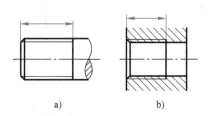

图 5-49　螺纹长度的标注方法

a）外螺纹长度注法　b）内螺纹长度注法

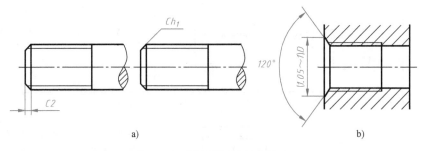

图 5-50　螺纹倒角的尺寸注法

a）外螺纹倒角　b）内螺纹倒角

轴类零件或孔结构的倒角的尺寸注法如图 5-51 所示，需要注意的是，45°倒角用符号 *C* 表示，非 45°倒角需标注倒角角度和轴向长度的具体数值，如图 5-51d 所示的 30°和 2。

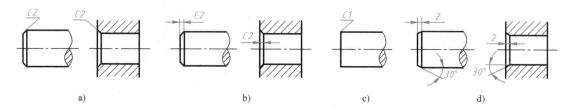

图 5-51 轴类零件或孔倒角的尺寸注法

a）45°倒角注法一 b）45°倒角注法二 c）倒角简化画法和尺寸注法 d）非 45°倒角尺寸注法

（2）圆角的尺寸标注 对于具有阶梯形状的轴和孔，为了避免其在轴肩或孔的转角处产生应力集中，设计时应以圆角过渡。圆角的尺寸可根据轴径和孔径查阅附录 C 的表 C-1 确定。圆角的定形尺寸必须直接注出，如图 5-52 所示。在不致引起误解时，零件的小圆角允许省略不画，但必须注明尺寸，如图 5-53 所示。

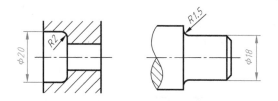

图 5-52 圆角的尺寸注法

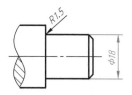

图 5-53 圆角的简化画法

若图样中不按上述方式画出倒角、圆角，也不标注尺寸，则可在技术要求中注明，如"未注倒角 *C*2""全部倒角 *C*3""未注圆角 *R*2"等。

（3）螺纹退刀槽的尺寸标注 在加工工件上具有螺纹结构的部分需要退刀时，为了避免车刀在工件螺纹尾端车出一段达不到规定螺纹深度的螺尾，应预先车出一个如图 5-54 所示的外螺纹轴向长度为 g_2 或内螺纹轴向长度为 G_1 的槽，称为螺纹退刀槽。这个螺纹退刀槽的直径应小于外螺纹小径或大于内螺纹的大径，其长度需足够将车刀退出。国家标准对螺纹退刀槽的形式和尺寸都做了规定，部分内容见附录 E 的表 E-1。

（4）砂轮越程槽的尺寸标注 在用砂轮进行磨削加工时，为避免轴段端面与磨削的表面转角处产生圆角，造成装配时两接触表面不能靠紧，影响零件装配的可靠定位，通常在被加工表面的终止处预先加工出砂轮越程槽，简称越程槽，如图 5-55 所示。砂轮越程槽的结构与尺寸已标准化，具体数值可查阅相关标准确定，部分标准内容见附录 C 的表 C-2。

（5）不通螺纹孔的尺寸标注 在绘制不通螺纹孔时，按螺纹大径画螺纹孔，其深度为 H_1，按螺纹小径画钻孔，其深度为 H_2，画法和尺寸注法如图 5-56 所示。H_1、H_2 的尺寸与螺纹大径和加工出螺纹孔的零件材料有关，不通螺纹孔结构各部分尺寸见附录 E 的表 E-3。

（6）常见孔的尺寸标注 零件上各种孔的尺寸注法，见表 5-5。除采用普通注法外，还可采用旁注法。

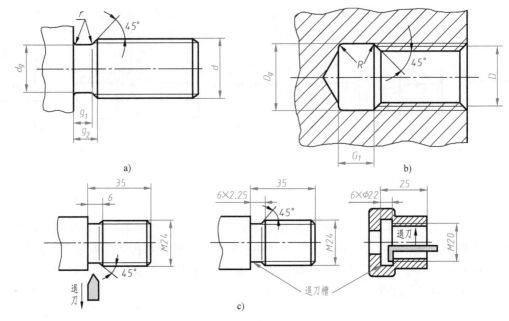

图 5-54　螺纹退刀槽

a）外螺纹退刀槽　b）内螺纹退刀槽　c）退刀过程示意

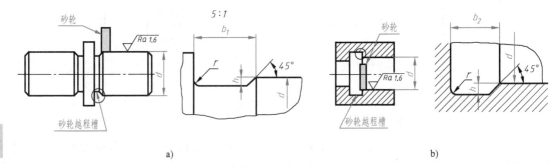

图 5-55　砂轮越程槽

a）外部越程槽　b）内部越程槽

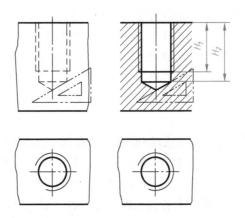

图 5-56　不通螺纹孔的画法和尺寸注法

表 5-5　各种孔的尺寸注法

类型	旁注法		普通注法	说　明
不通光孔	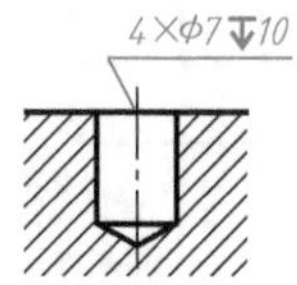 4×φ7↧10	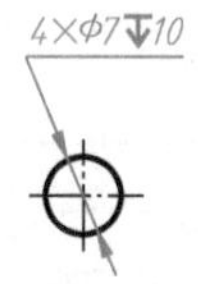 4×φ7↧10	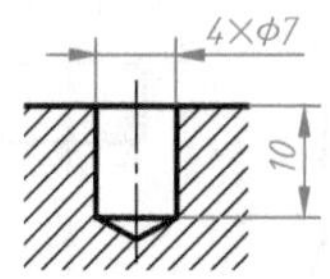 4×φ7	4×φ7 表示直径为 7mm、均匀分布的四个光孔，"↧"表示孔深为 10mm
螺纹孔	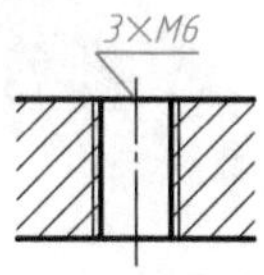 3×M6	 3×M6	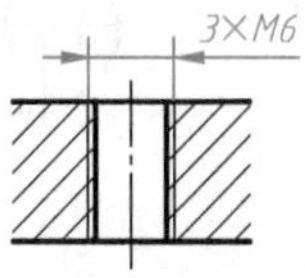 3×M6	3×M6 表示大径为 6mm、均匀分布的三个螺纹孔
螺纹孔	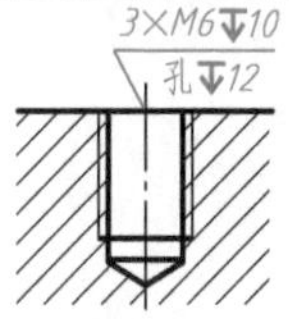 3×M6↧10 孔↧12	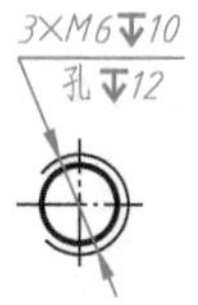 3×M6↧10 孔↧12	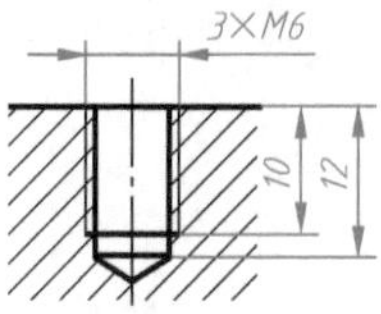 3×M6	3×M6 表示大径为 6mm、均匀分布的三个不通螺纹孔，螺纹孔深度为 10mm，钻孔深度为 12mm
沉孔	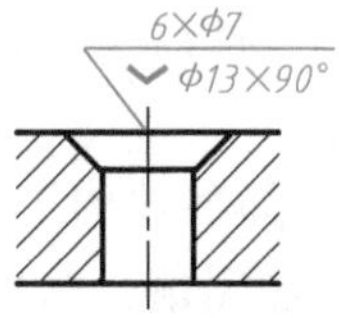 6×φ7 ⌵φ13×90°	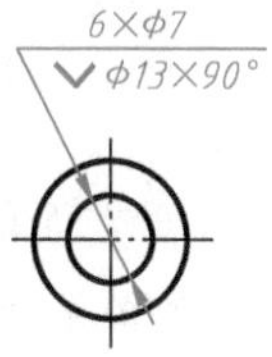 6×φ7 ⌵φ13×90°	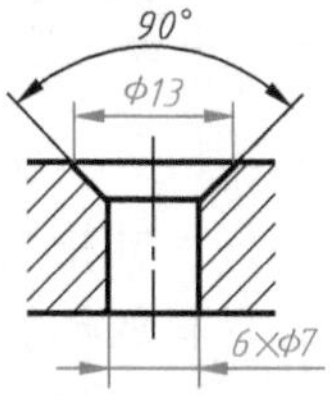 90°　φ13 6×φ7	6×φ7 表示直径为 7mm、均匀分布的六个光孔，"⌵"为锥形沉孔符号。锥形沉孔的直径 φ13 和锥角 90°均需注出
沉孔	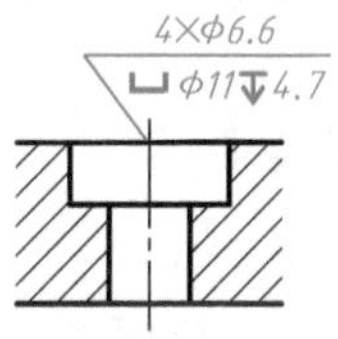 4×φ6.6 ⌴φ11↧4.7	 4×φ6.6 ⌴φ11↧4.7	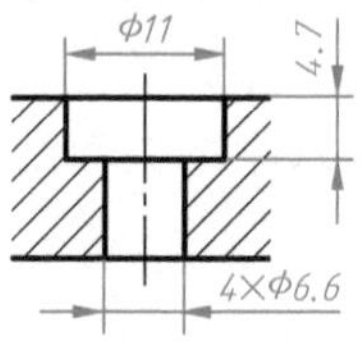 φ11　4.7 4×φ6.6	4×φ6.6 表示直径为 6.6mm、均匀分布的四个光孔，"⌴"为柱形沉孔及锪平孔符号。柱形沉孔的直径 φ11 和深度 4.7mm 均需注出
沉孔	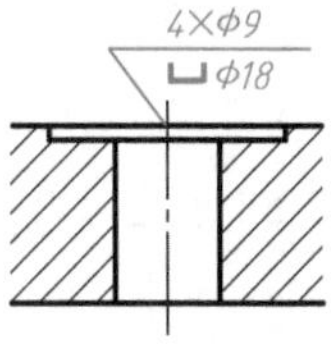 4×φ9 ⌴φ18	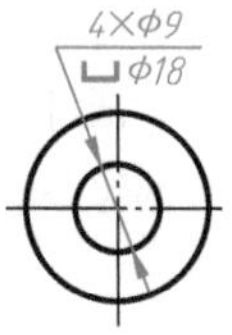 4×φ9 ⌴φ18	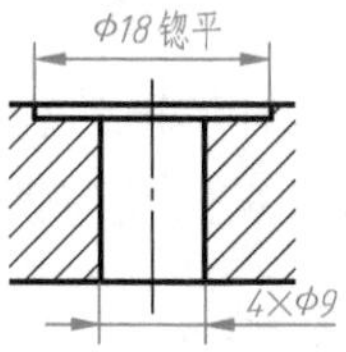 φ18锪平 4×φ9	4×φ9 表示直径为 9mm、均匀分布的四个光孔，锪平孔 φ18 的深度不需标注，一般加工到不出现毛坯面为止

4. 铸件的过渡线

由于铸件表面相交处存在铸造圆角，因此其交线不明显。但为了增强图形的直观性，区别不同表面，图样上仍需在原相交处画出交线的投影，这种交线称为过渡线。

过渡线的形状与原有交线形状相同，但由于有圆角，因此交线的两端不再与铸件轮廓线相接触，线型为细实线，如图 5-57 所示。

过渡线本质上属于截交线或相贯线，故根据第三章第三组组合体尺寸标注的注意事项，不应标注表示其大小的尺寸。

> 注意：在明确了零件图尺寸标注的基本规则和常见结构尺寸注法后，可自行对照图 5-38～图 5-41 分析对轴套类、盘盖类、叉架类、箱体类四类典型零件，如何正确、完整、清晰、合理地标注出能满足制造、检验、装配所需要的所有尺寸。

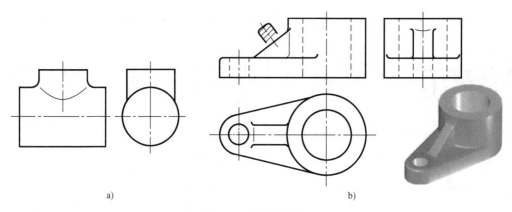

图 5-57　过渡线画法

a）两圆柱相交过渡线画法　b）肋板与圆柱面和平面相交过渡线画法

第五节　零件图的技术要求

零件图的技术要求主要是指零件尺寸精度和几何精度方面的要求，如零件的表面结构、尺寸公差、几何公差等，还包括对材料的热处理要求以及铸造圆角、未注圆角、倒角等工艺要求。技术要求一般用国家标准中规定的代号、符号或标记标注在零件图上，或者用文字简明注写在标题栏附近。

本节主要介绍零件图技术要求中的表面结构、尺寸公差、几何公差要求。

一、表面结构

经过加工的零件，必然产生各种不同的表面形态，形成不同的几何特性。几何特性包括尺寸误差、形状误差等，也包括微观的几何误差，如表面结构。如图 5-58 所示为评定表面

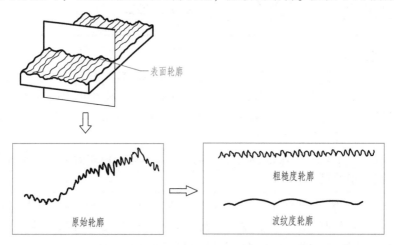

图 5-58　表面轮廓示意图

结构质量的三个主要轮廓，即粗糙度轮廓、波纹度轮廓和原始轮廓。

表面结构是评价零件质量的一项重要技术指标，它与零件的耐磨性、耐蚀性、抗疲劳强度、配合等性能密切相关，同时直接影响机器的使用寿命，因此国家标准《产品几何技术规范（GPS）技术产品文件中表面结构的表示法》（GB/T 131—2006）建立了一系列参数和定义，来描述对表面结构的要求。本书仅介绍其中常用的符号和标注方法。

1. 粗糙度轮廓参数

国家标准有关表面结构参数的术语和定义中，表面粗糙度参数 Ra 最为常用，它表示轮廓的算术平均偏差，其系列值及加工方法见表5-6。

表 5-6　工程中常用表面粗糙度 Ra 系列值及加工方法　　　　　　（单位：μm）

Ra	表面特征	对应的主要加工方法	工程应用举例
25、50、100	明显可见刀痕	锯断、粗车、粗铣、粗刨、钻、粗纹锉刀、粗砂轮加工等	对表面粗糙度要求低的加工面，较少使用
12.5	可见刀痕	粗车、刨、立铣、平铣、钻孔等	不接触、不重要的表面，如机座底面、倒角、齿轮及带轮的侧面、键槽的非工作面等
6.3	可见加工痕迹	精车、精铣、精刨、精铰、精镗、粗磨等	没有相对运动或相对运动速度不高的接触面，如键和槽之间的工作表面
3.2	微见加工痕迹		
1.6	看不清加工痕迹		
0.8	可辨加工痕迹	精车、精铣、精刨、精铰、精镗、精磨等	配合要求很高的接触面，如与滚动轴承配合的表面、锥销孔等；相对运动速度较高的接触面，如滑动轴承的配合表面、齿轮轮齿的工作表面等
0.4	微辨加工痕迹方向		
0.2	不可辨加工痕迹方向		
0.1	暗光泽面	研磨、抛光、超级精细研磨等	精密量具的表面、极重要零件的摩擦面等，如汽缸的内表面、精密机床的主轴颈、坐标镗床的主轴颈等
0.05	亮光泽面		
0.025	镜状光泽面		
0.012	雾状镜面		

2. 标注表面结构的图形符号和代号

1）表面结构的图形符号及其含义见表5-7。

表 5-7　表面结构的图形符号及其含义

符号	含义
	基本图形符号，用于未指定工艺方法的表面，仅适用于简化代号标注，没有补充说明时不能单独使用
	扩展图形符号，用于用去除材料的方法获得的表面
	扩展图形符号，用于用不去除材料的方法获得的表面
	完整图形符号，当需要标注表面结构特征的补充信息时，应在基本图形符号或扩展图形符号的长边上加一横线
	工件轮廓各表面的图形符号，当在某个视图上组成封闭轮廓的各表面具有相同的表面结构要求时，应在完整图形符号上加一圆圈，标注在图样中工件的封闭轮廓线上。如果标注会引起歧义，则各表面应分别标注

163

2）表面结构图形符号的画法如图 5-59 所示，其尺寸见表 5-8。

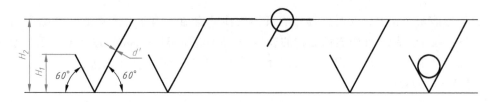

图 5-59　表面结构图形符号的画法

表 5-8　表面结构图形符号的尺寸　　　　　　　　　（单位：mm）

数字与字母的高度 h	2.5	3.5	5	7	10	14	20
符号的线宽 d'	0.25	0.35	0.5	0.7	1	1.4	2
数字与字母的笔画宽度 d							
高度 H_1	3.5	5	7	10	14	20	28
高度 H_2（最小值）[①]	7.5	10.5	15	21	30	42	60

① H_2 取决于注写内容。

3）表面结构要求的表示方法如图 5-60 所示。以表面粗糙度为例，图 5-60a 所示表面结构图形符号表示用去除材料的方法获得的表面，粗糙度轮廓算术平均偏差值为 3.2μm；图 5-60b 所示表面结构图形符号表示不去除材料的表面，粗糙度轮廓算术平均偏差值为 25μm。

3. 表面结构要求的注法

对每一表面一般只标注一次表面结构要求，并尽可能标注在相应的尺寸及其公差的同一视图上。

（1）标注原则　应使表面结构的注写和读取方向与尺寸数字的注写和读取方向一致，如图 5-61 所示。

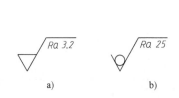

a)　　　　　　　　b)

图 5-60　表面结构要求的表示方法

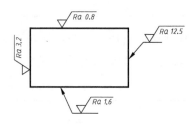

图 5-61　注写方向

（2）标注位置

1）图形符号应从材料外指向并接触表面，可标注在轮廓线上，也可用指引线引出标注，如图 5-61~图 5-63 所示。注意：当零件所需标注的表面位于零件上表面或左侧表面时，如图 5-61 所示，可采用直接标注在轮廓线上的形式。

2）图形符号可标注在特征尺寸的尺寸线上，如图 5-64 所示。

3）图形符号可标注在几何公差框格的上方，如图 5-65 所示。

4）图形符号可标注在所需标注表面的延长线上，或者从延长线上用指引线引出标注，如图 5-66 所示。

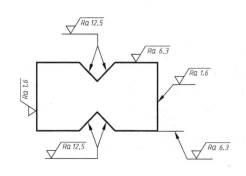

图 5-62　标注在轮廓线或指引线上

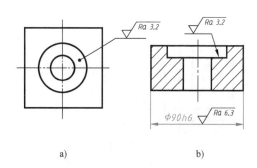

图 5-63　标注在指引线上

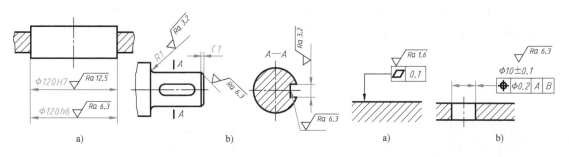

图 5-64　标注在尺寸线上　　　　　　图 5-65　标注在几何公差框格上方

5）对圆柱和棱柱表面，要求只标注一次，如图 5-66 所示。当棱柱的每个棱面有不同表面结构要求时，应分别标注，如图 5-67 所示。

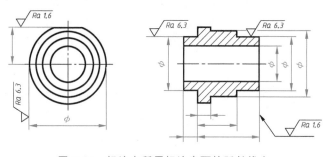

图 5-66　标注在所需标注表面的延长线上

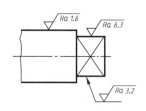

图 5-67　棱柱上的注法

（3）简化注法

1）全部或多数表面结构要求相同时，可统一标注在图样标题栏附近，标注形式如图 5-68 所示，在完整图形符号后面的圆括号内注基本符号"$\sqrt{}$"，表示除图中标注的表面外，其他表面的表面结构要求均为$\sqrt{}^{Ra\ 3.2}$。

2）当多个表面具有相同的表面结构要求或图纸空间有限时，可以用带字母的完整符号以等式的形式，在图形或标题栏附近对有相同表面结构要求的表面进行简化标注，如图 5-69 所示。也可以只用表面结构图形符号，以等式的形式给出对多个表面共同的表面结构要求，如图 5-70 所示。

165

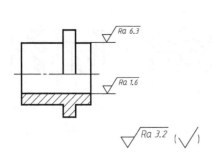

图 5-68   相同表面结构要求的简化注法

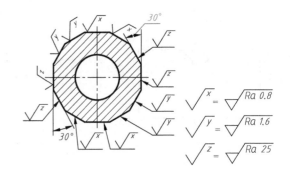

图 5-69   用带字母的完整符号的简化注法

3）当在图样某个视图上构成封闭轮廓的各表面有相同的表面结构要求时，应在完整图形符号上加一圆圈并标注在工件的封闭轮廓上，如图 5-71 所示。如果标注会引起歧义，则各表面应分别标注。

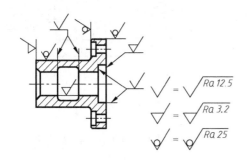

图 5-70   只用图形符号的简化注法

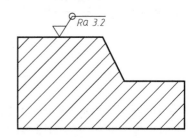

图 5-71   对周边各面有相同表面结构要求的注法

二、尺寸公差

大规模工业生产要求零件具有互换性，建立尺寸公差制度是保证零件具有互换性的必要条件。国家标准《产品几何技术规范（GPS）   线性尺寸公差 ISO 代号体系   第 1 部分：公差、偏差和配合的基础》（GB/T 1800.1—2020）详述了根据互换性原则制定的公差与偏差的标准。

1. 互换性

互换性是指同一规格零件不经挑选和修配加工就能顺利装配，并能满足功能要求的特性。互换性为产品的使用带来了便捷，例如，自行车的中轴损坏后，换上相同规格的中轴就可以继续骑行。具有互换性的大量使用的零件，如螺钉、螺母、滚动轴承等，均由专门工厂高效率、低成本地大批量生产。

2. 公差与极限

在实际生产中，受各种因素的影响，零件的尺寸不可能做得绝对精确。为了使零件具有互换性，设计零件时，根据零件的使用要求和加工条件，给尺寸规定一个允许的变动范围，这个变动范围的大小称为尺寸公差（简称公差）。

孔和轴的尺寸公差如图 5-72a 所示，即孔的公差为 0.025mm，轴的公差为 0.016mm，孔和轴的公差带示意图如图 5-73 所示。

下面以轴的尺寸 $\phi50^{-0.009}_{-0.025}$ 为例，对照图 5-73b，介绍有关尺寸公差的术语和定义。

1）**公称尺寸**（$\phi50$）：设计时根据零件的结构、工作性能等要求确定的尺寸。

2）**实际尺寸**：通过测量获得的尺寸。

3）**极限尺寸**：允许尺寸变化的两个界限

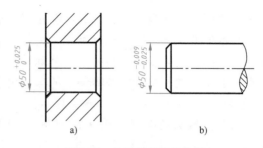

图 5-72　孔和轴的尺寸公差

a）孔的尺寸　b）轴的尺寸

值，是以公称尺寸为基数来确定的。其中，所允许的最大尺寸称为上极限尺寸（$\phi49.991$），所允许的最小尺寸称为下极限尺寸（$\phi49.975$）。实际尺寸不超出两个极限尺寸所限的范围时为合格，否则为不合格。

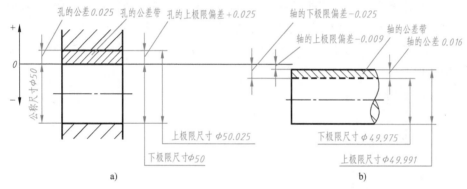

图 5-73　孔和轴的公差带示意图

a）$\phi50^{+0.025}_{0}$ 孔　b）$\phi50^{-0.009}_{-0.025}$ 轴

4）**偏差**：某一尺寸减其公称尺寸所得的代数差。其中，

$$上极限偏差(-0.009)=上极限尺寸(\phi49.991)-公称尺寸(\phi50)$$
$$下极限偏差(-0.025)=下极限尺寸(\phi49.975)-公称尺寸(\phi50)$$

国家标准规定内尺寸要素（如孔）的上极限偏差用 ES 表示，下极限偏差用 EI 表示；外尺寸要素（如轴）的上极限偏差用 es 表示，下极限偏差用 ei 表示。上极限偏差和下极限偏差统称为极限偏差，都是一个带符号的值，可以为正、负或零值。

5）**公差**（0.016）：为上极限尺寸与下极限尺寸之差，也可以是上极限偏差与下极限偏差之差。即

$$公差=上极限尺寸-下极限尺寸=上极限偏差-下极限偏差$$

公差表示范围的大小，为没有符号的绝对值。

> **注意**：公差和偏差是两个不同的概念，公差表示制造精度的要求，反映加工的难易程度。偏差表示某一尺寸对公称尺寸的远离程度，影响配合的松紧程度。

3. 公差带的确定

（1）**公差带**　公差极限之间（包括公差极限）的尺寸变动值。公差带包含在上极限尺

寸和下极限尺寸之间，由**公差大小**和**相对于公称尺寸的位置**确定，如图 5-74 所示。公差大小是一个标准公差等级与被测要素的公称尺寸的函数。公差带的位置，即基本偏差的信息由一个或多个字母标示，称为基本偏差标示符。

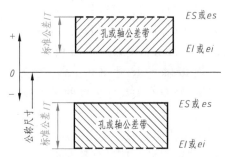

图 5-74　公差带相对于公称尺寸位置的示意图

（2）**标准公差等级**　用字符 IT 和等级数字表示。标准公差等级分为 20 个等级，即 IT01、IT0、IT1、IT2、…、IT18。"IT"代表"国际公差"，数字表示公差等级。IT01 的精度最高，公差最小，精度由 IT01 至 IT18 逐级降低，设计中常用 IT5 ~ IT12 级。标准公差的数值取决于公差等级和公称尺寸，选取时需参考有关国家标准（或附录 I 表 I-1）确定。

（3）**基本偏差**　定义了与公称尺寸最近的极限尺寸的那个极限偏差。为了满足各种配合要求，国家标准规定了基本偏差系列，孔和轴各有 28 个基本偏差，它们的代号用拉丁字母表示，大写为孔，小写为轴。孔的基本偏差标示符为大写字母 A、B、C、…、ZA、ZB、ZC，轴的基本偏差标示符为小写字母 a、b、c、…、za、zb、zc，如图 5-75 所示。关于基本偏差，有如下说明。

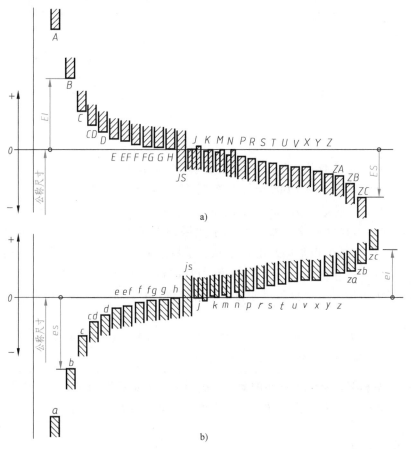

图 5-75　基本偏差系列

a）孔（内尺寸要素）　b）轴（外尺寸要素）

1）对于孔，A~H 为下极限偏差（*EI*），J~ZC 为上极限偏差（*ES*）。对于轴，a~h 为上极限偏差（*es*），j~zc 为下极限偏差（*ei*）。

2）基本偏差的概念不适用于 JS 和 js，它们的公差极限是相对于公称尺寸线对称分布的。

3）孔 A~H 的基本偏差与轴 a~h 对应的基本偏差是相对于公称尺寸线对称分布的，即 *EI* = -*es*。

4）孔 H 的基本偏差（下极限偏差）为 0，轴 h 的基本偏差（上极限偏差）为 0。

（4）**公差带代号** 公差带代号包含公差大小和相对于尺寸要素的公称尺寸的公差带位置信息，由代表孔的基本偏差的大写字母和轴的基本偏差的小写字母与代表标准公差等级的数字组合标示。例如，H7、M8 为孔的公差带代号，g6、h7 为轴的公差带代号。

4. 尺寸公差在图样上的标注

在零件图中线性尺寸的公差标注有如下三种形式。

1）在公称尺寸右侧只标注公差带代号，如图 5-76a 所示。

2）在公称尺寸右侧标注上、下极限偏差数值，如图 5-76b 所示。

上极限偏差注写在公称尺寸的右上方，下极限偏差应与公称尺寸注写在同一底线上，偏差数字应比公称尺寸数字小一号。上、下极限偏差前必须标出正、负号，上、下极限偏差的小数点必须对齐，小数点后的位数也必须相同。当上极限偏差或下极限偏差为零时，用数字"0"标出，并与另一极限偏差的小数点前的个位对齐。

当公差带相对于公称尺寸线对称分布，即上、下极限偏差绝对值相同时，极限偏差只需注写一个数字，但应在极限偏差与公称尺寸之间注出符号"±"，且两者字高相同，如 50±0.023。

3）在公称尺寸右侧同时标注公差带代号和上、下极限偏差，上、下极限偏差必须加上括号，如图 5-76c 所示。

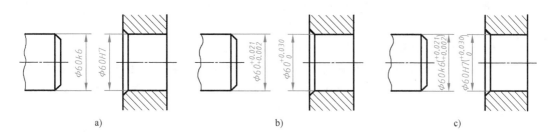

a) b) c)

图 5-76 公差在图样中的规定注法

a）注法一 b）注法二 c）注法三

5. 线性尺寸的一般公差

零件图中大多数非配合的尺寸一般不标注公差，但是为了保证零件的使用功能，GB/T 1804—2000 对这类尺寸也规定了公差，称为一般公差。一般公差分四级，分别用字母 f（精密）、m（中等）、c（粗糙）和 v（最粗）表示。一般公差在图样中不单独注出，而是在标题栏附近、技术要求或技术文件中做出总的说明，例如，"尺寸一般公差按 GB/T 1804—m"表示选用中等级一般公差。

6. 综合举例

【例 5-3】 由图 5-77 所示公差带示意图：

1）描述 $\phi28F8$ 和 $\phi28h7$ 的含义。

2）确定其上、下极限偏差数值。

3）将尺寸以公称尺寸和偏差数值形式写出。

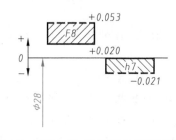

图 5-77 【例 5-3】孔和轴公差带示意图

解 1）$\phi28F8$ 表示公称尺寸为 $\phi28$ 的孔，公差带代号为 F8，基本偏差标示符为 F，标准公差等级为 IT8。$\phi28h7$ 表示轴的公称尺寸为 $\phi28$，公差带代号为 h7，基本偏差标示符为 h，标准公差等级为 IT7。

2）从图 5-77 可以看出，$\phi28F8$ 的上极限偏差为 +0.053mm，下极限偏差为 +0.020mm。$\phi28h7$ 的上极限偏差为 0，下极限偏差为 -0.021mm。

3）$\phi28h7$ 的极限偏差为 $_{-0.021}^{0}$，书写为 $\phi28_{-0.021}^{0}$。$\phi28F8$ 的极限偏差为 $_{+0.020}^{+0.053}$，书写为 $\phi28_{+0.020}^{+0.053}$。

【例 5-4】 确定尺寸为 $\phi28H6$ 的孔和 $\phi28s5$ 的轴的上、下极限偏差数值，并画出它们的公差带示意图。

解 $\phi28H6$ 表示孔的公称尺寸 $\phi28$，公差带代号为 H6，基本偏差标示符为 H，标准公差等级为 IT6。$\phi28s5$ 表示轴的公称尺寸为 $\phi28$，公差带代号为 s5，基本偏差标示符为 s，标准公差等级为 IT5。

1）从附录 I 表 I-1 查得 $\phi28$ 的标准公差数值：IT6 = 0.013mm，IT5 = 0.009mm。

2）从附录 I 表 I-2 查得 $\phi28$ 孔的基本偏差 H 的下极限偏差 $EI = 0$，得出孔的上极限偏差 $ES = EI+$

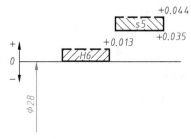

图 5-78 【例 5-4】孔和轴公差带示意图

IT6 = 0+0.013mm = +0.013mm。因此，$\phi28H6$ 的孔的极限偏差为 $_{0}^{+0.013}$。

3）从附录 I 表 I-6 查得 $\phi28$ 轴的基本偏差 s 的下极限偏差 $ei = +0.035$mm，得出轴的上极限偏差 $es = ei+$IT5 = +0.035mm+0.009mm = +0.044mm。因此，$\phi28s5$ 轴的极限偏差为 $_{+0.035}^{+0.044}$。

4）绘制孔和轴的公差带示意图，如图 5-78 所示。

三、几何公差

1. 几何公差的基本概念

实际生产的零件不仅会存在尺寸误差，而且零件的实际要素相对其理想几何要素也会存在形状、方向、位置等几何误差。例如，图 5-79a 所示的圆柱轴线不直，产生了形状误差；图 5-79b 所示本应同轴的两段圆柱的轴线不在一条直线上，产生了位置误差；图 5-79c 所示上、下两平面不平行，产生了方向误差。几何误差对零件的性能影响很大，并严重影响其质量。几何误差的最大允许变动量称为几何公差，允许变动量的值称为公差值。

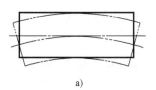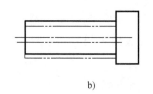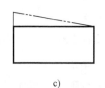

a)　　　　　　　　　　　　　b)　　　　　　　　　　　　c)

图 5-79　几何误差示意图

a）形状误差　b）位置误差　c）方向误差

2. 几何公差的标注

国家标准《产品几何技术规范（GPS）几何公差 形状、方向、位置和跳动公差标注》（GB/T 1182—2018）及《产品几何技术规范（GPS）几何公差 最大实体要求（MMR）、最小实体要求（LMR）和可逆要求（RPR）》（GB/T 16671—2018）对几何公差的定义、符号和图样表示法等进行了详细的规定，这里只做简要的介绍。

在图样中，对精度要求较高的零件表面，需要采用框格标注几何公差，如图 5-80 所示，未标注的表面应按 GB/T 1182—2018 规定的未注公差值在图样的技术要求中说明。

表 5-9 列出了常见几何公差的几何特征和符号。

表 5-9　几何公差的几何特征和符号

公差类型	几何特征	符号	有无基准	公差类型	几何特征	符号	有无基准
形状公差	直线度	—	无	位置公差	位置度	⌖	有或无
	平面度	▱			同心度（用于中心点）	◎	有
	圆度	○			同轴度（用于轴线）	◎	
	圆柱度	⌭			对称度	═	
	线轮廓度	⌒			线轮廓度	⌒	
	面轮廓度	⌓			面轮廓度	⌓	
方向公差	平行度	∥	有	跳动公差	圆跳动	↗	有
	垂直度	⊥					
	倾斜度	∠			全跳度	⌰	
	线轮廓度	⌒					
	面轮廓度	⌓					

171

图 5-80 所示几何公差标注的含义分别如下。

框格 $\boxed{\text{O}\,|\,0.004}$：O 是圆度符号，$\boxed{\text{O}\,|\,0.004}$ 表示在垂直于轴线的任意横截面上，实际圆周应限定在半径差为 0.004mm 的两同心圆之间。

框格 $\boxed{//\,|\,0.01\,|\,A}$：// 是平行度符号，$\boxed{//\,|\,0.01\,|\,A}$ 表示零件右端面应限定在间距为 0.01mm 且平行于基准平面 A 的两平行平面之间。

框格 $\boxed{\perp\,|\,\phi 0.03\,|\,B}$：⊥ 是垂直度符号，$\boxed{\perp\,|\,\phi 0.03\,|\,B}$ 表示孔的轴线应限定在直径为 0.03mm 且垂直于基准平面 B 的圆柱面内。

框格 $\boxed{\odot\,|\,\phi 0.02\,|\,A}$：◎ 是同轴度符号，$\boxed{\odot\,|\,\phi 0.02\,|\,A}$ 表示 ϕ30H7 孔的轴线应位于直径为 0.02mm 且与 ϕ20H7 基准孔的轴线 A 同轴的圆柱面内。

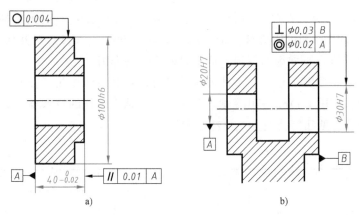

图 5-80　几何公差的标注示例

第六节　读零件图

读零件图就是通过看零件图了解零件的作用，零件的结构形状、尺寸、技术要求及材料等。

微课讲解：
读零件图

一、读零件图的方法和步骤

下面以图 5-81 所示的端盖零件图为例，说明读零件图的一般方法和步骤。

1. 概括了解

从标题栏了解零件的名称、材料、图样比例等，并大致了解零件的作用。由图 5-81 所示零件图的标题栏可知，零件的名称为端盖，材料为牌号 HT150 的铸铁，图样比例为 1:1。该零件属于盘盖类零件。

2. 读懂零件的结构形状

（1）分析视图　先找出主视图，然后分析各视图之间的相互关系及所表示的内容。剖视图应找出剖切面的位置和投射方向。

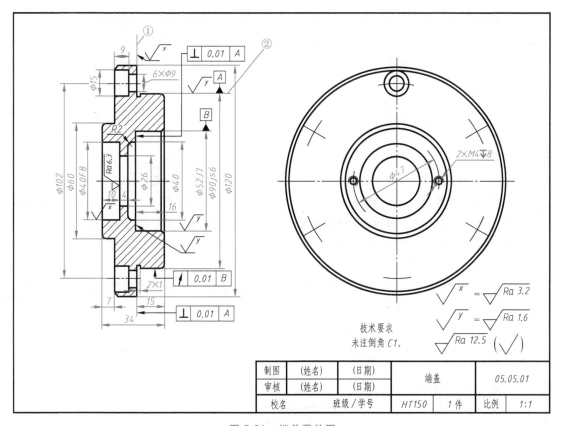

图 5-81　端盖零件图

该端盖零件图采用了两个基本视图。其中，主视图采用由过前后对称面的单一剖切平面剖切得到的全剖视图，表达端盖的外部结构特征及内部的阶梯孔结构；左视图表达端盖端面形状特征及均布沉孔的相对位置，该视图采用了简化画法。

（2）分析结构形状　在形体分析的基础上，结合零件上常见结构的特点，以及一般的工艺知识，分析零件各个结构的形状及其功能和作用，最终想象出零件整体形状。

从端盖零件图的主视图可以看出，平面①是端盖凸缘部分（连接板）的连接平面，安装时起到与箱体零件接触、连接的作用；结合主视图和左视图可以看出，在凸缘部分，沿圆周均匀分布了六个安装螺钉所用的沉孔。端盖上标注尺寸 φ90js6 的圆柱面②将插入与其装配连接结构中间的孔中；圆柱面左端有砂轮越程槽；内部阶梯孔用来安装轴和滚动轴承。

3. 分析尺寸

根据形体和结构特点，先分析出三个方向的尺寸基准，再分析哪些是重要尺寸、哪些是非功能尺寸。

端盖零件的轴向尺寸以接触面①为主要基准，径向基准为轴孔轴线，前后基准为端盖零件的前后对称面。重要尺寸有轴孔尺寸 φ26、圆柱面尺寸 φ90js6、轴承孔尺寸 φ52J7 和 16 等，2×1 为砂轮越程槽尺寸，6×φ9、φ15、9 为沉孔尺寸。

4. 分析技术要求

了解零件图中的尺寸公差、几何公差、表面结构要求及热处理等的含义。

该端盖零件图中标有尺寸公差要求的尺寸包括圆柱面直径 φ90js6、轴承孔直径 φ52J7 及

轴套孔直径 $\phi 40F8$。标有几何公差要求的有三处。其中，表面结构要求最高的是 $\phi 90js6$ 外圆柱面、$\phi 52J7$ 轴承孔圆柱面及其与 $\phi 40$ 孔之间的台阶面，Ra 值均为 $1.6\mu m$。接触面① 及 $\phi 40F8$ 孔圆柱面的 Ra 值为 $3.2\mu m$。其余表面 Ra 值为 $12.5\mu m$。所有表面均用去除表面材料的方法获得。

二、读零件图综合举例

【例 5-5】 读懂图 5-82 所示的拨叉零件图，简要分析视图选择和尺寸标注的特点。

解 视图选择的特点：主视图主要表示外形，对凸台销孔采用了局部剖视图表示；俯视图为用拨叉基本对称中心面剖切得到的全剖视图，以表示圆柱套筒、叉架及各部分之间的相互连接关系；A 向斜视图表示倾斜凸台的实形。此外，由于拨叉在制造过程中两件合铸，加工后分开，因而在主视图上，用细双点画线画出与其对称的另一件的部分投影。

尺寸标注的特点：以 $\phi 55H11$ 叉架孔的轴线为长度方向的主要尺寸基准，标出与 $\phi 25H7$ 孔的轴线间的中心距 $93.75_{-0.2}^{-0.1}$；高度方向以拨叉的基本对称面为主要尺寸基准；宽度方向则以叉架的两工作侧面为主要尺寸基准，标出尺寸 $12d11$、12 ± 0.2。

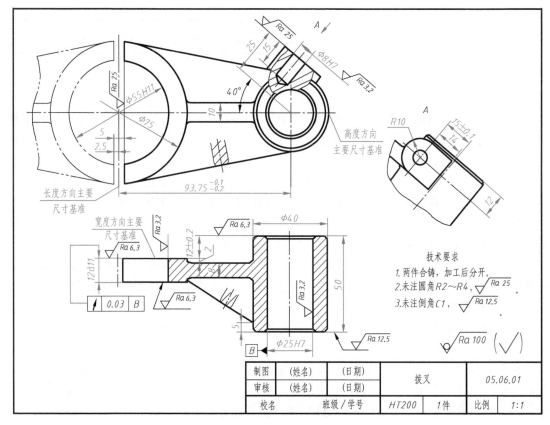

图 5-82 【例 5-5】拨叉零件图

第六章 装配体的表示方法

由若干零件按一定要求装配而成的机器、部件或组件，就是装配体。

1）机器：由零件、部件组装成的装置，可以运转，用来代替人的劳动、实现能量变换或按需求做功。

2）部件：是机器的一部分，由若干装配在一起的零件组成。

3）组件：在机械或电子设备中，组装在一起形成一个功能单元的一组零件。

装配体所包含的零件或部件简称零部件。零部件包括按功能要求设计的非标准件、标准件、常用件等。蝴蝶阀装配体的零件组成如图 6-1a 所示，透视立体图如图 6-1b 所示，其中，

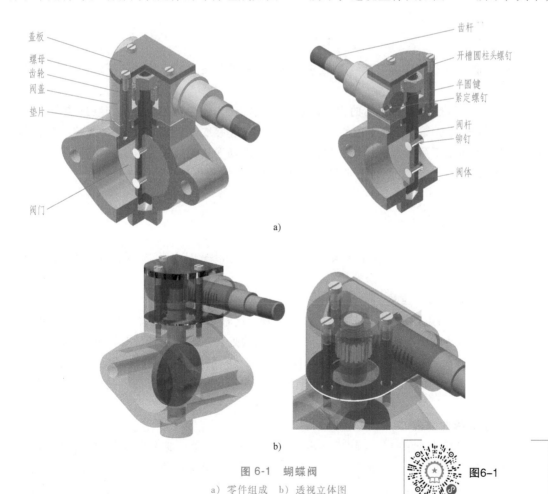

盖板　螺母　齿轮　阀盖　垫片　阀门

齿杆　开槽圆柱头螺钉　半圆键　紧定螺钉　阀杆　铆钉　阀体

a)

b)

图 6-1　蝴蝶阀

a）零件组成　b）透视立体图

图6-1

非标准件有阀体、阀杆、阀盖、盖板、齿杆、阀门、垫片；标准件有开槽圆柱头螺钉、螺母、紧定螺钉、铆钉、半圆键；常用件有齿轮。

装配前，应先对要装配的零部件形成整体的认识，了解其装配结构与工作原理，然后分析其装配干线（通常将多个零件沿某一轴线方向装配在一起，这条轴线称为装配干线）。

蝴蝶阀的零件组成、装配关系及工作原理说明：蝴蝶阀的外壳由阀体、阀盖和盖板组成，三者之间用开槽圆柱头螺钉连接。齿杆由阀盖和旋入阀盖中的紧定螺钉限定位置；齿杆与齿轮间为齿轮齿条传动；齿轮由半圆键、阀杆的轴肩定位，并由螺母固定。阀门由铆钉定位并固定在阀杆上。当推、拉齿杆时，齿杆带动齿轮旋转，齿轮的旋转带动阀杆和铆接在阀杆上的阀门转动，阀门的转动可以调节阀体上孔的流通断面面积，从而实现节流或增流。

第一节　装配关系及装配结构合理性

一、装配关系

装配就是将各零件按其相对位置及连接关系，在满足技术要求的条件下组装到一起而形成装配体的过程。

装配关系主要包括零件之间的相对位置和连接方式，还包括配合性质和装拆顺序。

1）机械连接方式：分静连接和动连接两种。静连接包括可拆卸的螺纹连接、键连接、销连接等，也包括不可拆卸的铆接、焊接、粘接等。动连接包括齿轮副、轴承连接等。

2）配合性质：决定有配合要求的孔与轴结合的松紧程度。

二、装配结构的合理性

为了满足装配体的装拆要求和装配精度要求，在设计时必须考虑装配结构的合理性问题。

1. 表面接触的装配结构

（1）保证轴肩端面与孔端面接触的结构　为了使轴肩端面与孔端面能够良好接触，可在孔口处加工出适当大小的倒角或圆角，或者在轴根处加工出退刀槽，如图6-2所示。

（2）同一方向上不应有两组面接触　同一方向上一般只能有一组接触面，若设计出多于一组的接触面，则必须从工艺上提高制造精度，这不仅增加成本，而且几乎无法实现，如图6-3所示。

2. 便于装拆的结构

当需要拆卸滚动轴承时，若轴肩高度大于轴承内圈厚度，则无法拆卸内圈，如图6-4b所示。箱体上孔径差所产生的高度若大于轴承外圈厚度，则无法拆卸外圈，如图6-4d所示。若设计需要箱体上留出较大的孔径差高度，则可以在箱体壁上对称加工出几个小孔，以便能

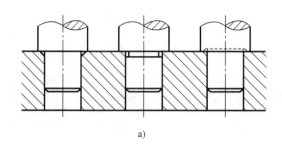
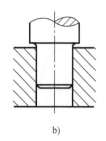

图 6-2　轴肩端面与孔端面接触的结构

a）合理　b）不合理

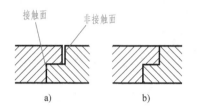
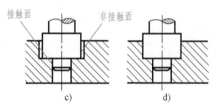

图 6-3　同一方向上只能有一组接触面

a）、c）合理　b）、d）不合理

使用适当工具顶出轴承外圈，如图 6-4e 所示。

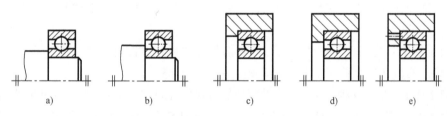

图 6-4　滚动轴承内、外圈的可拆卸性

a）、c）合理　b）、d）不合理　e）加工出小孔

　　安装滚动轴承的轴段，其非配合处直径应略小于配合处，如图 6-5 所示。销钉安装应考虑可拆卸性，若零件厚度不大，则可将销钉孔制成通孔，如图 6-6a 所示；若下方零件厚度较大而不便制成通孔时，可选用内螺纹圆柱销，如图 6-6b 所示。

　　在设计中还必须为装配零件时使用工具留出操作空间，如图 6-7 所示。

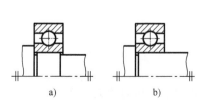

图 6-5　滚动轴承的非配合处结构

a）合理　b）不合理

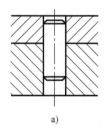
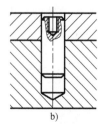

图 6-6　安装销钉时的可拆卸结构

a）销钉孔制成通孔　b）内螺纹圆柱销

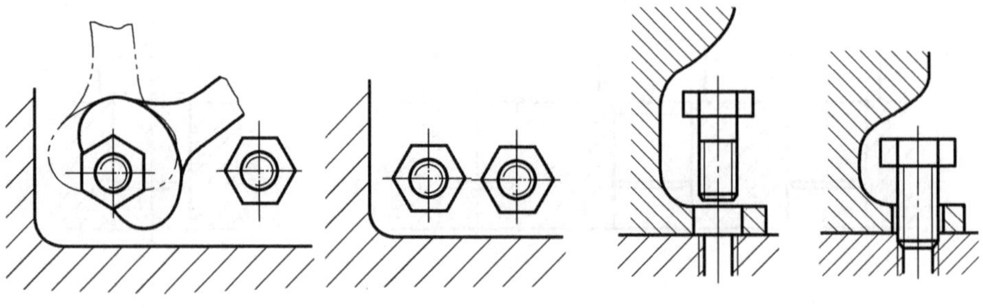

图 6-7　留出扳手活动空间和拆装空间
a)、c) 合理　b)、d) 不合理

第二节　装配体的设计与三维建模

一、装配体的设计方法概述

1. 装配设计的基本方法

应用三维设计软件进行装配体的设计可采用自上而下、自下而上或从中间开始的设计方法。

1) 自上而下：应用这种方法，所有的零部件设计将在装配环境中完成。可以先创建一个装配空间，然后在这个装配空间中设计相互关联的零部件。

2) 自下而上：应用这种方法，所有的零部件将在各自的零件或部件环境中单独完成，然后将创建的零部件添加到新创建的装配环境中，并通过添加约束使零部件相互关联，完成装配。

3) 从中间开始：这种方法在实际工作中较为常见，可以首先按照自下而上的方法装入已经设计好的通用件或标准件，然后在装配环境中设计专用零件。

在三维设计软件中进行装配设计时，采用自下而上的设计方法，可以装入已有零部件、创建新的零部件、对零部件添加约束、管理零部件的装配结构关系等，对初学者来说比较方便。

2. 装配关系

装配体中，零部件之间依靠装配关系建立联系。在三维设计软件的部件环境中，一般需要添加各种装配约束，以使零部件之间按照功能需要逐一地确定相对位置及运动方式，从而建立装配关系。

二、装配约束

三维设计软件的装配约束主要有：配合约束、角度约束、相切约束、插入约束、对称约束、运动约束、过渡约束及约束集合等类型，每种约束形式均对应装配关系中零部件间的某种相对位置及运动方式。所谓的装配建模，主要就是在零部件间添加装配约束以消除某些自由度的过程。

1. 零件的自由度

确定一个零件位置所需要的独立坐标数称为这个零件的自由度数。如图 6-8 所示，任意刚体在空间中都有六个自由度，即沿 x、y、z 三个坐标轴的移动自由度 $\vec{x}$、$\vec{y}$、$\vec{z}$，以及绕三个坐标轴的转动自由度 $\widehat{x}$、$\widehat{y}$、$\widehat{z}$。装配时，要使零部件正确定位，就必须对其自由度做出限定。

2. 添加装配约束

装配约束决定了装配体中零件结合在一起的方式。装配约束的应用将消除零部件之间的某些自由度，使零部件正确定位或按照指定的方式运动。

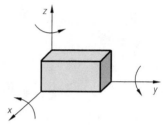

图 6-8　零件在空间中的自由度

三维设计软件通常提供多种约束类型，其中，配合、角度、相切、插入和对称五种基本位置约束用来使零部件正确定位；运动、过渡两种约束用于定义零部件间的相对运动关系，如齿轮传动、凸轮传动等。

1）配合约束：用于实现两个零部件轴线重合或平行的位置关系（轴对中），如选择图 6-9a 所示轴 1 与轴 2 使它们重合；也可用于实现两个平面之间法线方向相反的“面对面”对齐装配（面贴合），如选择图 6-9b 所示面 1 与面 2 使它们“面对面”对齐；或者用于实现两个平面之间法线方向相同的“肩并肩”平齐装配（面平齐），如选择图 6-9c 所示面 1 与面 2 使它们“肩并肩”平齐。

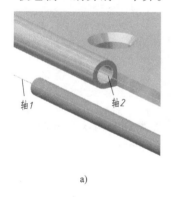
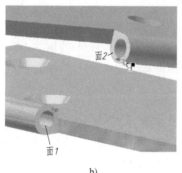
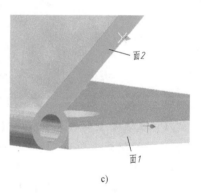

a)　　　　　　　　　　　b)　　　　　　　　　　　c)

图 6-9　配合约束

a）轴线配合　b）面对面配合　c）肩并肩配合

2）角度约束：用于控制直线或平面之间的角度，如选择图 6-10 所示面 1 与面 2 并约束角度为 120°。

3）相切约束：用于确定平面、圆柱面、圆球面、圆锥面和规则样条曲线之间的位置关系，使具有圆形特征的几何图元在切点处接触。

4）插入约束：用于确定具有圆柱特征的几何体之间的位置关系，是两个零部件轴线之间的重合约束和两个零部件表面之间的配合约束的组合，如选择图 6-11 所示件 1 和件 2 来添加插入约束；则会实现轴线重合和表面平齐。

5）对称约束：用于基于某平面对称地放置两个对象。

6）运动约束：主要用于定义齿轮与齿轮，或齿轮与齿条之间的相对运动关系。

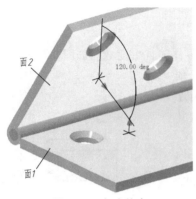
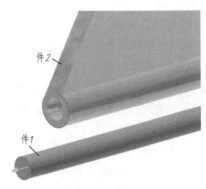

图 6-10　角度约束　　　　　　　　图 6-11　插入约束

7）过渡约束：用于保持面与面之间的接触关系，常用于定义凸轮机构的运动。

【例 6-1】　对图 6-12a 所示合页装配体零件添加装配约束，使之形成图 6-12b 所示的合页装配体且两叶垂直。

a)　　　　　　　　　　　　　　　　b)

图 6-12　【例 6-1】题图
a）合页装配体零件　b）合页装配体

解

1）在装配合页的三个零件（两个合页叶片与一个销）时，首先可分两次添加配合约束，使销的轴线分别与叶片轴孔的轴线重合（轴对中），如图 6-13a 所示。这样消除了部分自由度，还存在销与叶片绕轴线的旋转自由度及沿轴线的移动自由度。

2）再分两次添加配合约束，使两个叶片轴孔端面对齐（面贴合），并使销的端面与叶片轴孔端面对齐（面平齐），如图 6-13b 所示。此时三个零件之间仅剩绕轴线的旋转自由度。完成以上装配约束后，合页即可绕轴线开合。

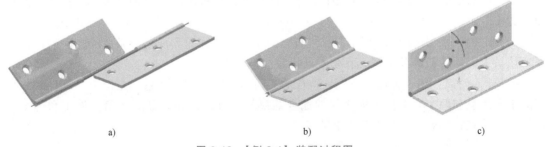

a)　　　　　　　　　　　b)　　　　　　　　　　　c)

图 6-13　【例 6-1】装配过程图
a）添加配合约束使轴线重合　b）添加配合约束使平面对齐　c）添加角度约束使两叶片垂直

3）最后在两个叶片上添加角度约束，使两叶片处于图 6-13c 所示的相互垂直位置。

三、装配体的组成与建模

1. 装配体建模步骤

采用自下而上的装配设计方法进行装配体建模的主要步骤如下。

1）载入已创建的非标准件模型，按照零件间的相对位置及装配关系添加相应的装配约束。

2）从标准件库中载入标准件，按照零件间的相对位置及装配关系添加相应的装配约束。

3）从常用件库中载入常用件，按照零件间的相对位置及装配关系添加相应的装配约束。

4）必要时，在装配环境中创建新的零部件。

2. 装配体建模举例

【例 6-2】 完成图 6-1 所示蝴蝶阀的装配建模。

解 分析：进行部件装配，首先应对所要装配的装配体形成整体的认识，了解其装配结构与工作原理。从图 6-1a 所示蝴蝶阀装配体的零件组成可以看出，其包含两条主要装配干线：一条是控制阀门转动角度的装配干线，在这条装配干线上需装配阀门、阀杆、阀体三种非标准件，螺母、半圆键两种标准件，以及齿轮一种常用件；另一条是动力输入装配干线，在这条装配干线上需装配齿杆、阀盖两种非标准件，以及紧定螺钉等标准件。

装配步骤：

1）载入已创建的非标准件，按照装配关系并沿着装配干线添加装配约束。首先，用配合约束将阀门装配到阀杆的切口表面（面贴合），如图 6-14a 所示；再两次使用配合约束使阀门上的两个孔与阀杆上的两个孔的轴线对齐（轴对中），将阀门装配到阀杆上，限制了阀门与阀杆全部的相对自由度。然后，用插入约束将阀杆轴肩装配到阀体的阶梯孔内（面贴合、轴对中），如图 6-14b 所示，使阀杆与阀体在轴线对齐的同时台阶面也处于面接触状态，限制了阀杆沿轴线方向相对于阀体的移动自由度，使阀杆装配到阀体之后只能绕轴线旋转。

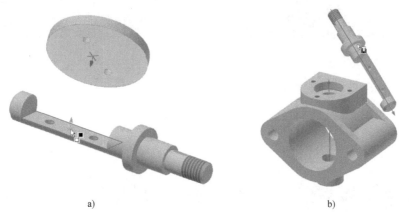

a)　　　　　　　　　　　b)

图 6-14 【例 6-2】载入非标准件并添加约束

a）添加配合约束　b）添加插入约束

2）从标准件库载入标准件，按照装配关系添加装配约束。首先，载入半圆键，再分别添加配合约束、角度约束和相切约束，将其与阀杆装配起来，如图 6-15 所示。装配过程中，用配合约束使半圆键与阀杆侧面对齐贴合（面贴合），如图 6-15a 所示；用角度约束将半圆键的端面棱边限制为与阀杆键槽棱边平行，如图 6-15b 所示；用相切约束使半圆键与阀杆键槽内圆柱面相切，如图 6-15c 所示。完成以上装配后，半圆键与阀杆间的全部自由度均被消除，半圆键被固定在阀杆的键槽中。

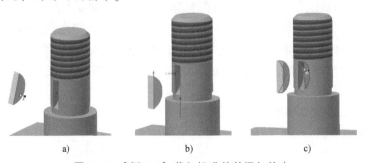

图 6-15 【例 6-2】载入标准件并添加约束

a）添加配合约束　b）添加角度约束　c）添加相切约束

3）从常用件库中载入齿轮，按照装配关系添加装配约束。首先，用插入约束将齿轮装配到阀杆上（轴对中、面贴合），如图 6-16a 所示；再用配合约束对半圆键与齿轮键槽进行装配（面贴合）。完成以上装配后，半圆键与齿轮间的全部相对自由度均被消除，半圆键被固定在齿轮的键槽中。最后添加运动约束，使齿轮与所装入的齿杆形成齿轮齿条传动关系，如图 6-16b 所示。

图 6-16 【例 6-2】载入齿轮并添加约束

a）添加插入约束　b）添加运动约束

4）自行分析并完成其他零部件的装配。

第三节　装配体的二维表示法——装配图

装配图是表示机器、部件或组件的图样。在设计过程中，一般先画出装配图，再根据装配图画出零件图。在生产过程中，装配图是制订装配工艺规程，进行装配、检验、安装、调试及维修的技术依据。在使用或维修机器或部件的过程中，需要通过装配图了解机器或部件的构造和性能。在进行技术交流、引进设备的过程中，装配图是必不可少的技术资料。

一、装配图表示的内容

对图 6-1 所示蝴蝶阀，其装配图如图 6-17 所示，图中包括以下内容。

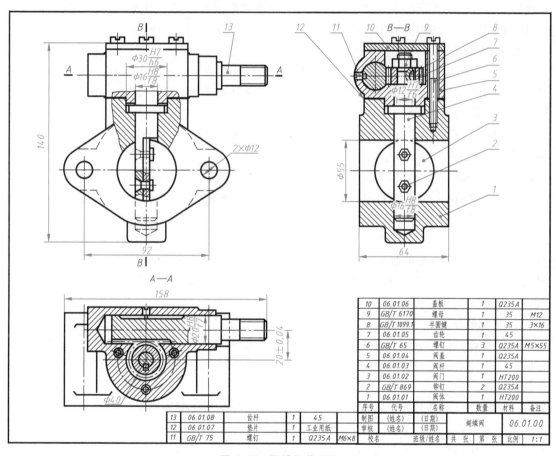

图 6-17　蝴蝶阀装配图

1. 一组视图

装配图中一般均包含一组视图，来表示机器或部件的工作原理、结构特点、零件间的相对位置、装配和连接关系以及零件的主要结构形状。

2. 几种尺寸

装配图中一般均包含表示机器或部件的性能、规格及装配、检验、安装时所需的尺寸。

3. 技术要求

装配图中的技术要求是用来说明在装配、安装、调试、检验、使用、维修等方面的要求和技术指标。

4. 零、部件的序号、明细栏和标题栏

绘制装配图时，将每一种零件或组件编号，并在明细栏内填写其序号、代号、名称、数量、材料等内容，标题栏内填写机器或部件的名称、图号、比例以及设计、审核等人员的签名。

二、装配图的图样画法规定

装配图和零件图表达的侧重点不同，零件图主要表示零件的结构形状，而装配图主要表示机器或部件的工作原理、各零件之间的相对位置和装配关系等。因此，除了第四章中介绍的各种视图、剖视图和断面图等表达方法之外，装配图还有其他的规定画法。

1. 规定画法

1）两个零件的接触表面或配合表面只用一条轮廓线表示，不接触表面或非配合面应画两条线。如图 6-17 的左视图中，盖板 10 与阀盖 5 的接触面用一条线表示，而螺钉 6 与阀盖 5 的孔之间即使间隙很小，也应画两条线来表示。

2）为了区别不同零件，当两个或两个以上金属零件相邻时，剖面线的倾斜方向应相反或方向相同但间隔不等，如图 6-17 中左视图的剖面线画法。同一零件在各个视图中的剖面线方向和间隔必须相同，如图 6-17 中阀体 1 的剖面线的画法。对断面厚度在 2mm 以下的图形，允许以涂黑来代替剖面符号，如图 6-17 中垫片 12 的画法。

3）对于螺钉、螺栓、螺母、垫圈等紧固件，以及键、销、轴、连杆、拉杆、球等实心件，当剖切平面通过它们的基本轴线时，这些零件均按不剖绘制。图 6-17 中螺钉 6、螺母 9 和阀杆 4 都采用了这样的画法。当剖切平面垂直于这些零件的轴线时，则应画出剖面线。当剖切平面通过的某些部件为标准产品，如图 6-18 主视图中的油杯，或者该部件已由其他视图表示清楚时，可按不剖绘制，或者省略不画。

2. 特殊画法

（1）拆卸画法　为了清楚地表示机器或部件被某些零件遮住的内部结构或装配关系，可假想将有关零件拆卸后再绘制要表示的部分，必要时加注"拆去零件××等"。如图 6-18 中的俯视图就是拆去轴承盖、上轴衬、螺栓和螺母后画出的。

（2）沿零件间结合面的剖切画法　为了表示机器或部件的内部结构，可假想沿着两零件的结合面剖切，此时，零件的结合面上不画剖面线，但其他被剖到的零件一般都应画出剖面线。如图 6-19 中的 *B—B* 剖视图就是沿着泵盖和泵体的结合面剖切后再投影得到的。

（3）单独表示某个零件的画法　当某个零件结构未表达清楚而影响对装配关系或结构形状的理解时，可单独画出该零件的视图，并在所画视图的上方注出该零件的视图名称，在相应的视图附近，用箭头指明投射方向，并注上相应的字母，如图 6-19 所示。

3. 夸大画法

对微小的装配间隙、带有很小斜度和锥度的零件，以及很细小、很薄的零件，当按图样比例无法正常表达时，均可适当夸大画出。如图 6-17 中的垫片 12 就采用了夸大画法。图 6-20 中的螺钉与盖板的连接也采用了夸大画法。

4. 简化画法

1）对装配图中相同的零（组）件或部件，可详细画出一处，其余用细点画线表示其装

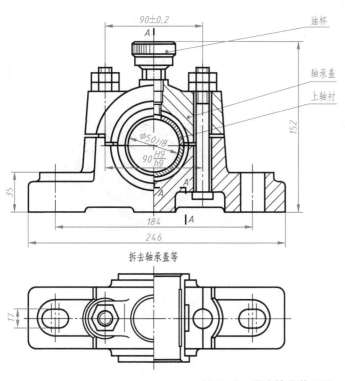

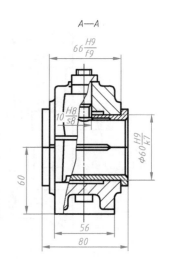

图 6-18 滑动轴承装配图

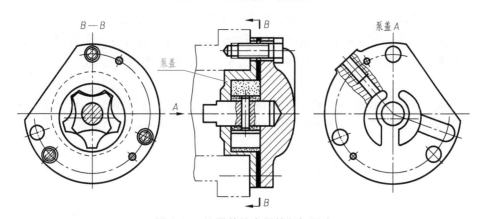

图 6-19 沿零件结合面的剖切画法

配位置，如图 6-20 中螺钉位置的表示方法。

2）在装配图中，零件上的圆角、倒角、退刀槽等工艺结构允许省略不画，如图 6-20 中螺钉的倒角、轴上的退刀槽等均省略未画。

3）滚动轴承允许采用简化画法，即一侧用规定画法表示，另一侧用通用画法表示，如图 6-20 所示。

5. 假想画法

画装配图时，对于下列情况可以采用假想画法。

1）用细双点画线表示某些运动零件的运动轨迹和极限位置或中间位置。如图 6-21 所示，右侧用正常画法表示手柄的一个极限位置，左侧则用细双点画线表示另一个极限位置，

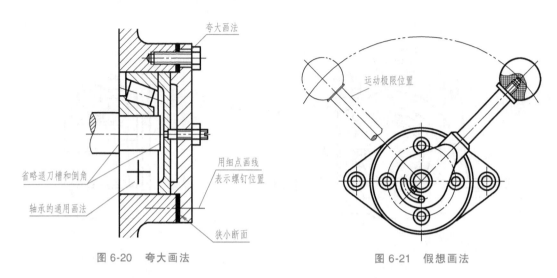

图 6-20 夸大画法　　　　　　　图 6-21 假想画法

中间用细双点画线表示其运动轨迹。

2）为了表示与本部件相邻的其他零（部）件的形状和位置，用细双点画线画出其轮廓外形图，如图 6-19 中主视图所示。

三、装配图的尺寸标注

装配图与零件图的作用不同，因此装配图中不必标注各零件的全部尺寸，而只需标注与装配作用相关的尺寸，如说明机器或部件性能或规格的尺寸、各零件之间装配关系的尺寸和决定机器或部件外形轮廓大小及安装情况的尺寸等。装配图中应标注的尺寸一般分为下列类型。

（1）规格尺寸　说明机器或部件的性能或规格的尺寸。这类尺寸是设计和选用机器或部件的主要依据。如图 6-17 中的阀体孔尺寸 $\phi55$ 将影响气体或液体的流量。

（2）装配尺寸

1）配合尺寸：表示两个零件之间配合要求的尺寸。如图 6-17 中的尺寸 $\phi30H7/h6$ 和 $\phi20H8/f7$。

2）零件间的连接尺寸：连接用的螺钉、螺栓和销等的定位尺寸（如图 6-18 中两个螺栓的间距 90 ± 0.2)，以及非标准零件上的螺纹副的标记或螺纹标记等。

3）其他相对位置的重要尺寸：表示零件（部件）之间比较重要的相对位置，但未包括在上述几类尺寸之中的一些重要尺寸。如图 6-17 中的尺寸 20 ± 0.04 是表示齿杆与阀杆相对位置的重要尺寸。

（3）安装尺寸　部件安装在机器上或机器安装在基座上所需要的尺寸。如图 6-17 中的尺寸 92 和 $2\times\phi12$，又如图 6-18 中的尺寸 184 和 17。

（4）外形尺寸　表示机器或部件的总长、总宽、总高的尺寸。外形尺寸表明机器或部件所需占用空间的大小，是包装、运输、安装和厂房设计的依据。如图 6-17 中的尺寸 140、158 和 64。

（5）其他重要尺寸　为了保证装配时相关零件的相对位置协调而标注的尺寸，也包括设计时经过计算确定的尺寸，如图 6-18 中的尺寸 60。

四、装配图的技术要求

为了使装配体满足在装配、检验、使用时应达到的技术性能、质量要求等，同零件图一样，需要对装配体的装配尺寸、装配方法等进行说明，一般用国家标准中规定的代号、符号或标记标注在装配图上。对于以文字简明注写形式表达的关于装配要求、检验要求、使用要求，以及有关机器或部件的涂装、包装、运输等方面的注意事项，以及装配后应达到的装配精度、密封性等要求的有关说明，一般应写在明细栏的上方或者图纸下方空白处，也可以将技术要求以文件形式作为图样的附件。下面主要对配合制的相关内容进行说明其他技术要求因机器或部件的不同而具有较大差异，本处不展开介绍，可在工程实践中探索。

与尺寸公差一样，配合制的制定同样是为了满足大规模工业生产中零件装配的互换性要求。国家标准《产品几何技术规范（GPS）　线性尺寸公差 ISO 代号体系　第 1 部分：公差、偏差和配合的基础》（GB/T 1800.1—2020）中详述了根据互换性原则制定的相关配合的标准。当零件图中孔、轴的尺寸如图 6-22a、b 所示时，装配图中孔、轴配合的标注如图 6-22c 所示。

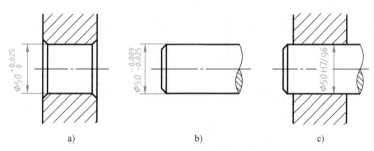

图 6-22　孔、轴尺寸与配合

a）孔的尺寸　b）轴的尺寸　c）孔、轴配合的标注

1. 配合

公称尺寸相同、类型相同且待装配的外尺寸要素（轴）和内尺寸要素（孔）之间的关系称为配合。

（1）间隙和过盈　孔和轴配合时，由于它们的实际尺寸不同，会产生"间隙"或"过盈"。

1）间隙：当轴的直径小于孔的直径时，相配孔和轴的尺寸之差。在间隙配合中，孔的下极限尺寸与轴的上极限尺寸之差称为最小间隙；在间隙配合或过渡配合中，孔的上极限尺寸与轴的下极限尺寸之差称为最大间隙。

2）过盈：当轴的直径大于孔的直径时，相配孔和轴的尺寸之差。在过盈配合中，孔的上极限尺寸与轴的下极限尺寸之差称为最小过盈；在过盈配合或过渡配合中，孔的下极限尺寸与轴的上极限尺寸之差称为最大过盈。

（2）配合类别

1）间隙配合：孔和轴装配时总是存在间隙的配合。此时，孔的下极限尺寸大于或在极端情况下等于轴的上极限尺寸，如图 6-23 所示。

2）过盈配合：孔和轴装配时总是存在过盈的配合。此时，孔的上极限尺寸小于或在极端情况下等于轴的下极限尺寸，如图 6-24 所示。

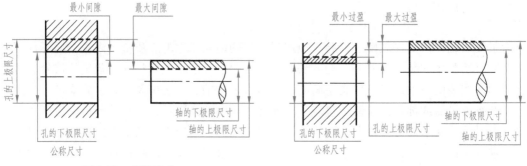

图 6-23　间隙配合　　　　　　　　　图 6-24　过盈配合

3）过渡配合：孔和轴装配时可能具有间隙或过盈的配合。在过渡配合中，孔和轴的公差带或完全重叠或部分重叠，因此，是否形成间隙配合或过盈配合取决于孔和轴的实际尺寸，如图 6-25 所示。

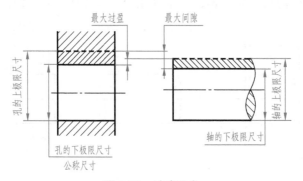

图 6-25　过渡配合

（3）基孔制配合和基轴制配合　装配公称尺寸相同的孔与轴，可以形成不同松紧程度的配合，但为了便于设计和制造，实现配合标准化，国家标准规定了基孔制配合与基轴制配合。

1）基孔制配合：孔的基本偏差为零的配合，即其下极限偏差等于零，为由不同公差带代号的轴与一基本偏差为零的公差带代号的孔相配合得到的一种配合制度，如图 6-26 所示。

基孔制配合的孔称为基准孔，基准孔的基本偏差代号为 H，其下极限偏差为零。

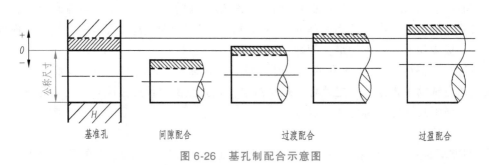

图 6-26　基孔制配合示意图

2）基轴制配合：轴的基本偏差为零的配合，即其上极限偏差等于零，为由不同公差带代号的孔与基本偏差为零的公差带代号的轴相配合得到的一种配合制度，如图 6-27 所示。

基轴制配合的轴称为基准轴，基准轴的基本偏差代号为 h，其上极限偏差为零。

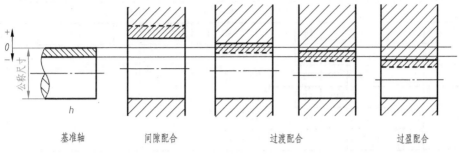

图 6-27　基轴制配合示意图

（4）配合的标注　相配要素间的配合由相同的公称尺寸、孔的公差带代号和轴的公差带代号组成，孔和轴的公差带代号写成分数形式，分子为孔的公差带代号，分母为轴的公差带代号，例如 $\dfrac{H7}{g6}$、$\dfrac{M8}{h7}$，也可写成 H7/g6、M8/h7。

（5）优先和常用配合　首先需要确定是采用基孔制配合（孔 H）还是采用基轴制配合（轴 h）。需要特别注意的是，这两种配合制对于零件的功能没有技术性的差别，因此应基于经济因素选择配合制。

通常情况下，应选择基孔制配合，这种选择可避免工具（如铰刀）和量具不必要的多样性。基轴制配合应仅用于那些可以带来切实经济利益的情况，如需要在没有加工的拉制钢棒的单轴上安装多个具有不同偏差的孔的零件。

在工程应用中，只需要许多可能的配合中的少数配合。表 6-1 和表 6-2 列出了国家标准给出的可满足普通工程需要的配合，基于经济因素，如有可能应优先选择框中所示的公差带代号。

表 6-1　基孔制配合的优先配合

基准孔	轴公差带代号														
	间隙配合						过渡配合				过盈配合					
H6				g5	h5		js5	k5	m5		n5	p5				
H7				f6	g6	h6	js6	k6	m6	n6	p6	r6	s6	t6	u6	x6
H8			e7	f7		h7	js7	k7	m7				s7		u7	
		d8	e8	f8		h8										
H9		d8	e8	f8		h8										
H10	b9	c9	d9	e9		h9										
H11	b11	c11	d10			h10										

2. 配合在图样上的标注

在将一根轴装入一个等直径的孔中时，孔和轴有配合要求的面（回转面）需进行配合标注。常见注法如图 6-28 所示。必要时也可以标注孔和轴的上、下极限偏差，具体注法可查阅相关标准。

表 6-2　基轴制配合的优先配合

基准轴	孔公差带代号														
	间隙配合						过渡配合				过盈配合				
h5				G6	H6	JS6	K6	M6		N6	P6				
h6			F7	G7	H7	JS7	K7	M7	N7		P7	R7	S7	T7	U7 X7
h7		E8	F8		H8										
h8	D9	E9	F9		H9										
h9		E8	F8		H8										
h9	D9	E9	F9		H9										
	B11 C10 D10				H10										

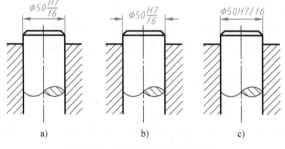

图 6-28　装配图中的配合标注

a）注法一　b）注法二　c）注法三

　　这里所说的孔、轴是一种广义的概念，除指圆柱的内、外回转表面外，还包括如图 6-29 所示的表面。

3. 综合举例

　　在阅读图样时，可以通过如下方法对配合的标注进行识别和分析，进而确定孔、轴的极限偏差、公差及配合性质等。

　　（1）直接查表法　已知配合为优先配合时，可直接查阅附录 I 的极限偏差表 I-7 和表 I-8，得到孔和轴的上、下极限偏差。

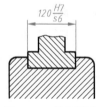

图 6-29　平面配合

【例 6-3】　确定配合 $\phi28\dfrac{F8}{h7}$ 中孔和轴的上、下极限偏差，并画出轴和孔公差带的示意图。

　　解　分析：配合尺寸 $\phi28\dfrac{F8}{h7}$ 表示公称尺寸为 $\phi28$ 的基轴制间隙配合；$\phi28F8$ 表示孔的公差带代号为 F8，其中，基本偏差标示符为 F，标准公差等级为 IT8；$\phi28h7$ 表示轴的公差带代号为 h7，其中，基本偏差标示符为 h，标准公差等级为 IT7。

　　查表：

　　1）从附录 I 的表 I-8 的 24～30（mm）公称尺寸分段中，直接查得轴 $\phi28h7$ 的极限偏差为 $^{\ 0}_{-0.021}$。

　　2）从附录 I 的表 I-7 的 24～30（mm）公称尺寸分段中，

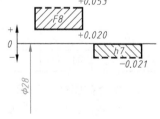

图 6-30　【例 6-3】孔和轴公差带示意图

直接查得孔 ϕ28F8 的极限偏差为 $^{+0.053}_{+0.020}$。

作图：作孔和轴公差带示意图，如图 6-30 所示。

（2）查表计算法 先从附录 I 的表 I-1 中确定标准公差数值，再由表 I-2～表 I-4 或表 I-5、表 I-6 确定孔或轴的基本偏差数值，然后计算出极限偏差。

【例 6-4】 确定配合 ϕ28$\dfrac{\text{H6}}{\text{s5}}$ 中孔和轴的上、下极限偏差，并画出孔和轴公差带的示意图。

解 分析：配合 ϕ28$\dfrac{\text{H6}}{\text{s5}}$ 表示公称尺寸为 ϕ28 的基孔制过盈配合；ϕ28H6 表示孔的公差带代号为 H6，其中，基本偏差标示符为 H，标准公差等级为 IT6；ϕ28s5 表示轴的公差带代号为 s5，其中，基本偏差标示符为 s，标准公差等级为 IT5。

查表计算：

1）从附录 I 的表 I-1 查得 ϕ28 的标准公差数值：IT6 = 0.013mm，IT5 = 0.009mm。

2）从附录 I 的表 I-2 查得 ϕ28 孔的基本偏差 H 的下极限偏差 $EI = 0$，孔的上极限偏差 $ES = EI + IT6 = 0 + 0.013\text{mm} = +0.013\text{mm}$。因此，$\phi$28H6 孔的极限偏差为 $^{+0.013}_{0}$。

3）从附录 I 的表 I-6 查得 ϕ28 轴的基本偏差 s 的下极限偏差 $ei = +0.035\text{mm}$，轴的上极限偏差 $es = ei + \text{IT5} = +0.035\text{mm} + 0.009\text{mm} = +0.044\text{mm}$。因此，$\phi$28s5 轴的极限偏差为 $^{+0.044}_{+0.035}$。

作图：作孔和轴公差带示意图，如图 6-31 所示。

图 6-31 【例 6-4】孔和轴公差带示意图

拓展学习：
配合制实例分析

五、装配图中零（组）件的序号、明细栏和标题栏

为了便于阅读装配图和生产管理，必须对装配图中的每一种零（组）件编写序号，并填写明细栏，如图 6-17 所示。

1. 装配图中的序号及编排方法

装配图中的每一种零（组）件只编写一个序号，注写序号的形式有三种，如图 6-32a～c 所示，同一张装配图的序号注写形式应一致。

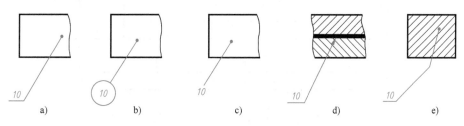

图 6-32 零件序号的注写形式

标注的方法是在所要标注的零（组）件的可见轮廓线内画一圆点，然后引出指引线（细实线），在指引线的一端画水平线或圆（细实线），在水平线上或圆内注写序号，如图 6-32a、b 所示；也可以直接在指引线旁注写序号，如图 6-32c 所示。序号的数字应比尺寸数字大一号或两号。图 6-32a 所示的标注方法是最常用的形式。

编写序号时，还应该遵守以下规定。

1）所有零、部件均应编号，相同的零（组）件用一个序号，一般只注一次。图中序号应与明细栏中的序号一致。

2）当零件很薄或其断面涂黑而不便画出圆点时，可在指引线的末端画出箭头，并指向零件轮廓，如图 6-32d 所示。

3）指引线不允许彼此相交或与剖面线平行，必要时允许将指引线转折一次，如图 6-32e 所示。

4）对一组紧固件或装配关系明确的零件组，允许采用公共指引线，如图 6-33a 所示。

5）序号应按水平或竖直方向排列整齐，并按顺时针或逆时针方向编写序号，如图 6-33b、图 6-17 所示。

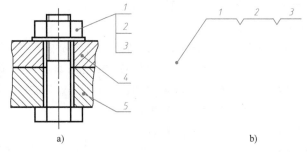

图 6-33　零件组的序号注写形式

2. 明细栏和标题栏

明细栏是机器或部件装配图中全部零（组）件的详细目录。国家标准《技术制图　标题栏》（GB/T 10609.1—2008）、《技术制图　明细栏》（GB/T 10609.2—2009）推荐了标题栏和明细栏各部分的尺寸及格式，学生制图作业中采用的简化标题栏和明细栏格式如图 6-34 所示。

制图	（姓名）	（日期）	图名		图号	
审核	（姓名）	（日期）				
校名		班级／学号	（材料）	件	比例	

a)

8						
7						
6						
5						
4						
3						
2						
1						
序号	代号	名称		数量	材料	备注
制图	（姓名）	（日期）	图名		图号	
审核	（姓名）	（日期）				
校名		班级／学号	共　张	第　张	比例	

b)

图 6-34　简化的标题栏和明细栏格式

a）零件图标题栏　b）装配图标题栏和明细栏

　　明细栏一般应画在与标题栏相连的上方，零（组）件序号应自下而上按顺序填写。当空间不够时，可在紧靠标题栏的左侧继续列写其余部分，如图 6-17 所示。

　　在特殊情况下，可将明细栏单独编写在另一张图纸上。

第四节　装配连接结构表示法和常用件

　　在机器或部件中，需要采用一些连接方式将零件结合在一起来实现某些功能，如螺纹连接、键连接、销连接、齿轮传动、滚动轴支承、弹簧储能等。图 6-1 所示蝴蝶阀中用到了螺钉连接、键连接、齿轮齿条传动、铆钉连接等；该蝴蝶阀使用螺钉连接实现了盖板、阀盖和阀体的安装，其中的螺钉起到了紧固作用；为了使齿轮转动，利用齿杆的移动驱动齿轮形成了齿轮齿条传动；为了使传动更为稳固，用键连接的方式将阀杆与齿轮通过半圆键固定连接在一起；铆钉连接实现了阀门在阀杆上的固定。

　　实际工程中螺栓、螺钉、螺母、垫圈、键、销、齿轮、弹簧、滚动轴承等被广泛、大量地使用，为了设计、制造和使用的方便，国家标准对这些零（组）件的结构、型式、尺寸、技术要求、画法和标记做了统一规定，其中一些已完全标准化，有的已部分标准化。完全标准化的零（组）件称为标准件。本节主要介绍装配体中出现的标准件和常用件的基本知识、规定画法和标记方法及连接方式。

一、螺纹连接

微课讲解：
螺纹连接

　　螺纹连接中用到的螺纹紧固件是指通过螺纹旋合起到紧固、连接作用的零件。常用的螺纹紧固件有螺栓、螺柱、螺钉、螺母、垫圈等，如图 6-35 所示。螺纹紧固件的种类很多，且使用范围广泛，一般均已标准化，其结构、型式、尺寸和技术要求等均可根据标记从相关国家标准中查得。因此，对符合标准的螺纹紧固件，不必绘制出它

| 六角头螺栓 | 1型六角螺母 | 六角开槽螺母 | 开槽锥端紧定螺钉 |

| A型双头螺柱 | 内六角圆柱头螺钉 | 开槽圆柱头螺钉 | 开槽沉头螺钉 |

| 平垫圈 | 弹簧垫圈 | 圆螺母用止退垫圈 | 圆螺母 |

图 6-35　螺纹紧固件

们的零件图。

国家标准《紧固件标记方法》（GB/T 1237—2000）中规定有完整标记和简化标记两种形式，并给出了完整标记的内容、格式和标记的简化原则。

表 6-3 列举了一些常用螺纹紧固件的简图和简化标记示例。

表 6-3　常用螺纹紧固件的简图和简化标记示例

名称及标准编号	简　图	简化标记示例及说明
六角头螺栓 GB/T 5782—2016		螺栓　GB/T 5782　M10×35 表示螺纹规格为 M10、公称长度 l = 35mm、性能等级为 8.8 级、表面不经处理、产品等级为 A 级的六角头螺栓
双头螺柱 GB/T 897—1988 GB/T 898—1988 GB/T 899—1988 GB/T 900—1988	 A 型 B 型	螺柱　GB/T 897　M10×35 表示两端均为粗牙普通螺纹、螺纹规格为 M10、公称长度 l = 35mm、性能等级为 4.8 级、表面不经处理 B 型、$b_m = 1d$ 的双头螺柱 螺柱 GB/T 897 AM10-M10×1×35 表示旋入机体一端为粗牙普通螺纹，旋螺母一端为螺距 P = 1mm 的细牙普通螺纹，螺纹规格为 M10、公称长度 l = 35mm、性能等级为 4.8 级、表面不经处理 A 型、$b_m = 1d$ 的双头螺柱
开槽圆柱头螺钉 GB/T 65—2016		螺钉　GB/T 65　M10×45 表示螺纹规格为 M10、公称长度 l = 45mm、性能等级为 4.8 级、表面不经处理、产品等级为 A 级的开槽圆柱头螺钉
开槽沉头螺钉 GB/T 68—2016		螺钉　GB/T 68　M10×50 表示螺纹规格为 M10、公称长度 l = 50mm、性能等级为 4.8 级、表面不经处理、产品等级为 A 级的开槽沉头螺钉
十字槽沉头螺钉 GB/T 819.1—2016		螺钉　GB/T 819.1　M10×50 表示螺纹规格为 M10、公称长度 l = 50mm、性能等级为 4.8 级、H 型十字槽、表面不经处理、产品等级为 A 级的十字槽沉头螺钉
开槽锥端紧定螺钉 GB/T 71—2018		螺钉　GB/T 71　M6×20 表示螺纹规格为 M6、公称长度 l = 20mm、钢制、性能等级为 14H 级、表面不经处理、产品等级为 A 级的开槽锥端紧定螺钉
1 型六角螺母 GB/T 6170—2015		螺母　GB/T 6170　M10 表示螺纹规格为 M10、性能等级为 8 级、表面不经处理、产品等级为 A 级的 1 型六角螺母
平垫圈—A 级 GB/T 97.1—2002 平垫圈 倒角型—A 级 GB/T 97.2—2002		垫圈　GB/T 97.1　10 表示标准系列、公称规格为 10mm、性能等级为 200HV 级、表面不经处理、产品等级为 A 级的平垫圈

（续）

名称及标准编号	简　图	简化标记示例及说明
标准型弹簧垫圈 GB/T 93—1987	Φ10.2	垫圈　GB/T 93　10 表示规格为 10mm、材料为 65Mn、表面氧化的标准型弹簧垫圈

螺纹紧固件的基本连接形式有螺栓连接、双头螺柱连接、螺钉连接三种，下面分别介绍它们在装配图中的画法。

1. 螺栓连接

在螺栓连接中，应用最广的是六角头螺栓连接，它由螺栓、螺母和垫圈三个连接件所组成，如图 6-36 所示。垫圈的作用是防止螺母拧紧后损坏零件表面，以及增加受力面积而使螺母的压力均匀分布到零件表面上。螺栓连接主要用于连接两个或两个以上不太厚的零件。被连接的零件都加工出无螺纹的通孔，通孔的直径 d_h 稍大于螺栓大径，各连接件的尺寸可从国家标准中查取，也可查附录 F 的表 F-1 ~ 表 F-3 快速获取。

图 6-36　螺栓连接

（1）螺栓长度的确定方法　在画螺栓连接装配图时，应先根据紧固件的型式、螺纹大径（d）及被连接零件的厚度（δ_1、δ_2）等，确定螺栓的公称长度（l）和标记。具体步骤如下。

1）通过计算，初步确定螺栓长度 l。估算方法为

$l \geqslant$ 被连接零件的总厚度（$\delta_1 + \delta_2$）+垫圈厚度（h）+螺母厚度（m）+螺栓伸出螺母高度（b_1）

式中，h、m 的数值从相关国家标准（或附录 F 的表 F-2、表 F-3）中查得；b_1 一般取值为 $0.2d \sim 0.3d$。

2）根据螺栓长度的估算值，查阅相关国家标准（或附录 F 的表 F-1），在符合条件的 l 公称系列值中选取公称长度值。

3）确定螺栓的标记。

【例 6-5】 已知螺纹紧固件的标记为：螺栓 GB/T 5782 M12×l、螺母 GB/T 6170 M12、垫圈 GB/T 97.1 12，两个被连接零件的厚度分别为 $\delta_1 = 20$mm、$\delta_2 = 18$mm。试确定螺栓公称长度（l）和标记。

解　1）查标准（附录 F 的表 F-2、表 F-3），得出垫圈厚度 $h = 2.5$mm，螺母厚度 $m = 10.8$mm。

2）计算螺栓长度 $l_{计算} = [20 + 18 + 2.5 + 10.8 + (0.2 \sim 0.3) \times 12]$mm $= 53.7 \sim 54.9$mm。

3）查标准（附录 F 的表 F-1），根据 l 公称系列值和 $l \geqslant l_{计算}$，选取螺栓的公称长度 $l = 55$mm。

4）确定螺栓的标记为：螺栓 GB/T 5782　M12×55。

（2）螺栓连接的比例画法　为了便于画图，装配图中的螺纹紧固件可以不按标准中规定的尺寸画出，而采用按螺纹大径（d）的比例值近似画出，如图 6-37 所示。这种近似画法称为比例画法。

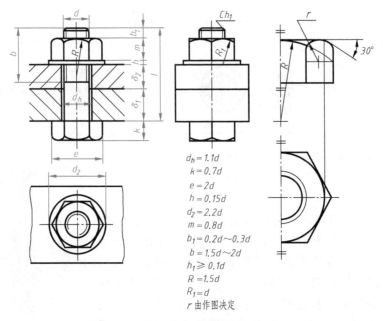

$d_h = 1.1d$
$k = 0.7d$
$e = 2d$
$h = 0.15d$
$d_2 = 2.2d$
$m = 0.8d$
$b_1 = 0.2d \sim 0.3d$
$b = 1.5d \sim 2d$
$h_1 \geqslant 0.1d$
$R = 1.5d$
$R_1 = d$
r 由作图决定

图 6-37　六角头螺栓连接图的比例画法

（3）螺纹紧固件连接的规定画法　画螺纹紧固件连接图时，应遵循装配图的规定画法。

1）被连接两零件的接触面只画一条线，不接触面和无配合要求的面应画两条线。

2）在装配图中，当剖切平面通过螺杆的轴线时，螺柱、螺栓、螺钉、螺母及垫圈等均按未被剖切绘制。

3）在剖视图中，相邻的被连接两金属零件的剖面线方向应相反，或者方向一致而间隔不等；同一零件在各个视图中的剖面线方向和间隔都应一致。

4）在剖视图中，当被连接零件的边界不画波浪线时，应将剖面线绘制整齐。

2．双头螺柱连接

双头螺柱连接是用双头螺柱、垫圈和螺母来紧固被连接零件的，如图 6-38 所示。双头螺柱连接用于被连接零件之一太厚，或者由于结构上的限制不宜用螺栓连接的场合。在一个被连接的较厚零件中加工出螺纹孔，其余零件都加工出通孔。图 6-38 所示双头螺柱连接中选用了弹簧垫圈，它能起防松作用。

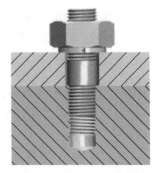

图 6-38　双头螺柱连接

（1）双头螺柱的结构　双头螺柱的两端都有螺纹，一端必须全部旋入被连接零件的螺纹孔中，称为旋入端；另一端用来拧紧螺母，称为紧固端。旋入端的长度 b_m、螺纹孔和钻孔的深度尺寸 H_2、H_3 均与螺纹大径和加工出螺纹孔的零件材料有关。螺纹孔和钻孔的深度尺寸可查阅有关标准（或附录 E 的表 E-3）确定，旋入端长度可根据旋入端材料的不同，按照国家标准规定的双头螺柱长度 b_m 与不同材料的比例关系确定，即

钢、青铜零件　　　　　　　　　　$b_m = d$（GB/T 897—1988）

铸铁零件　　　　　　　　　　　　$b_m = 1.25d$（GB/T 898—1988）

材料强度在铸铁与铝之间的零件　　$b_m = 1.5d$（GB/T 899—1988）

铝零件　　$b_m = 2d$（GB/T 900—1988）

（2）螺柱长度的确定方法　画双头螺柱连接图和画螺栓连接图一样，应先根据紧固件的型式、螺纹大径（d）、加工出通孔的被连接零件的厚度（δ）等，确定螺柱的公称长度（l）和标记。双头螺柱的公称长度应在估算后，查相关标准（或附录 F 的表 F-5），选取相近的标准数值。估算方法为

$l \geq$ 被连接零件的厚度(δ)+垫圈厚度(s)+螺母厚度(m)+螺柱伸出螺母高度(b_1)

式中，s、m 的数值从相关标准（或附录 F 的表 F-2、表 F-4）中查得；b_1 取值为 $0.2d$~$0.3d$。

（3）双头螺柱连接的比例画法　双头螺柱连接图的比例画法如图 6-39 所示，图中未注出的比例值尺寸，都与螺栓连接图中对应处的比例值相同。画连接图时应注意：旋入端的螺纹终止线应与带螺纹孔的被连接零件的上端面平齐。

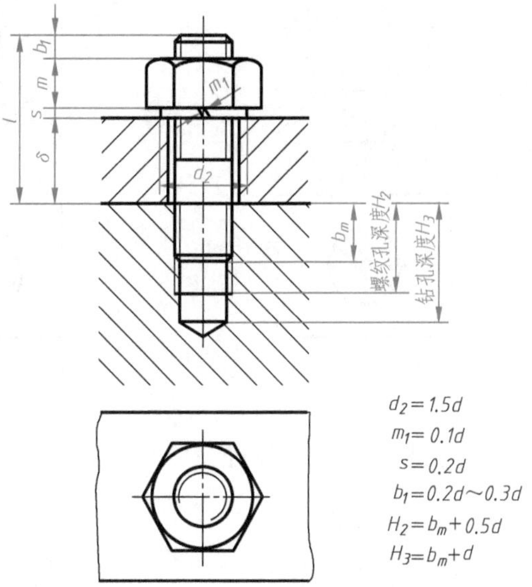
b1
m
s
l
δ
m1
d2
bm
螺纹孔深度H2
钻孔深度H3
d2=1.5d
m1=0.1d
s=0.2d
b1=0.2d~0.3d
H2=bm+0.5d
H3=bm+d

图 6-39　双头螺柱连接的比例画法

3. 螺钉连接

螺钉连接一般用于受力不大且不需要经常拆装的场合。这种连接不用螺母，而是把螺钉直接旋入一个带螺纹孔的零件中，其余零件都加工出通孔，如图 6-40 所示。

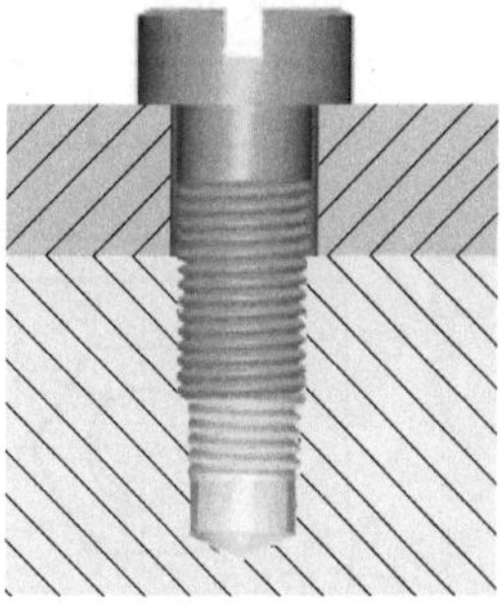

图 6-40　螺钉连接

（1）螺钉长度的确定方法　在画螺钉连接图时，也应先根据螺钉的型式、螺纹大径（d）、被连接零件的厚度（δ）及带螺纹孔的被连接零件的材料，确定螺钉的公称长度（l）和标记。

螺钉公称长度应先估算，再查阅相关标准（或按照螺钉规格查阅附录 F 的表 F-6 或表 F-7），选取相近的标准数值。估算方法为

$l \geq$ 被连接零件的厚度(δ)+螺钉旋入螺孔的深度(l_1)

式中，l_1 可按双头螺柱旋入端长度 b_m 的计算方法来确定。

（2）螺钉连接的比例画法　部分常见螺钉连接的比例画法如图 6-41 所示。

> 注意：在螺钉头部起子槽的画法中，它的主、俯视图之间是不符合投影关系的，俯视图中螺钉头部起子槽应画成与圆的水平对称中心线成 45°的倾斜方向。

4. 螺纹紧固件连接图的简化画法

按照 GB/T 4459.1—1995 规定，画螺栓、螺柱、螺钉连接图时，可采用图 6-42 所示的简化画法。

1）螺纹紧固件的工艺结构，如倒角、退刀槽、缩颈、凸肩等均可省略不画。

2）不通的螺纹孔可以不画出钻孔深度，仅按有效螺纹部分的深度（不包括螺尾）画出。

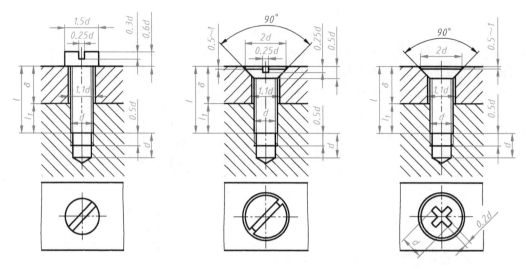

图 6-41　部分常见螺钉连接的比例画法

3）在装配图中，螺钉头部的一字槽和十字槽、弹簧垫圈的开口可按简化画法画出。

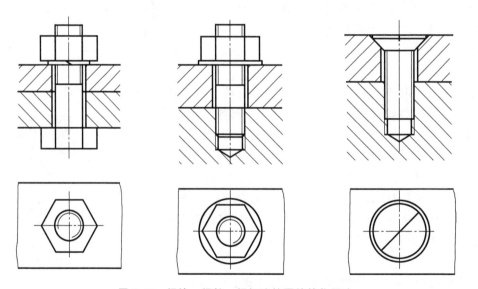

图 6-42　螺栓、螺柱、螺钉连接图的简化画法

注意：螺纹紧固件连接图的简化画法是在比例画法基础上的简化。

二、键连接

1. 键的种类和标记

在机器或部件中，用键来连接轴和轴上的零件（如齿轮、带轮等）使它们和轴一起转动的连接方式称为键连接，如图6-43所示。常用于键连接的键有普通型平键、普通型半圆键和钩头型楔键。键的种类很

图 6-43　平键连接

多，都已标准化，表6-4列出了一些常用键的简图和标记示例。

表 6-4　常用键的简图和标记示例

名称及标准编号	简　图	标记示例及说明
普通型　平键 GB/T 1096—2003		GB/T 1096　键　8×7×28 表示宽度 $b=8$mm、高度 $h=7$mm、长度 $L=28$mm 的普通 A 型平键
普通型　半圆键 GB/T 1099.1—2003		GB/T 1099.1　键　6×10×25 表示宽度 $b=6$mm、高度 $h=10$mm、直径 $D=25$mm 的普通型半圆键
钩头型　楔键 GB/T 1565—2003		GB/T 1564　键　8×28 表示宽度 $b=8$mm、高度 $h=7$mm、长度 $L=28$mm 的钩头型楔键

2. 普通平键键槽的画法及键连接的画法

（1）普通平键键槽的画法和尺寸注法　画平键连接装配图时，应先知道轴的直径和键的类型，然后根据轴的直径查阅有关标准（或附录 F 的表 F-10），确定键的键宽（b）和键高（h），以及轴和轮上的键槽尺寸，并选定键的长度值（L）。

【例 6-6】　已知轴的直径为 $\phi26$，采用普通 A 型平键，确定键和键槽的尺寸并标注在图 6-44 中。

解　由 GB/T 1096—2003（或附录 F 的表 F-10）查得键宽 $b=8$mm，键高 $h=7$mm；轴上键槽尺寸 $t_1=4$mm，轮（毂）上键槽尺寸 $t_2=3.3$mm，键长 L 应小于轮厚 $B=26$mm，从 GB/T 1096—2003 中选取键长 $L=25$mm，其零件图中轴和轮上键槽尺寸标注如图 6-44 所示。

199

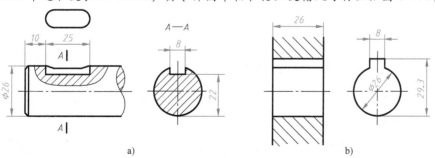

图 6-44　【例 6-6】普通平键键槽的画法和尺寸标注

（2）普通平键连接图的画法 用普通平键连接时，键的两侧面是工作面，因此在装配图中，键的两侧面和下底面都应与轴上、轮毂上键槽的相应表面接触，而键的顶面是非工作面，它与轮毂的键槽顶面之间不接触，应留有间隙。普通平键连接图的画法如图 6-45 所示。

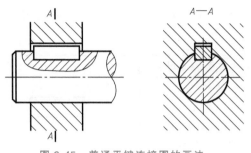

图 6-45　普通平键连接图的画法

此外，在剖视图中，对于键等实心零件，当剖切平面通过其对称平面，即通过轴线做纵向剖切时，键按不剖绘制。当剖切平面垂直于轴线做横向剖切时，被剖切的键应画出剖面线。

三、销连接

1. 销的种类和标记

为了确保零件间的定位和连接，或者防止螺母回松和脱落等，可采用销连接来对零件进行固定。常用的销有圆柱销、圆锥销和开口销。表 6-5 列出了这三种销的简图和标记示例。

表 6-5　常用销的简图和标记示例

名称及标准编号	简　图	标记示例及说明
圆柱销 GB/T 119.1—2000	≈15°　c　c　d　l	销 GB/T 119.1　8 m6×30 表示公称直径 $d=8$mm、公差为 m6、公称长度 $l=30$mm、材料为钢、不经淬火、不经表面处理的圆柱销
圆锥销 GB/T 117—2000	1:50　d　r　a　a　l	销 GB/T 117　10×60 表示公称直径 $d=10$mm、公称长度 $l=60$mm、材料为 35 钢、热处理硬度 28 ~ 38HRC，表面氧化处理的 A 型圆锥销
开口销 GB/T 91—2000	允许制造的型式 b　l　a　c　d　a	销 GB/T 91　5×50 表示公称规格为 5mm、公称长度 $l=50$mm、材料为 Q215 或 Q235，不经表面处理的开口销

2. 销连接的装配图画法

圆柱销连接装配图画法如图 6-46a 所示。国家标准规定在装配图中，轴、销等实心零件若按纵向剖切，且剖切平面通过其轴线，这些零件均按不剖绘制。

圆锥销连接装配图画法如图 6-46b 所示。

> **注意：**
> 圆锥销是以小端直径 d 为基准的，因此，圆锥销孔也应标注小端直径尺寸。

开口销连接装配图画法如图 6-46c 所示。开口销与槽形螺母合用，用来防止螺母松动，或者防止其他零件从轴上脱落。

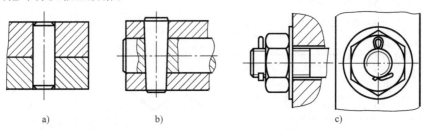

图 6-46　销连接装配图画法

a）圆柱销连接装配图　b）圆锥销连接装配图　c）开口销连接装配图

四、齿轮传动

1. 齿轮的基本知识

齿轮是机械传动中广泛应用的传动零件，它可以用来传递动力、改变转动方向和速度以及改变运动方式等，但必须成对使用。

齿轮的种类很多，根据传动轴轴线相对位置的不同，常见的齿轮传动有圆柱齿轮传动（用于两平行轴的传动）、锥齿轮传动（用于两相交轴的传动）和蜗轮蜗杆传动（用于两垂直交叉轴的传动）三种，如图 6-47 所示。

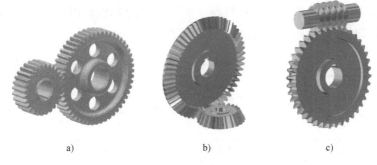

图 6-47　三种齿轮传动

a）圆柱齿轮传动　b）锥齿轮传动　c）蜗轮蜗杆传动

齿轮上的齿称为轮齿，轮齿是齿轮的主要结构，只有轮齿符合国家标准规定的齿轮才能称为标准齿轮。在齿轮的性能参数中，只有模数和齿形角已标准化。下面主要介绍直齿圆柱齿轮的基本知识和画法。

2. 直齿圆柱齿轮各部分的名称和尺寸关系

轮齿方向与圆柱素线方向一致的圆柱齿轮称为直齿圆柱齿轮。

（1）齿轮的基本参数　根据 GB/T 3374.1—2010，直齿圆柱齿轮各部分的名称及说明见表 6-6。

表 6-6　直齿圆柱齿轮各部分的名称及说明

参数名称	符号	说　明	示　意　图
齿数	z	齿轮的齿数	
齿顶圆直径	d_a	通过轮齿顶部的圆的直径	
齿根圆直径	d_f	通过轮齿根部的圆的直径	
分度圆直径	d	计算轮齿各部分尺寸的基准圆的直径	
齿高	h	齿顶圆与齿根圆之间的径向距离	
齿顶高	h_a	分度圆到齿顶圆的径向距离	
齿根高	h_f	分度圆到齿根圆的径向距离	
齿距	p	在分度圆上，相邻两齿廓对应点之间的弧长(齿厚+槽宽)	
齿厚	s	每个齿在分度圆上的弧长	
节圆直径	d'	一对齿轮啮合时，两齿轮在连心线 O_1O_2 上的齿廓接触点 C 处，两齿轮的圆周速度相等，以 O_1C 和 O_2C 为半径的两个圆称为相应齿轮的节圆	
压力角	α	齿轮传动时，一齿轮在齿廓节点 C 处的受力方向与运动方向所夹的锐角。我国采用的标准压力角为 20°	
模数	m	当齿轮的齿数为 z 时，分度圆周长为 $\pi d=zp$，则 $d=(p/\pi)z$，令 $p/\pi=m$，m 即为模数	

模数 m 是设计和制造齿轮的重要参数。不同模数的齿轮要用不同的刀具来加工制造。为了便于设计和加工，模数已标准化，其数值见表 6-7。

表 6-7　齿轮模数标准系列摘录（GB/T 1357—2008）　　　　　（单位：mm）

第Ⅰ系列	1　1.25　1.5　2　2.5　3　4　5　6　8　10　12　16　20　25　32　40　50
第Ⅱ系列	1.125　1.375　1.75　2.25　2.75　3.5　4.5　5.5　(6.5)　7　9　11　14　18　22　28　36　45

注：选用模数时，应优先选用第Ⅰ系列，其次选用第Ⅱ系列，括号内的模数尽可能不用。

（2）轮齿各部分尺寸与模数的关系　　在设计齿轮时要先确定模数和齿数，其他各部分尺寸都可由模数和齿数计算出来。标准直齿圆柱齿轮轮齿各部分尺寸的计算公式见表 6-8。

只有模数、压力角都相同的齿轮才能相互啮合。

表 6-8　标准直齿圆柱齿轮轮齿各部分尺寸的计算公式

名　　称	代　号	计算公式
分度圆直径	d	$d=mz$
齿顶高	h_a	$h_a=m$
齿根高	h_f	$h_f=1.25m$

（续）

名　　称	代　号	计算公式
齿顶圆直径	d_a	$d_a = d + 2h_a = m(z+2)$
齿根圆直径	d_f	$d_f = d - 2h_f = m(z-2.5)$
全齿高	h	$h = h_a + h_f = 2.25m$
两啮合齿轮中心距	a	$a = m(z_1 + z_2)/2$
齿　距	p	$p = \pi m$

3. 直齿圆柱齿轮的规定画法

（1）单个齿轮的画法　齿轮一般用两个视图（包括剖视图），或者一个视图和一个局部视图来表示，如图 6-48 所示。GB/T 4459.2—2003 对齿轮的画法有如下规定。

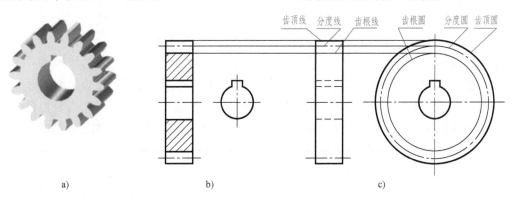

图 6-48　直齿圆柱齿轮的画法

a）直齿圆柱齿轮　b）剖视的画法　c）不剖的画法

1）齿顶圆和齿顶线用粗实线绘制；分度圆和分度线用细点画线绘制，主视图中分度线应超出轮廓线 2~3mm；齿根圆和齿根线用细实线绘制，也可省略不画。

2）在剖视图中，当剖切平面通过齿轮的轴线时，轮齿一律按不剖绘制，齿根线用粗实线绘制。

3）如需表明齿形，可在图形中用粗实线画出一个或两个齿，或者用适当比例的局部放大图表示。

（2）直齿圆柱齿轮的啮合画法　一对模数、压力角相同且符合国家标准的直齿圆柱齿轮处于正确的安装位置（装配准确）时，其分度圆和节圆重合。一对啮合在一起的齿轮称为齿轮副，其啮合区的画法有如下规定。

1）在垂直于齿轮轴线的投影面的视图中，两节圆应相切。啮合区内的齿顶圆均用粗实线绘制，如图 6-49a 左视图所示；也可省略不画，如图 6-49b 左视图所示。齿根圆全部不画。

2）在平行于齿轮轴线的投影面的视图中，啮合区内的齿顶线、齿根线均不画出，节线用粗实线绘制，如图 6-49b 主视图所示。

3）在剖视图中，当剖切平面通过两啮合齿轮的轴线时，在啮合区内将一个齿轮的轮齿用粗实线绘制，另一个齿轮的轮齿被遮挡的部分用细虚线绘制，这条细虚线也可省略不画。

4）在剖视图中，当剖切平面不通过啮合齿轮的轴线时，齿轮一律按不剖绘制。

a)
b)

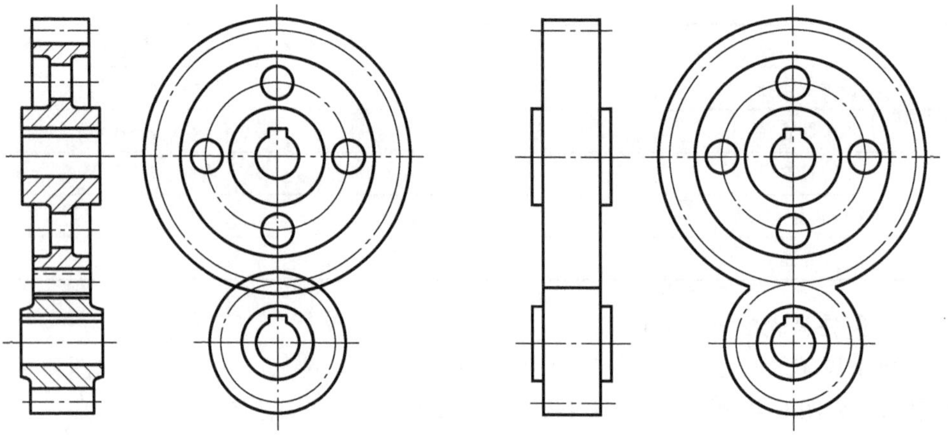

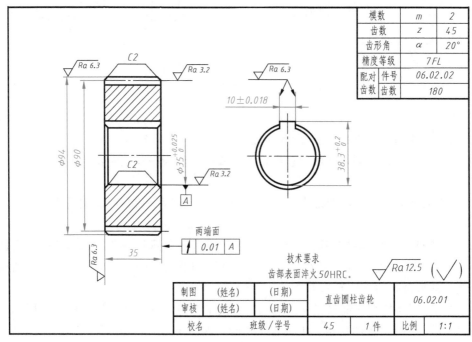

图 6-49　直齿圆柱齿轮的啮合画法

4. 齿轮图样

图 6-50 是按照渐开线圆柱齿轮图样格式绘制的直齿圆柱齿轮零件图，除了要按规定画法绘制轮齿外，还要按规定进行标注，包括尺寸标注、几何公差标注，并要填写齿轮参数表。参数表中的参数包括模数、齿数、齿形角（即压力角）和精度等级等，可根据需要增减。

模数 m 2
齿数 z 45
齿形角 α 20°
精度等级 7FL
配对齿数 件号 06.02.02
配对齿数 齿数 180
C2
Ra 6.3
Ra 3.2
Ra 6.3
10±0.018
φ94
φ90
φ35 +0.025 0
38.3 +0.2 0
Ra 3.2
A
两端面
0.01 A
35
Ra 6.3
技术要求
齿部表面淬火50HRC。
Ra 12.5 (√)
制图 (姓名) (日期)
审核 (姓名) (日期)
直齿圆柱齿轮
06.02.01
校名 班级/学号 45 1件 比例 1:1

图 6-50　直齿圆柱齿轮的零件图

五、弹簧

在机械机器和部件中，弹簧机构可用来储藏能量、减振、测力、夹紧等；在电气设备

中，弹簧机构常用来保证导电零件的良好接触或脱离接触。弹簧的种类很多，有螺旋弹簧、蜗卷弹簧和板弹簧等，如图 6-51 所示。在各类弹簧中，圆柱螺旋弹簧最为常见，根据其受力情况的不同，又分为压缩弹簧、拉伸弹簧、扭转弹簧三种。

| 压缩弹簧 | 拉伸弹簧 | 扭转弹簧 | 蜗卷弹簧 | 板弹簧 |

图 6-51　常见的各类弹簧

下面主要介绍圆柱螺旋压缩弹簧的规定画法和标记。

1. 圆柱螺旋压缩弹簧各部分的名称和尺寸关系

表 6-9 列出了圆柱螺旋压缩弹簧各部分的名称和说明。

表 6-9　圆柱螺旋压缩弹簧各部分的名称和说明

参数名称	符号	说　明	示　意　图
材料直径	d	制造弹簧用的型材的直径	
弹簧外径	D_2	弹簧的最大直径	
弹簧内径	D_1	弹簧的最小直径	
弹簧中径	D	$D = D_2 - d = D_1 + d$	
有效圈数	n	为了工作平稳，n 一般不小于 3	
支承圈数	n_z	弹簧两端并紧、磨平或锻平的仅起支承作用的总圈数，一般取 1.5、2 或 2.5	
总圈数	n_1	$n_1 = n + n_z$	
节距	t	相邻两个有效圈在中径上对应点之间的轴向距离	
自由高度	H_0	未受负荷时的弹簧高度，$H_0 = nt + (n_z - 0.5)d$	
展开长度	L	制造弹簧时，所需弹簧钢丝的长度，$L = \dfrac{\pi D n_1}{\cos \alpha} \approx \pi D n_1$，式中 α 为螺旋升角，一般为 5°～9°	

圆柱螺旋压缩弹簧的尺寸及参数在 GB/T 2089—2009 中都有所规定，使用时可查阅该标准。

2. 圆柱螺旋压缩弹簧的规定画法

根据 GB/T 4459.4—2003，圆柱螺旋压缩弹簧的画法有如下规定。

1）在平行于螺旋弹簧轴线的投影面的视图中，其各圈的轮廓线应画成直线。

2）螺旋弹簧均可画成右旋，但对左旋的螺旋弹簧，不论画成左旋还是右旋，都必须在"技术要求"中注明"旋向：左旋"。

3）对于螺旋压缩弹簧，如果要求两端并紧且磨平，不论支承圈数多少和末端贴紧情况如何，均按图 6-52 所示形式（有效圈是整数，支承圈为 2.5 圈）绘制。必要时也可按支承圈的实际结构绘制。

4）当弹簧的有效圈数在 4 圈以上时，其中间部分可以省略不画，只画出两端的 1~2 圈（支承圈除外）。中间部分省略后，画出通过弹簧钢丝中心的两条细点画线，并允许适当缩短图形的长度。

5）在装配图中，型材直径或厚度画在图形上时等于或小于 2mm 的螺旋弹簧，允许用示意图绘制，如图 6-53a 所示；当弹簧被剖切时，也可用涂黑表示，且各圈的轮廓线省略不画，如图 6-53b 所示。

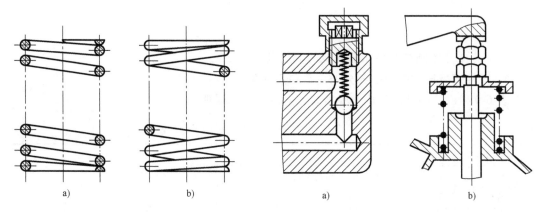

图 6-52　圆柱螺旋压缩弹簧的画法
a）剖视图　b）视图

图 6-53　装配图中簧丝直径≤2mm 时的画法

6）在装配图中，被弹簧遮挡的零件结构一般不画，可见部分应从弹簧的外轮廓线或从通过弹簧钢丝中心的细点线画起，如图 6-54 所示。

3. 圆柱螺旋压缩弹簧的标记

根据 GB/T 2089—2009 的规定，圆柱螺旋压缩弹簧的标记内容和格式为

$$\boxed{\text{类型代号}}\ \boxed{d \times D \times H_0}\text{-}\boxed{\text{精度代号}}\ \boxed{\text{旋向代号}}\ \boxed{\text{标准编号}}$$

其中，GB/T 2089—2009 规定，两端圈并紧磨平的冷卷压缩弹簧的类型代号为 YA，两端圈并紧制扁的热卷压缩弹簧的类型代号为 YB。

例如，YA 型弹簧，材料直径 $d=3\text{mm}$、弹簧中径 $D=20\text{mm}$、自由高度 $H_0=80\text{mm}$、精度等级为 2 级、左旋的两端圈并紧磨平的冷卷压缩弹簧的标记为：YA 3×20×80 左　GB/T 2089。

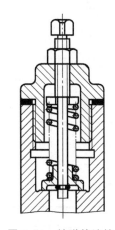

图 6-54　被弹簧遮挡的零件结构的画法

注意：弹簧按 2 级精度制造时不标注，3 级应注明"3"级；右旋不标注。

4. 圆柱螺旋压缩弹簧的画图步骤

当已知弹簧的材料直径 d、中径 D、自由高度 H_0（装配图采用初压后的高度）、有效圈数 n、总圈数 n_1 和旋向后，即可计算出节距 t，其画图步骤如图 6-55 所示。

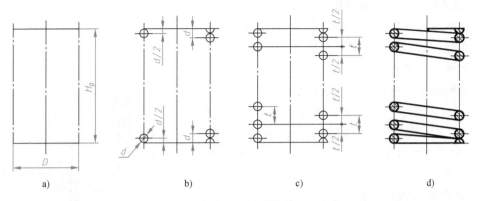

图 6-55　圆柱螺旋压缩弹簧的画图步骤

a）根据 D 画出左、右两条中心线，根据 H_0 确定高度　b）画出两端支承圈部分

c）根据 t 画出有效圈数部分　d）按右旋画出各相应小圆的外公切线及剖面线

图 6-56 所示为圆柱螺旋压缩弹簧的零件图，主视图右上方的倾斜直线为机械性能曲线表示该弹簧在不同负荷下的长度变化情况。其中，P_1、P_2 为弹簧的工作负荷，P_j 为极限负荷，55、47 表示相应工作负荷下的工作高度，39 表示极限负荷下的高度。

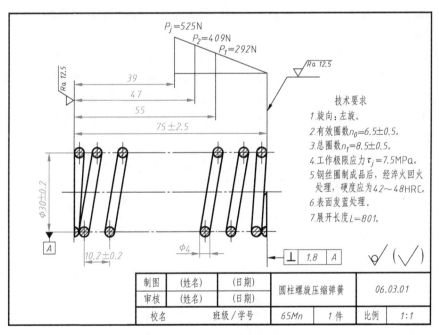

图 6-56　圆柱螺旋压缩弹簧的零件图

六、滚动轴承

滚动轴承是支承转动轴的组件，具有结构紧凑、摩擦阻力小、动能损失少和旋转精度高等优点，应用广泛。滚动轴承是常用的标准组件，由专门的工厂生产，需要时根据机器的具体要求确定型号，再按照型号选购即可。

1. 滚动轴承的构造和类型

滚动轴承的种类很多，但其结构大致相同，通常由外圈、内圈、滚动体（滚珠、滚锥等，安装在内圈与外圈之间的滚道中）和保持架（又称为隔离圈）组成，如图6-57所示。

滚动轴承按其承受载荷的方向不同，可分为如下三类。

1）向心轴承：主要承受径向载荷，如深沟球轴承。

2）推力轴承：主要承受轴向载荷，如推力球轴承。

3）向心推力轴承：可同时承受径向和轴向的载荷，如圆锥滚子轴承。

图 6-57　滚动轴承的组成

2. 滚动轴承的表示法

根据 GB/T 4459.7—2017，滚动轴承在装配图中有简化画法和规定画法两种表示法，简化画法又分为通用画法和特征画法，这些画法有如下具体规定。

（1）基本规定

1）通用画法、特征画法及规定画法中的各种符号、矩形线框和轮廓线均用粗实线绘制。

2）绘制滚动轴承时，其矩形线框或外轮廓的大小应与滚动轴承的外形尺寸一致，并与所属图样采用同一比例。

3）在剖视图中，用简化画法绘制滚动轴承时，一律不画剖面符号（剖面线）。

4）采用规定画法绘制滚动轴承的剖视图时，轴承的滚动体不画剖面线，其各套圈可画成方向、间隔相同的剖面线（见表6-10）。在不致引起误解时，也允许省略不画。

（2）简化画法　简化画法有通用画法和特征画法两种，但在同一图样中一般只采用其中的一种简化画法。

表 6-10　常用滚动轴承的规定画法和特征画法

轴承名称、类型及标准号	类型代号	规定画法	特征画法	标记示例及说明
深沟球轴承 60000 型 GB/T 276—2013	6			滚动轴承 6210 GB/T 276—2013 表示按 GB/T 276—2013 制造、内径代号为 10（公称内径 d = 50mm）、直径系列代号为 2、宽度系列代号为 0（省略）的深沟球轴承

（续）

轴承名称、类型及标准号	类型代号	规定画法	特征画法	标记示例及说明
圆锥滚子轴承　30000 型 GB/T 297—2015	3			滚动轴承 30204 GB/T 297—2015 表示按 GB/T 297—2015 制造、内径代号为 04（公称内径 d = 20mm）、尺寸系列代号为 02 的圆锥滚子轴承
单向推力球轴承 50000 型 GB/T 301—2015	5			滚动轴承 51206 GB/T 301—2015 表示按 GB/T 301—2015 制造、内径代号为 06（公称内径 d = 30mm）、尺寸系列代号为 12 的推力球轴承

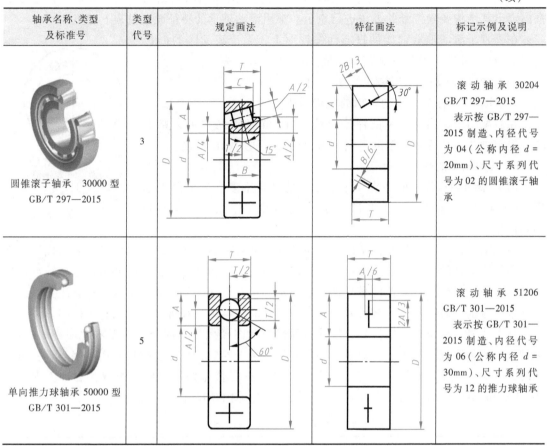

1）通用画法：在剖视图中，当不需要确切地表示轴承的外形轮廓、载荷特性、结构特征时，可用矩形线框及位于线框中央正立的十字形符号表示，十字形符号不应与矩形线框接触。通用画法在轴的两侧以同样方式画出，如图 6-58a 所示。如需确切地表示滚动轴承的外形，则应画出其断面轮廓，并在轮廓中间画出正立十字符号，如图 6-58b 所示。通用画法的尺寸如图 6-58c 所示。

209

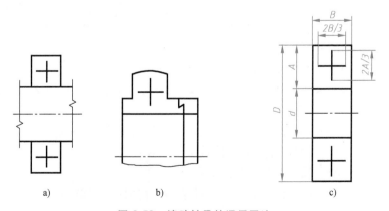

图 6-58　滚动轴承的通用画法

a）不需表示外形　b）画出外形轮廓　c）通用画法尺寸

2）特征画法：在剖视图中，如需较形象地表示滚动轴承的结构特征，可采用在矩形线框内画出其结构要素符号的方法进行表示。常用滚动轴承的特征画法见表 6-10。

在垂直于滚动轴承轴线的投影面的视图上，无论滚动体的形状（如球、柱、针等）及尺寸如何，均按图 6-59 所示方法绘制。

（3）规定画法　必要时，可采用规定画法绘制滚动轴承，表 6-10 列出了三种常用滚动轴承的规定画法。

在装配图中，滚动轴承的保持架及倒角、圆角等结构可省略不画。规定画法一般绘制在轴的一侧，另一侧可按通用画法绘制。

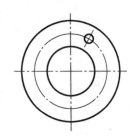

图 6-59　垂直于滚动轴承轴线的投影面的视图的特征画法

3. 滚动轴承的代号及标记

（1）滚动轴承代号的规定　滚动轴承的种类很多。为了便于选用，GB/T 271—2017 和 GB/T 272—2017 分别规定了滚动轴承的分类和代号方法。

滚动轴承代号由字母加数字组成。完整的代号包括前置代号、基本代号和后置代号三部分。多数滚动轴承用基本代号即可表示其基本类型、结构和尺寸，因此基本代号是轴承代号的基础，而前置代号、后置代号是轴承在结构形状、尺寸、公差和技术要求等有改变时，在其基本代号前、后添加的补充代号，要了解它们的编制规则和含义可查阅有关标准。

基本代号由轴承的类型代号、尺寸系列代号和内径代号三部分从左至右顺序排列组成。类型代号用数字或字母表示，数字或字母的含义见表 6-11；尺寸系列代号用数字表示，由轴承的宽（高）度系列代号和直径系列代号组成；内径代号由两位数字组成，当轴承内径在 20~480mm 范围内时，内径代号乘以 5 为轴承的公称内径尺寸。

表 6-11　滚动轴承类型代号（摘自 GB/T 272—2017）

代号	轴承类型	代号	轴承类型
0	双列角接触球轴承	6	深沟球轴承
1	调心球轴承	7	角接触球轴承
2	调心滚子轴承和推力调心滚子轴承	8	推力圆柱滚子轴承
3	圆锥滚子轴承	N	圆柱滚子轴承，双列或多列用字母 NN 表示
4	双列深沟球轴承	U	外球面球轴承
5	推力球轴承	QJ	四点接触球轴承

轴承代号示例如下。

1）轴承 6210：6—类型代号，表示深沟球轴承；

2—尺寸系列代号，表示 02 系列（直径系列代号为 2，宽度系列代号为 0 省略）；

10—内径代号，表示该轴承的公称内径为 50mm。

2）轴承 30204：3—类型代号，表示圆锥滚子轴承；

02—尺寸系列代号，表示 02 系列；

04—内径代号，表示该轴承的公称内径为 20mm。

3）轴承 51206：5—类型代号，表示推力球轴承；

12—尺寸系列代号，表示 12 系列；

06—内径代号，表示该轴承的公称内径为 30mm。

为了便于识别轴承，生产厂家一般将轴承代号打印在轴承圈的端面上。

（2）滚动轴承的标记　滚动轴承的标记由名称、代号和标准编号三部分组成，其格式为

| 名称 | 代号 | 标准编号 |

滚动轴承的标记示例见表 6-10。

第五节　画装配图

一、装配图的视图选择

装配图必须清楚表达机器或部件的工作原理、各零件之间的相对位置和装配连接关系等。因此在画装配图前，首先要了解和分析机器或部件的工作原理和结构情况等，以便合理选择表达方案。选择装配图的视图一般按照下列步骤进行。

1）对机器或部件进行分析：从机器或部件的功能和工作原理出发，分析其工作情况、各零件之间的连接关系和配合关系。通过分析，掌握该机器或部件各部分的结构和装配关系，分清其中的主要部分和次要部分，为选择装配图的表达方案做好准备。

2）主视图的选择：将机器或部件按工作位置原则放置，使其重要轴线（通常也是装配干线）、重要安装面处于水平或竖直位置。选择主视图的投射方向，并选择适当的剖切方法，使主视图能够较多地反映机器或部件的工作原理、结构特点及各零件之间的装配关系。

3）其他视图的选择：在主视图确定后，根据需要适当选择其他视图，对主视图的表达进行补充，以使机器或部件的表达清晰和完整。

二、由零件图画装配图

根据机器或部件的工作原理和所涵盖的各零件的零件图，可以拼画装配图。首先根据机器或部件的实物或装配示意图、立体图，对其进行观察和分析，了解该机器或部件的工作原理和各零件之间的装配关系；然后选择合适的表达方案，结合给出的零件图，完成装配图的绘制。下面以定滑轮为例说明由零件图拼画装配图的方法和步骤。定滑轮的立体图如图 6-60 所示。定滑轮的心轴、旋盖油杯、滑轮和卡板的零件图如图 6-61 所示，支架零件图如图 5-28 所示。

1. 部件分析

如图 6-60 所示，定滑轮是一种简单的起吊装置。绳索套在滑轮的槽内，滑轮装在心轴上，可以转动，心轴由支架支承并用卡板定位，卡板由螺栓固定在支架上。心轴内部有油孔，通过它可以将油杯中的油输送到滑轮的孔槽中进行润滑。支架的底板上有四个安装孔，用于将定滑轮固定在所需位置。

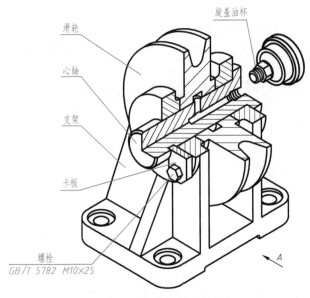

图 6-60　定滑轮的立体图

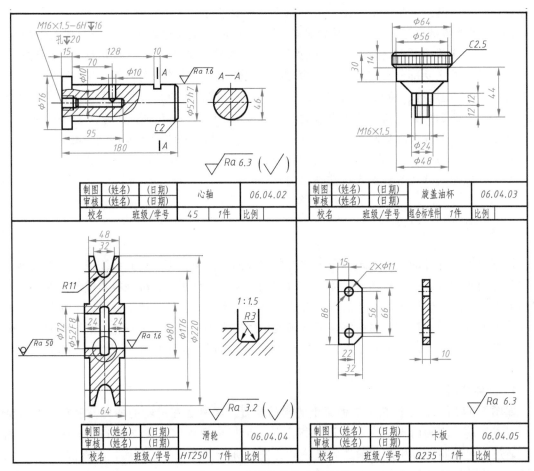

图 6-61　定滑轮的部分零件图

2. 视图选择

首先选择主视图。定滑轮的工作位置如图 6-60 所示，它只有一条装配干线，各零件沿着心轴的轴线方向装配而成。根据主视图的选择原则，选择图 6-60 中箭头 *A* 的方向作为主视图投射方向，用通过心轴轴线的剖切平面剖切，将主视图画为局部剖视图。

主视图确定后，再选择补充表达装配关系和外形的其他视图。选择俯视图和左视图表达定滑轮的外形结构，并在俯视图中采用局部剖视图表达心轴、支架及卡板的连接关系，最终确定的装配图表达方案如图 6-62 所示。

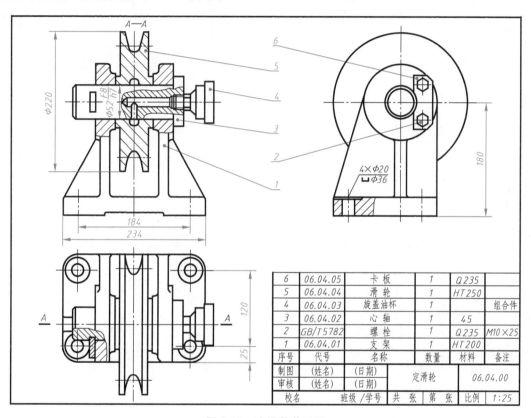

6	06.04.05	卡　板	1	Q235	
5	06.04.04	滑　轮	1	HT250	
4	06.04.03	旋盖油杯	1		组合件
3	06.04.02	心　轴	1	45	
2	GB/T5782	螺　栓	1	Q235	M10×25
1	06.04.01	支　架	1	HT200	
序号	代号	名称	数量	材料	备注
制图	(姓名)	(日期)		定滑轮	06.04.00
审核	(姓名)	(日期)			
校名		班级/学号	共　张	第　张	比例	1:25

图 6-62　定滑轮装配图

3. 画图步骤

1）确定表达方案后，根据部件的大小选定比例，确定图纸的幅面，然后布图、画标题栏、明细栏及各视图的主要基准线。注意各视图之间要留出足够的位置以标注尺寸和注写零件编号，如图 6-63a 所示。

2）起稿画图时，应从主体零件画起，按装配关系逐个画出各个零件的主要轮廓，如图 6-63b 所示。画图时应注意以下问题：①为了提高画图速度和减少不必要的作图线，可以采用"从外向内"或"从内向外"的方法画图，从外向内画是先画出外部零件（如箱体类零件）的大致轮廓，再将内部零件逐个画出；从内向外画是先从内部零件（如轴套类零件）画起，再逐步画出外部零件；②应考虑装配工艺要求，相邻两个零件在同一方向上一般只能有一对接触面或配合面，这样既能保证装配时零件接触良好，又能降低加工要求。

3）画出部件的次要结构。然后画出剖面符号，如图 6-63c 所示。注意仔细检查后加深图线。

4）标注尺寸，编写零、部件序号，填写明细栏和标题栏，注写技术要求，完成的装配图如图 6-62 所示。

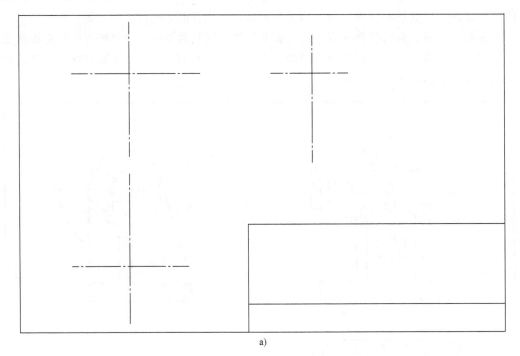

a)

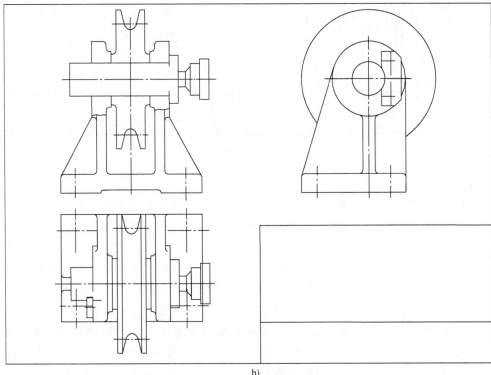

b)

图 6-63　定滑轮装配图的画图步骤

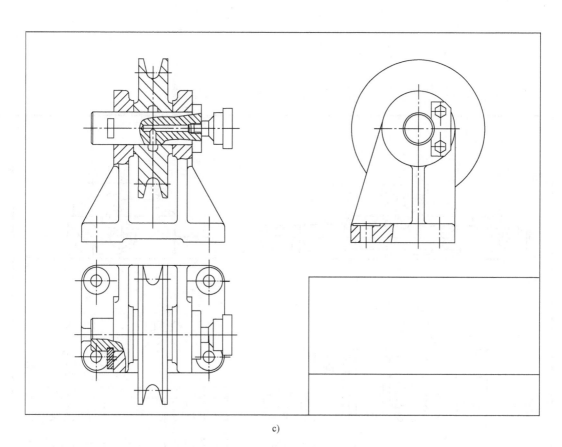

c)

图 6-63　定滑轮装配图的画图步骤（续）

第六节　读装配图及拆画零件图

在设计、制造机器及使用、维修设备，或者进行技术交流时，都要阅读装配图。工程技术人员通过读装配图来了解机器或部件的结构、用途和工作原理。在设计机器和部件时，通常是先画装配图，然后根据装配图来绘制零件图，因此，读装配图和由装配图拆画零件图是工程技术人员必须掌握的技能。

微课讲解：
读装配图

一、读装配图的要求

读装配图的基本要求主要有以下几点。

1）了解机器或部件的名称、用途、性能、工作原理等。

2）了解零件之间的相对位置、连接方式、装配关系和配合性质，以及装拆顺序和方法等。

3）了解每个零件的名称、数量、材料，及结构形状和作用等。

当然，要达到以上读图要求，有时还要阅读产品说明书及其他有关资料。

二、读装配图的方法和步骤

以图 6-64 所示虎钳装配图为例，说明读装配图的方法和步骤。

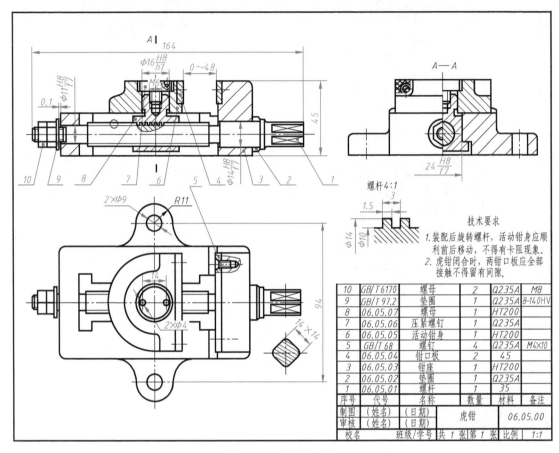

图 6-64　虎钳装配图

10	GB/T 6170	螺母	2	Q235A	M8
9	GB/T 97.2	垫圈	1	Q235A	8-140HV
8	06.05.07	螺母	1	HT200	
7	06.05.06	压紧螺钉	1	Q235A	
6	06.05.05	活动钳身	1	HT200	
5	GB/T 68	螺钉	4	Q235A	M4×10
4	06.05.04	钳口板	2	45	
3	06.05.03	钳座	1	HT200	
2	06.05.02	垫圈	1	Q235A	
1	06.05.01	螺杆	1	35	
序号	代号	名称	数量	材料	备注
制图	(姓名)	(日期)		虎钳	06.05.00
审核	(姓名)	(日期)			
校名	班级/学号	共 1 张	第 1 张	比例	1:1

技术要求

1. 装配后旋转螺杆，活动钳身应顺利前后移动，不得有卡阻现象。
2. 虎钳闭合时，两钳口板应全部接触不得留有间隙。

1. 概括了解

首先阅读标题栏和明细栏、产品说明书，了解部件的名称、性能、用途及组成该部件的各种零件的名称、数量、材料、标准件规格等。根据图形大小、画图比例和部件的外形尺寸了解部件的大小。

从图 6-64 中的标题栏可知，部件名称为虎钳，虎钳是夹持工件（即被加工的零件）的工具。从明细栏可知，它共有 10 种零件，其中包括 3 种标准件。对照明细栏与视图中的零件序号，找到每种零件在视图中的位置。从画图比例 1：1 可以想象虎钳的真实大小。

2. 深入分析

深入分析是读装配图的重要步骤。经过深入分析，了解部件的工作原理、装配关系和主要形状。通过分析视图表达方案，找出视图之间的投影关系，明确各视图所表达的内容和目的。然后，从反映工作原理的视图入手（一般为主视图），并结合尺寸，分析运动的传递情况，以及各零件的形状、作用、定位和配合情况。

1）分析视图表达方案。图 6-64 中采用了三个基本视图、一个断面图和一个局部放大图。主视图采用全剖视图，主要表达虎钳工作原理和装配关系。俯视图和左视图补充表达虎钳的装配关系和外部形状。俯视图下的断面图表示了螺杆上装扳手部位的形状。局部放大图表示了螺杆 1 上的非标准矩形螺纹并注有详细的尺寸。

2）分析运动的传递情况，以及部件的工作原理和装配关系。从主视图中可以看出，转动螺杆 1 时，由于螺杆 1 右端凸肩和左端螺母 10 的阻止，螺杆 1 只能转动而不能沿轴向移动，从而驱使与螺杆 1 连接的螺母 8 沿轴向移动。由于螺母 8 和活动钳身 6 之间是用压紧螺钉 7 固定连接的，因此螺母 8 能够带动活动钳身 6 沿轴向移动，从而达到将工件夹紧在两钳口板 4 之间的目的。图中标注了虎钳钳口板张开的范围为 0~48mm，也即虎钳能夹持的工件的厚度尺寸范围，它也是虎钳的规格尺寸。虎钳的安装尺寸为 94，安装时用螺栓通过 2 个 φ9 孔将虎钳固定在工作台上。

3）分析零件的作用。为了保护钳身，在钳座 3 和活动钳身 6 上都装有钳口板 4，并用螺钉 5 连接，以便钳口板 4 磨损后更换。由于钳口板 4 直接接触工件，因此从左视图的局部剖视图中可以看出，钳口板 4 表面加工有滚花以增大摩擦力。从明细栏中看到钳口板 4 采用与活动钳身 6 不同的材料，即 45 钢，以提高耐磨性。

4）分析零件的定位和配合情况。从主视图可以看出，活动钳身 6 与螺母 8 上部有配合要求，尺寸 φ16H8/h7 为间隙配合。当使用专用扳手松开压紧螺钉 7 时，可使活动钳身 6 偏转一定角度，以便夹持具有斜面的工件。螺杆 1 两端装在钳座 3 上。为了保证螺杆 1 灵活旋转，在钳座 3 左端面留有 0.1mm 的间隙，并采用双螺母 10 防松。压紧螺钉 7 上的小孔及其尺寸 14 和 2×φ4 均为装拆该螺钉所需。

3. 综合归纳

为了对部件有一个全面、整体的认识，还应结合图中尺寸和技术要求等，对全图综合归纳，进一步了解零件的装拆顺序、装配和检验要求等。虎钳立体图如图 6-65 所示。

图 6-65　虎钳立体图

必须指出，上述读装配图的方法和步骤仅是一个概括性的说明，实际上在读装配图时，分析视图和分析尺寸往往是交替进行的。只有通过不断实践，积累经验，才能掌握读图的规律，提高读图的速度和能力。

三、由装配图拆画零件图

微课讲解：
由装配图拆
画零件图

在设计过程中，根据装配图拆画出零件图的过程简称为拆

图。拆图是在读懂装配图的基础上进行的。零件图的内容、要求和画法等已经在前面章节中介绍过了，这里重点说明由装配图拆画零件图时应注意的问题。下面以拆画图 6-64 中钳座 3 的零件图为例说明拆图的方法和步骤。

1. 分离零件，确定零件形状

在读懂虎钳装配图的基础上，从主视图入手，按轮廓线、剖面线、零件编号及视图之间的投影关系，将其他相关的零件"移除"，便可逐步将钳座 3 从其他零件中分离出来。由图 6-64 可知，钳座 3 主体为长方体，右侧装钳口板 4 的部位较高；左侧部分的中间开有一个"工"字形槽，用于螺母 8 的安装和移动。综上所述，钳座的形状如图 6-66 所示。

装配图的表达重点是部件的工作原理、装配关系和零件间的相对位置，并非一定要把每个零件的结构形状都表达清楚，因此在拆图时，对那些未表达清楚的结构，应根据零件的作用和装配关系进行设计。

此外，装配图中未画出的倒角、圆角、退刀槽等工艺结构，在拆画零件图时必须详细画出，或者通过标注说明，不得省略。

图 6-66　钳座立体图

2. 确定零件表达方案

一般情况下，应根据零件的结构形状特点和前面章节所述零件图的视图选择原则来确定零件表达方案，而不能机械地从装配图中照抄。但对箱体类零件来说，在多数情况下，主视图应尽可能与装配图中的表达一致，以便于读图和画图。例如，钳座为箱体类零件，按工作位置原则选择主视图所得到的零件图如图 6-67 所示，与装配图中的表达是一致的。

3. 画图

按零件图的画法、要求和相关规定画图。

4. 零件的尺寸标注

拆图时，零件的尺寸标注可按如下步骤进行。

（1）抄　凡装配图中给定的所拆画零件的尺寸应该直接抄注，不能随意改变尺寸数值及其标注方法。相配合的零件的尺寸分别标注到相对应的零件图上时，所选的尺寸基准应协调一致。例如，图 6-67 中钳座的高度尺寸 45、底板安装孔的中心尺寸 94 等均抄自图 6-64 所示虎钳装配图。钳座左端支承孔的尺寸 $\phi 11H8$ 抄自配合尺寸 $\phi 11H8/f7$。

（2）查　零件上的标准结构，如螺栓通孔直径、倒角、退刀槽、砂轮越程槽、键槽等尺寸，应查阅有关标准（或本书附录 C 的表 C-1 和表 C-2、附录 F 的表 F-10）确定。尺寸的极限偏差值，也应从有关标准（或本书附录 I）中查出并按规定方式标注。

（3）算　根据装配图给定的参数计算尺寸。例如，拆画齿轮零件图时，轮齿的分度圆直径和齿顶圆直径等尺寸就应根据齿数、模数和其他参数计算得出。

（4）量　装配图中各零件的结构形状都是由设计人员认真考虑并按一定比例画出的。所以，凡装配图中未给出的、属于零件自由表面（不与其他零件接触的表面或不重要表面）的尺寸和不影响装配精度的尺寸，一般可按装配图的画图比例，从图中量取后取整标注。如图 6-67 所示钳座零件图中的总长尺寸 117 等。

5. 技术要求的注写

零件图中的技术要求应根据零件的作用、与其他零件的装配关系和工艺结构方面的要求来确定。由于技术要求的确定所涉及的专业知识较多，这里只简单说明尺寸公差和表面结构的确定，其他内容不展开介绍。

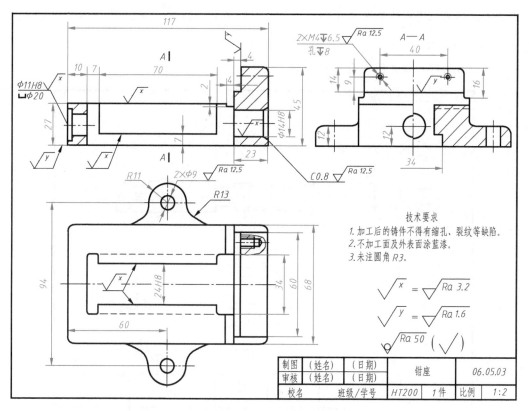

图 6-67 钳座零件图

1）零件的尺寸公差是根据装配图中的配合代号确定的。如图 6-67 中钳座孔的尺寸 φ14H8、φ11H8。

2）表面结构要求（表面粗糙度数值）应根据零件表面的作用和要求确定。接触面和配合面的表面结构要求较高；非接触面和非配合面的表面结构要求较低。一般参考同类产品用类比法确定，也可参考第五章表 5-6 借鉴确定。

【例 6-7】 由图 6-64 所示虎钳装配图拆画螺杆零件图。

解

1）分离零件，确定零件形状：读图 6-64 所示虎钳装配图，由主视图和俯视图可比较清晰地看出螺杆 1 为一轴类零件，其主要结构由左侧与 M8 螺母旋合的连接螺纹、中段起传动作用的矩形螺纹、右侧凸肩及四方榫头四部分构成。

2）确定零件表达方案：由于螺杆为典型的轴类零件，因此应按加工位置将轴线水平放置选择主视图；采用局部放大图、断面图等表达方法表达出倒角、退刀槽、圆角等工艺结构及断面结构。

3）画图：按零件图的画法、要求和相关规定画图。

4）零件的尺寸标注、技术要求的注写：螺杆零件图的尺寸标注可参照钳座零件图的尺寸标注步骤，即"抄""查""算""量"进行；螺杆零件图的技术要求注写主要是标注表面结构要求和尺寸公差，表面结构要求可参照钳座零件图的表面粗糙度注写方法进行选取，尺寸公差根据装配图中的配合尺寸确定，由图 6-64 中的 $\phi11\dfrac{H8}{f7}$、$\phi14\dfrac{H8}{f7}$ 可确定螺杆的尺寸

公差 $\phi11f7$、$\phi14f7$。

　　拆画出来的螺杆零件图如图 6-68 所示。

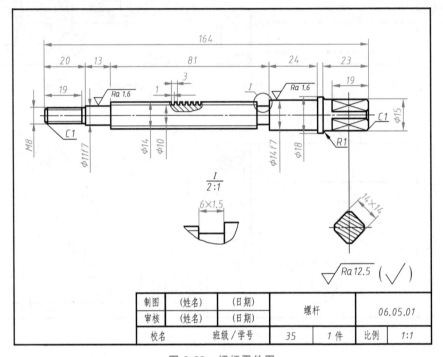

图 6-68　螺杆零件图

实践应用篇

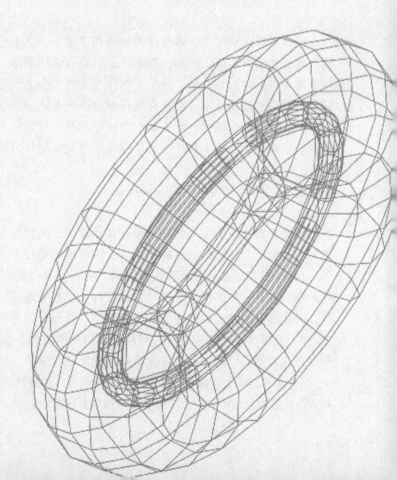

第七章 图样表达综合实践

通过前面章节的学习，可以认识到图样是传递设计思想的信息载体，也是生产过程中加工、制造、装配、检验、调试等过程的依据，是在职业岗位上进行技术交流和沟通的必要手段。为了巩固前述章节所学知识，训练学生对图样表达方法的综合运用能力，考查学生对真实零件、装配体的二维和三维表达能力，本章设置为课程中的综合实践环节，通过老师带领和指导、学生分组和分工完成综合实践大作业并答辩汇报的形式，达到综合训练的目的。

第一节 综合实践工作目标与方法

一、综合实践概述

综合实践活动是在任课教师的带领和指导下，学生通过多样化的实践性学习方式，针对给定题目查阅资料认识产品，理解产品组成和结构形体，分析二维和三维表达中疑难点，设计整体表达方案，并分组、分工协作完成实践大作业和答辩，进而理解、巩固、深化所学的理论与知识的过程。本过程旨在提升学生图样表达的综合实践能力，更有效地培养学生发现问题、解决问题的能力，开拓学生的探究精神，提供将所学知识灵活运用于解决实际问题的真实应用场景，让学生初步了解研究性学习的思路与方法。

二、综合实践工作目标

综合实践环节的主要任务是通过课堂教学、实践教学等教学手段培养学生空间思维和想象能力、绘制和阅读机械图样的能力，因此学生通过本环节训练，需达到如下目标。

1）掌握投影法的基本理论和应用技巧，具有查阅有关标准的能力及绘制和阅读机械图样的基本技能；能够借助绘图仪器、软件、模型等载体，完成简单装配体和零件的识图与表达，并能理解机械工程图样所涉及的文字、符号及图形的含义。

2）能够掌握一种或两种计算机建模与绘图软件，能应用软件构建立体的三维模型及绘制二维工程图样，逐步具备应用建模与绘图软件解决工程实际问题的能力。

3）通过讨论、查阅资料、方法验证等学习方式进行探究性自主学习，具备二维和三维表达知识与技能综合运用的能力，初步理解并掌握研究性学习方法，为后续学习和工作打下基础。

4）通过整个实践过程的训练，体会小组合作、分享的重要性，在教师与同学、同学与同学之间的互动、互助、互相学习过程中，达到加深认知、举一反三、灵活运用的目的。

三、综合实践工作方法

1. 准备工作
查找资料，明确装配体的作用及工作原理，了解装配体。

2. 建立工作规划
通过绘制思维导图或工作流程图，建立一个由中心主题向所涉及的多个方向发散的、体现思考过程的规划路线图，达到整理思路、分析问题的目的。

3. 分析整理技术难点
针对建立的规划路线图，对各分支点所涵盖的知识点、疑难点进行罗列和整理。

4. 攻克疑难，探究创新
开展探究性自主学习，有针对性地查阅资料，并通过与老师讨论、小组讨论等，探索解决问题的思路与方法。

5. 分析总结
分析综合实践中遇到的问题，挖掘可改进的方面，思考和总结工作完成过程中的不足之处，并提出改进建议与方案。

第二节　综合实践工作流程与成果

一、综合实践题目

综合实践题目的形式可以是多种多样的，由任课教师适当选取即可。例如，可以提供产品或部件的实物，也可以给出部件装配图或产品组成的零件图来布置题目，还可以用零件三维模型给出题目和要求，本节仅以给出装配图布置题目为例来介绍综合实践的工作流程和成果。

1. 明确实践题目
通过查阅资料等方式读懂图 7-1 所表达的万向节的工作原理、零件间的装配连接关系及组成结构，完成装配体及组成零件的三维与二维表达，并以文档和 PPT 方式描述对图 7-1 所示万向节的理解与认识。

> 说明：本题目选自 2018 年数控技能大赛样题，也可以根据教学需求另做选择。

2. 明确实践工作要求
1）查阅资料，了解装配体基本情况、工作原理、作用及应用领域。
2）分析各组成零件的装配关系、结构特点，完成零件及装配体的三维表达。
3）根据各组成零件的形体特征，选择合理的视图表达方案，完成零件的二维零件图表达。
4）根据装配体的形体特征和零件装配关系，由装配体三维模型生成二维装配图。

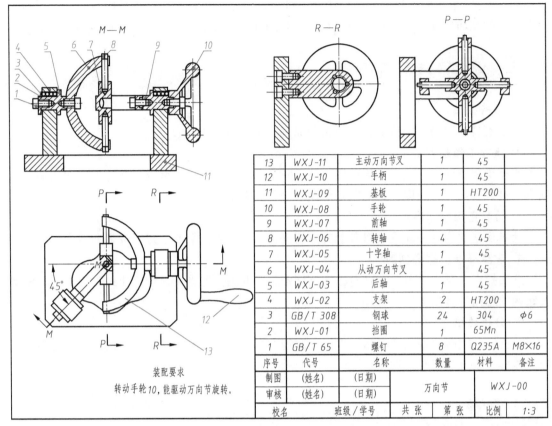

13	WXJ-11	主动万向节叉	1	45	
12	WXJ-10	手柄	1	45	
11	WXJ-09	基板	1	HT200	
10	WXJ-08	手轮	1	45	
9	WXJ-07	前轴	1	45	
8	WXJ-06	转轴	4	45	
7	WXJ-05	十字轴	1	45	
6	WXJ-04	从动万向节叉	1	45	
5	WXJ-03	后轴	1	45	
4	WXJ-02	支架	2	HT200	
3	GB/T 308	钢球	24	304	φ6
2	WXJ-01	挡圈	1	65Mn	
1	GB/T 65	螺钉	8	Q235A	M8×16
序号	代号	名称	数量	材料	备注
制图	(姓名)	(日期)	万向节		WXJ-00
审核	(姓名)	(日期)			
校名	班级/学号		共 张	第 张	比例 1:3

装配要求
转动手轮10,能驱动万向节旋转。

图 7-1 万向节装配图

5) 根据对装配体工作原理的认识与理解,完成装配体工作原理动画制作。

6) 记录收获与感悟,记录实践过程中的疑难与困惑及其解决方法,分析和总结有无可改进之处。

7) 完成综合实践报告,制作实践汇报答辩 PPT。

3. 明确实践需提交的文档

(1) 综合实践报告

(2) 各组成零件的三维建模文件与二维零件图文档

(3) 装配体的三维建模文件和二维装配图文档

(4) 装配体工作原理动画

(5) 答辩用 PPT

(6) 深入探究题目而生成的其他资料(非必需)

二、综合实践工作流程

1. 装配体分析

首先从题目给定装配图的标题栏和明细栏了解装配体名称及各零件名称和基本情况,查阅资料了解装配体的工作原理、结构特点与连接关系、作用与应用领域。

（1）装配体简介　万向节是实现不同传动轴之间变角度动力传递的基本部件，广泛应用于多种机械的传动装置中，变角度的动力传递可修正振动导致的角度变化，实现机构的正常运转，其按在扭转方向上是否有明显的弹性，万向节可分为刚性万向节和挠性万向节。

> 说明：这里只是作为一种范例进行了简单描述，可根据对装配图所描述的具体部件的理解，进行相关内容的拓展。

（2）工作原理　读图 7-1 可知，该万向节由一个十字轴 7、主动万向节叉 13、从动万向节叉 6、手轮 10、支架 4 等零件组成。工作时摇动手柄 12 带动手轮 10，手轮 10 驱动所连接的前轴 9 带动主动万向节叉 13，进而带动从动万向节叉 6 转动。同时，由于四个转轴 8 与主、从动万向节叉的支架 4 之间的连接不是完全固定的，存在转动自由度，所以后轴 5 存在一定角度的摆动（即在一条直线上的轴可以绕十字轴进行旋转），至此实现了万向节变角度的动力传输。

（3）装配体的结构特点与连接关系　根据装配体的工作原理，分析组成零件之间有装配关系部分的结构特点、重要尺寸等（在实践中自行完成）。

（4）作用与应用领域　查阅资料了解万向节在工程实际中的作用，列举常见应用领域。（在实践中自行完成。）

2. 工作流程

分析实践任务需完成的具体工作，讨论任务分工并分别完成，一般可按图 7-2 所示工作流程进行。

3. 分工完成工作任务

分工协作完成装配体及组成零件的三维与二维表达文档及其他辅助文档。

三、综合实践成果样例

本部分以学生实践成果为样例，展示综合实践成果的内容和形式。

1. 零件的三维模型与二维零件图

1）零件的三维模型样例如图 7-3 所示。可见本样例只做 10 个零件的三维模型，这是因

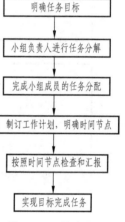

图 7-2　工作流程

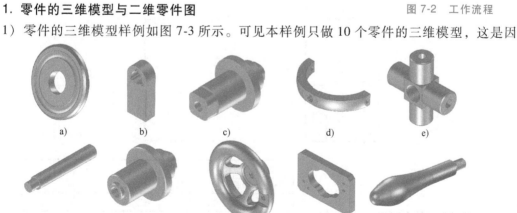

a)　　　　b)　　　　c)　　　　d)　　　　e)

f)　　　　g)　　　　h)　　　　i)　　　　j)

图 7-3　万向节零件三维模型

a) 挡圈　b) 支架　c) 后轴　d) 叉　e) 十字轴　f) 转轴　g) 前轴　h) 手轮　i) 基板　j) 手柄

为零件 1 螺钉和零件 3 钢球为标准件，不需要建模，零件 6 从动万向节叉与零件 13 主动万向节叉的结构形状完全相同，无须重复建模，并将零件名简化为"叉"来标记。

2) 零件的二维零件图样例如图 7-4 所示。与三维建模一致，二维零件图也需完成 10 种

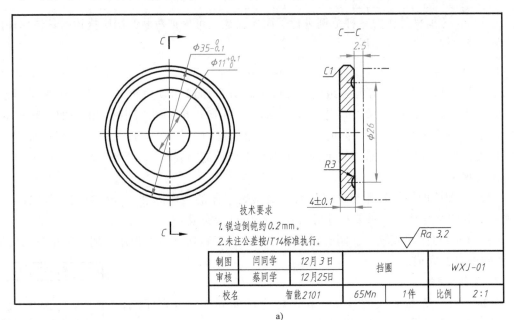

a)

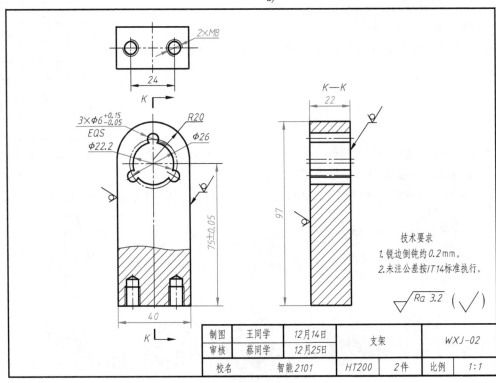

b)

图 7-4 万向节二维零件图

a）挡圈 b）支架

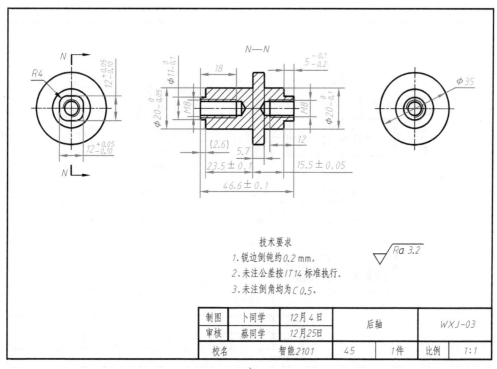

技术要求
1. 锐边倒钝约0.2 mm。
2. 未注公差按IT14标准执行。
3. 未注倒角均为C0.5。

$\sqrt{Ra\ 3.2}$

制图	卜同学	12月4日	后轴	WXJ-03
审核	蔡同学	12月25日		
校名	智能2101	45	1件	比例	1:1

c)

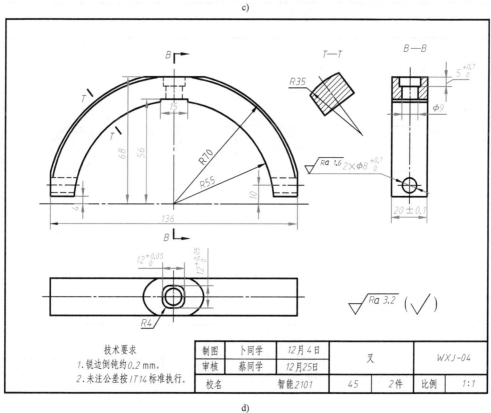

技术要求
1. 锐边倒钝约0.2 mm。
2. 未注公差按IT14标准执行。

$\sqrt{Ra\ 3.2}$ $(\sqrt{\ })$

制图	卜同学	12月4日	叉	WXJ-04
审核	蔡同学	12月25日		
校名	智能2101	45	2件	比例	1:1

d)

图 7-4 万向节二维零件图（续）
c）后轴 d）叉

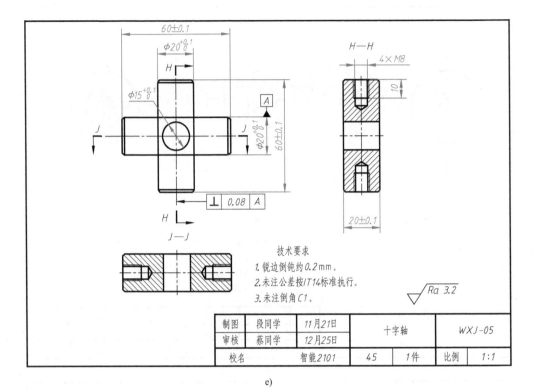

技术要求
1. 锐边倒钝约0.2mm。
2. 未注公差按IT14标准执行。
3. 未注倒角C1。

$\sqrt{}$ Ra 3.2

制图	段同学	11月21日	十字轴	WXJ-05
审核	蔡同学	12月25日		
校名	智能2101		45	1件	比例	1:1

e)

技术要求
1. 锐边倒钝约0.2mm。
2. 未注公差按IT14标准执行。

$\sqrt{}$ Ra 3.2 $\left(\sqrt{}\right)$

制图	闫同学	12月3日	转轴	WXJ-06
审核	蔡同学	12月25日		
校名	智能2101		45	4件	比例	3:1

f)

图7-4 万向节二维零件图（续）

e）十字轴 f）转轴

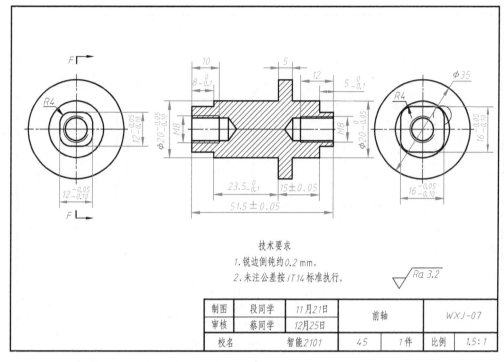

技术要求

1. 锐边倒钝约0.2 mm。

2. 未注公差按IT14标准执行。

$\sqrt{}$ Ra 3.2

制图	段同学	11月21日	前轴		WXJ-07	
审核	蔡同学	12月25日				
校名		智能2101	45	1件	比例	1.5:1

g)

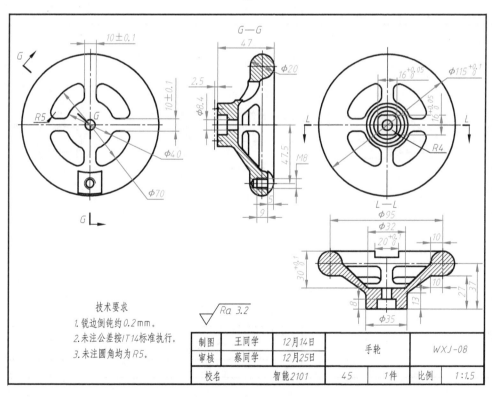

技术要求

1. 锐边倒钝约0.2 mm。

2. 未注公差按IT14标准执行。

3. 未注圆角均为R5。

$\sqrt{}$ Ra 3.2

制图	王同学	12月14日	手轮		WXJ-08	
审核	蔡同学	12月25日				
校名		智能2101	45	1件	比例	1:1.5

229

h)

图 7-4　万向节二维零件图（续）

g）前轴　h）手轮

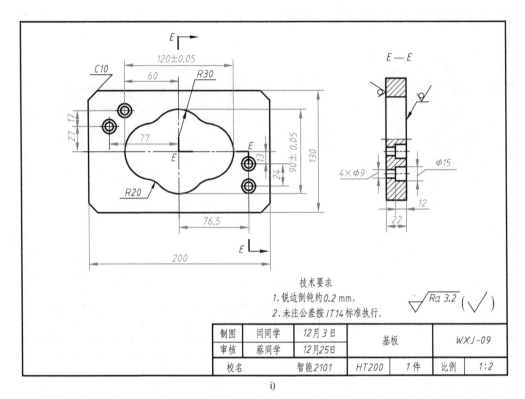

技术要求

1. 锐边倒钝约0.2mm。

2. 未注公差按IT14标准执行。

$\sqrt{Ra\,3.2}\,(\checkmark)$

制图	闫同学	12月3日	基板		WXJ-09
审核	蔡同学	12月25日			
校名		智能2101	HT200	1件	比例	1:2

i)

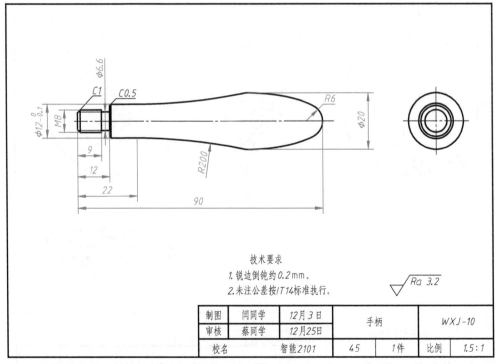

技术要求

1. 锐边倒钝约0.2mm。

2. 未注公差按IT14标准执行。

$\sqrt{Ra\,3.2}$

制图	闫同学	12月3日	手柄		WXJ-10
审核	蔡同学	12月25日			
校名		智能2101	45	1件	比例	1.5:1

j)

图7-4　万向节二维零件图（续）

i）基板　j）手柄

零件工程图的绘制。画图时，应注意根据零件几何形体特征选择合适的表达方案，并根据零件图内容、画法等的有关规定完成图样。此外，可以看出零件图中标注了都一定的技术要求，这些应查阅相关资料及参考类似零件进行确定。

2. 装配件的三维模型与二维装配图

1）装配体的三维模型样例如图 7-5 所示。

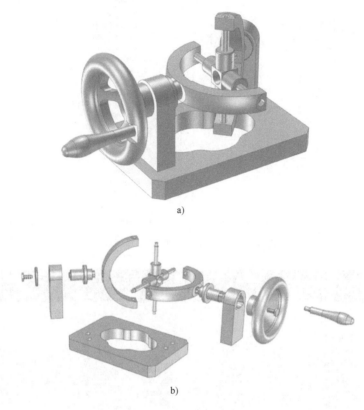

a)

b)

图 7-5　万向节三维模型

a）装配体　b）爆炸图

2）装配体二维装配图应将装配体三维模型投射到某一投影面来生成，样例略。虽然本实践题目是以装配图的形式给出的，但实际工作中生成的装配图不必与题目给出的形式完全一致，可以借鉴题目给定的原图，也可以按照对装配体的理解、分析和对视图表达方法的综合运用"再表达"，进行合理地改进与创新。同样地，尺寸标注、技术要求等相关内容也可在查阅资料后对题目给定的原图进行分析，判断其是否存在不合理之处，实现图样表达的全面优化。

3. 综合实践报告

整理综合实践文档，总结感悟与收获、意见与建议，撰写实践报告，实践报告封面及目录样例如图 7-6 所示。可在此基础上添加相关扩展内容，也可根据具体题目要求适当增减内容。

4. 制作装配体原理动画及答辩 PPT

完成的万向节原理动画截图如图 7-7 所示，答辩 PPT 封面及目录样例如图 7-8 所示。

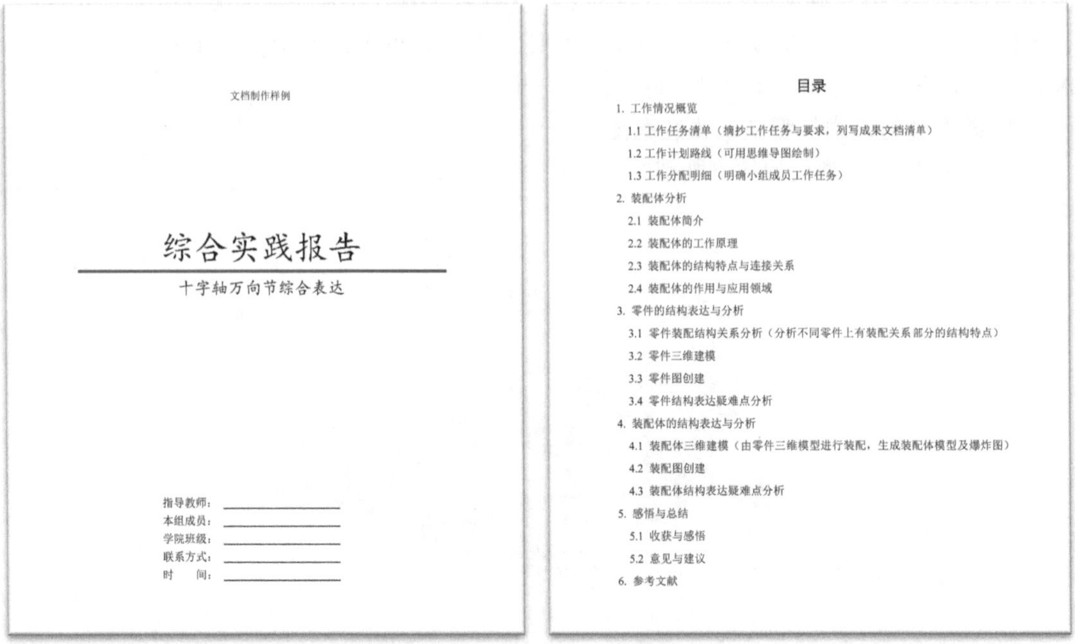

文档制作样例

综合实践报告

十字轴万向节综合表达

指导教师：＿＿＿＿＿
本组成员：＿＿＿＿＿
学院班级：＿＿＿＿＿
联系方式：＿＿＿＿＿
时　　间：＿＿＿＿＿

图 7-6　综合实践报告封面及目录样例

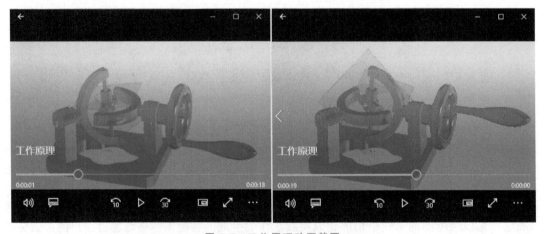

图 7-7　工作原理动画截图

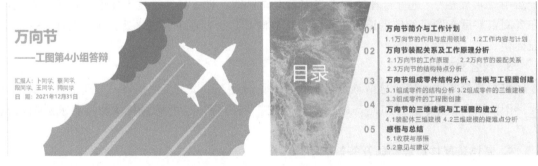

图 7-8　答辩 PPT 封面及目录样例

5. 内容拓展与创新

若想对装配体进行更深入地探究，可增加对装配体的力分析、物理场分析及进一步的结构强度分析等，其他题目的应力（应变）分布云图和流体与固体交界处迹线分布图分别如图 7-9 和图 7-10 所示。

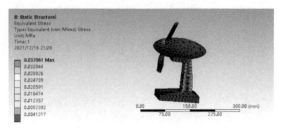

图 7-9　应力（应变）分布云图

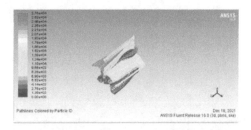

图 7-10　流体与固体交界处迹线分布图

为便于答辩展示，对装配结构的表达可采用如图 7-11 所示形式。

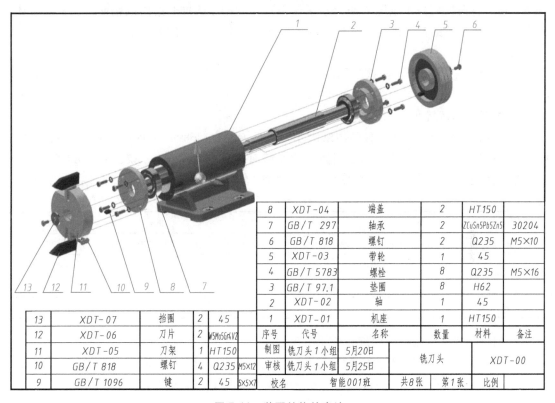

8	XDT-04	端盖	2	HT150	
7	GB/T 297	轴承	2	ZCuSn5Pb5Zn5	30204
6	GB/T 818	螺钉	2	Q235	M5×10
5	XDT-03	带轮	1	45	
4	GB/T 5783	螺栓	8	Q235	M5×16
3	GB/T 97.1	垫圈	8	H62	
2	XDT-02	轴	1	45	
1	XDT-01	机座	1	HT150	
序号	代号	名称	数量	材料	备注

13	XDT-07	挡圈	2	45	
12	XDT-06	刀片	2	W5Mo5Gr4LV2	
11	XDT-05	刀架	1	HT150	
10	GB/T 818	螺钉	4	Q235	M5×12
9	GB/T 1096	键	2	45	5×5×7

制图	铣刀头1小组	5月20日	铣刀头	XDT-00
审核	铣刀头1小组	5月25日		
校名	智能001班		共8张	第1张	比例

图 7-11　装配结构的表达

附录

附录 A 制图国家标准

本附录将根据《技术制图》与《机械制图》系列国家标准介绍图纸幅面、比例、字体、图线、尺寸标注等的基本规定，其他一些规定将在具体章节中予以介绍。

一、图纸幅面和格式（GB/T 14689—2008）

1. 图纸的幅面尺寸

图纸幅面是指用于表达零件的图纸大小，根据 GB/T 14689—2008 的规定，绘制技术图样时首选采用表 A-1 所规定的基本幅面，基本幅面代号有 A0、A1、A2、A3、A4 五种。必要时允许使用 GB/T 14689—2008 规定的加长幅面，具体幅面尺寸可通过查阅该标准得到。

表 A-1　图纸幅面和图框尺寸　　　　　　　　　　（单位：mm）

幅面代号	A0	A1	A2	A3	A4
尺寸 $B \times L$	841×1189	594×841	420×594	297×420	210×297
e	20			10	
c	10			5	
a	25				

2. 图框格式及标题栏、明细栏位置及尺寸

图框格式分为不留装订边和留装订边两种，如图 A-1 和图 A-2 所示，图框线用粗实线绘制，同一产品只能采用同一种格式。两种图框格式按表 A-1 所列尺寸绘制。

3. 标题栏和明细栏

标题栏用于描述图幅内图样所绘制的零件或部件信息，包含图样名称、制图单位名称、设计者、审核者、工艺流程制订者的签名，零件的材料、件数或部件图样的张数，绘图比例、图号及图样的修改记录等项内容。

GB/T 10609.1—2008 规定的标题栏格式和尺寸如图 A-3 所示，一般绘制在图纸的右下角，看图的方向与看标题栏的方向一致。

 "GB" 为国家标准的缩写，"T" 为推荐的缩写，"14698" 表示该标准的编号，"2008" 表示该标准颁布的年份。

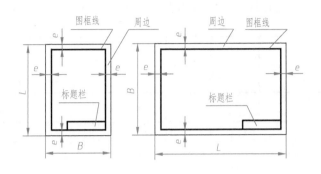

图 A-1　不留装订边的图框格式

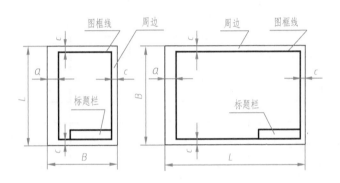

图 A-2　留装订边的图框格式

注意：每张图纸上都必须画出标题栏。

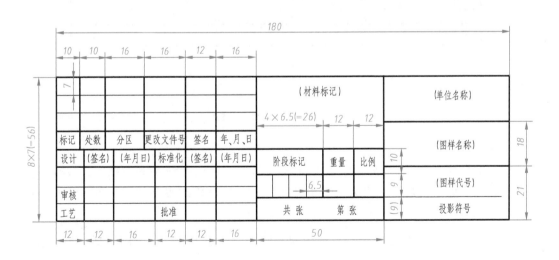

图 A-3　GB/T 10609.1—2008 规定的标题栏格式和尺寸

明细栏是机器或部件装配图中全部零（组）件的详细目录。GB/T 10609.2—2009 推荐了明细栏各部分的尺寸及格式，需要时可查阅该标准获得。

在学习本课程期间，制图作业建议采用图 A-4 和图 A-5 所示的标题栏和明细栏格式。

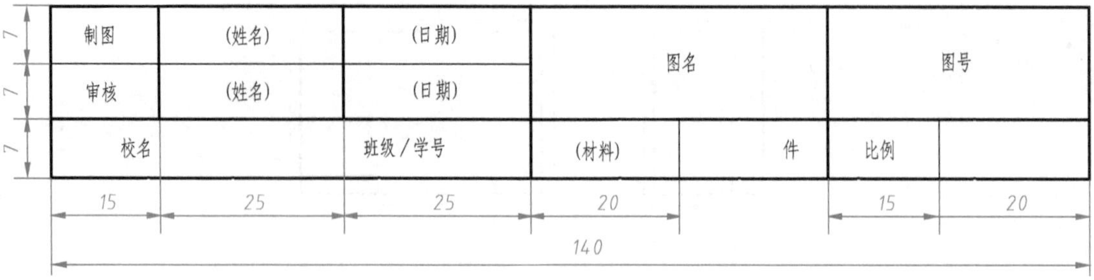

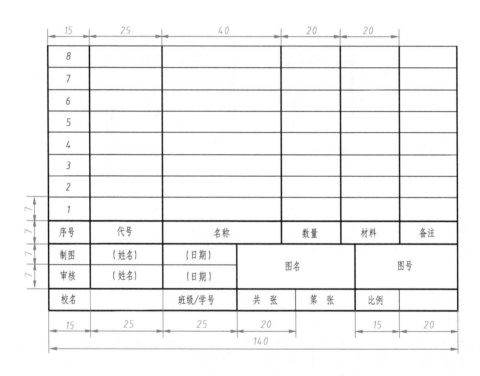

图 A-4　学习期间建议采用的零件图标题栏格式

图 A-5　学习期间建议采用的装配图标题栏和明细栏格式

4. 对中符号

使用对中符号是为了使图样复制和微缩摄影时定位方便，绘制时在图纸各边长的中点处分别画出，用短粗实线绘制，线宽不小于 0.5mm，长度从纸边界开始向内伸入图框 5mm，如图 A-6a 所示。

> 注意：当对中符号处在标题栏范围内时，伸入标题栏内的部分省略不画，如图 A-6a 所示。

5. 方向符号

为了利用预先印刷好图框和标题栏的图纸画图，允许将图纸转换成标题栏位于图纸的右上角使用，但需明确其看图方向。为了明确绘图与看图的方向，应在图纸的下边对中符号处画出一个方向符号,如图 A-6a 所示。方向符号是用细实线绘制的等边三角形,其画法和尺寸如图 A-6b 所示。

> 注意:方向符号的尖角方向为看图的方向,但标题栏中的内容及书写方向仍按常规处理。

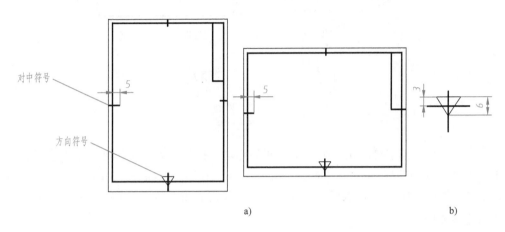

a)   b)

图 A-6 对中符号与方向符号

a)对中符号的位置和画法 b)方向符号的画法和尺寸

二、比例 (GB/T 14690—1993)

根据 GB/T 14690—1993 的规定,图样中图形与其实物相应要素的线性尺寸之比称为比例。绘制技术图样时,一般应在表 A-2 所列的系列中选取适当的比例。

表 A-2 国家标准规定的比例系列

种类	比 例				
原值比例	$1:1$				
放大比例	$5:1$ $5 \times 10^n : 1$	$2:1$ $2 \times 10^n : 1$	$1 \times 10^n : 1$	$(4:1)$ $(4 \times 10^n : 1)$	$(2.5:1)$ $(2.5 \times 10^n : 1)$
缩小比例	$1:2$ $1:2 \times 10^n$ $(1:1.5)$ $(1:1.5 \times 10^n)$	$1:5$ $1:5 \times 10^n$ $(1:2.5)$ $(1:2.5 \times 10^n)$	$1:10$ $1:1 \times 10^n$ $(1:3)$ $(1:3 \times 10^n)$	$(1:4)$ $(1:4 \times 10^n)$	$(1:6)$ $(1:6 \times 10^n)$

注:n 为正整数。括号内的比例在必要时允许选用。

> 注意:比例一般应填写在标题栏中的比例栏内。当某个视图采用不同于标题栏内的比例时,需要标注在视图名称的下方,如图 A-7 所示。

三、字体 (GB/T 14691—1993)

GB/T 14691—1993 规定了技术图样及有关技术文件中书写汉字、字母、数字的格式及

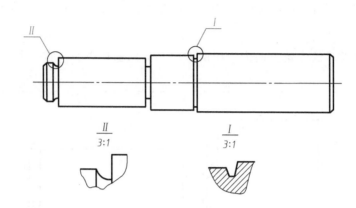

图 A-7 比例的标注

基本尺寸。书写的基本要求是笔画清楚、间隔均匀、排列整齐。字体高度用 h 表示，其公称尺寸系列为 1.8mm、2.5mm、3.5mm、5mm、7mm、10mm、14mm、20mm。字体高度称为字体的号数，例如，10 号字即表示字高为 10mm。如需要书写大于 20 号的字，其字体高度应按 $\sqrt{2}$ 的比率递增。

汉字、字母和数字的格式及基本尺寸见表 A-3。

表 A-3 汉字、字母和数字的格式及基本尺寸

字体	字体格式	字体高度	书写基本规定	示例
汉字	应写成长仿宋体字，采用中华人民共和国国务院正式公布推行的《汉字简化方案》中规定的简化字	高度 h 不应小于 3.5mm，其字宽一般为 $h/\sqrt{2}$（即约等于字高的 2/3）	横平竖直，注意起落，结构均匀，字体工整	笔画清楚 间隔均匀 排列整齐 笔画清楚 间隔均匀 排列整齐 笔画清楚 间隔均匀 排列整齐
字母	分 A 型和 B 型两类，可写成斜体或直体，一般采用斜体。技术图样中常用的字母有拉丁字母和希腊字母两种	A 型字体的笔画宽度（d）为字高（h）的 1/14，B 型字体的笔画宽度（d）为字高（h）的 1/10	斜体字的字头向右倾斜，与水平基准线成 75°角	*ABCDERGHIJ* 斜体 ABCDERGHIJ 直体
数字	分 A 型和 B 型两类，可写成斜体或直体，一般采用斜体。技术图样中常用的数字有阿拉伯数字和罗马数字	A 型字体的笔画宽度（d）为字高（h）的 1/14，B 型字体的笔画宽度（d）为字高（h）的 1/10	斜体字的字头向右倾斜，与水平基准线成 75°角	*0123456789* 斜体 0123456789 直体 I II III IV V VI 直体 *I II III IV V VI* 斜体

注：在同一张图样上，只允许选用一种类型的字体。

四、图线 （GB/T 17450—1998、GB/T 4457. 4—2002）

GB/T 17450—1998 和 GB/T 4457.4—2002 规定了图样中图线的线型、尺寸和画法。

1. 线型

GB/T 17450—1998 规定了技术制图的 15 种基本线型，GB/T 4457.4—2002 列出了机械制图中常用的 9 种线型，表 A-4 列出了机械工程图样的常用线型，图线的应用举例如图 A-8 所示。

表 A-4　机械工程图样的常用线型

图线名称	图线型式	图线宽度	主要用途
粗实线		d	可见棱边线、可见轮廓线、相贯线、螺纹牙顶线、螺纹长度终止线、齿顶圆（线）等
细实线		$d/2$	过渡线、尺寸线、尺寸界线、指引线和基准线、剖面线、重合断面的轮廓线、螺纹的牙底线和齿轮的齿根线、辅助线等
细虚线	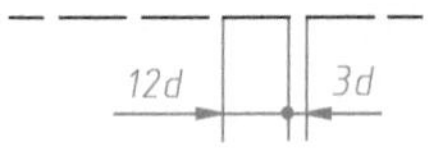 12d　3d	$d/2$	不可见棱边线、不可见轮廓线
细点画线	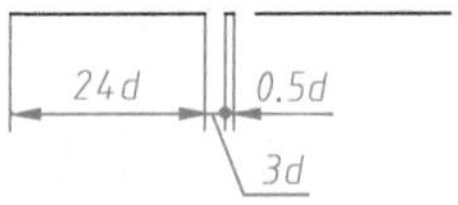 24d　0.5d　3d	$d/2$	轴线、对称中心线、齿轮分度圆（线）等
细双点画线	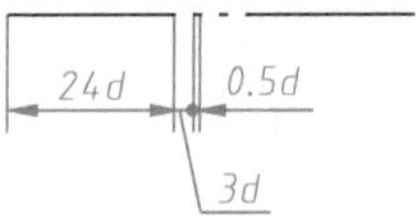 24d　0.5d　3d	$d/2$	轨迹线、相邻辅助零件的轮廓线、中断线、极限位置的轮廓线等
波浪线		$d/2$	断裂处的边界线、视图与剖视图的分界线
双折线	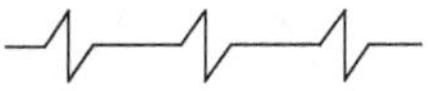	$d/2$	断裂处的边界线、视图与剖视图的分界线

2. 图线的宽度

所有线型的图线宽度（d）应按图样的类型和尺寸大小，在 0.13mm、0.18mm、0.25mm、0.35mm、0.5mm、0.7mm、1mm、1.4mm、2mm 中选择，该数系的公比为 $1:\sqrt{2}$（$\approx 1:1.4$）。

3. 图线的画法

1）在较小的图形中绘制细点画线或细双点画线有困难时，可用细实线代替。

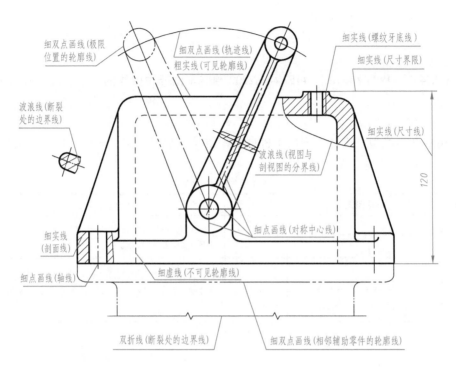

图 A-8　图线的应用举例

2）细虚线、细点画线、细双点画线、粗实线彼此相交时，应线段相交，而不应空隙相交。

3）当多种图线重合时，只需画出一种，优先顺序为：粗实线（可见轮廓线）、虚线（不可见轮廓线）、点画线（对称中心线）。

4）绘制圆的对称中心线时，圆心应为线段的交点。

5）绘制对称中心线或轴线时，图线应超出图形轮廓线 3~5mm。

图线画法的正误对比如图 A-9 所示。

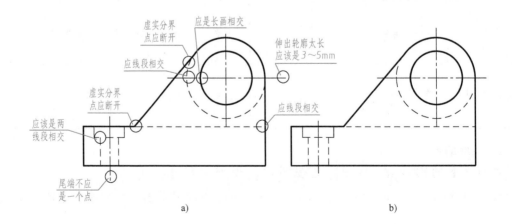

图 A-9　图线画法的正误对比

a）错误　　b）正确

五、尺寸注法（GB/T 4458.4—2003）

1. 尺寸标注的基本规则

1）图样中所标注的尺寸为成品尺寸，与图样的比例无关。

2）图样中的尺寸默认以 mm 为单位，不需标注任何计量单位名称和代号。

3）各结构的相同尺寸一般只标注一次，并且应标注在反映该结构最清晰的特征视图上。

2. 尺寸的组成

图样上标注的尺寸是由尺寸线、尺寸界线和尺寸数字组成，同时，尺寸线、尺寸界线和尺寸数字也就构成了尺寸的三要素。表 A-5 列出了尺寸线、尺寸界线、尺寸数字这三要素的一些基本规定。

表 A-5　尺寸要素的基本规定

尺寸要素	基本规定	示例
尺寸线	1. 用细实线绘制 2. 线性尺寸的尺寸线应平行于所表示的长度的线段 3. 图形的轮廓线、中心线或它们的延长线，可以用作尺寸界线，但不能用作尺寸线，尺寸线必须单独画出，不能用其他图线代替或画在其延长线上 4. 尺寸线终端可以有箭头和斜线两种形式，一般机械图样的尺寸线终端采用箭头的形式（小尺寸标注除外），土建图样的尺寸线终端采用斜线的形式，同一张图样中只能采用一种尺寸终端的形式	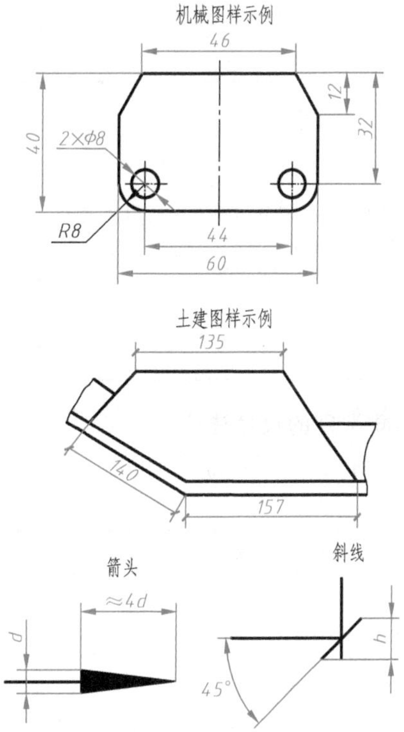
尺寸界线	1. 用细实线绘制 2. 可利用轮廓线、轴线、对称中心线或它们的延长线作为尺寸界线 3. 尺寸界线一般应与尺寸线垂直，当尺寸界线过于贴近轮廓线时，允许将其倾斜画出，在光滑过渡线处，需用细实线将轮廓延长，从其交点引出尺寸线	

241

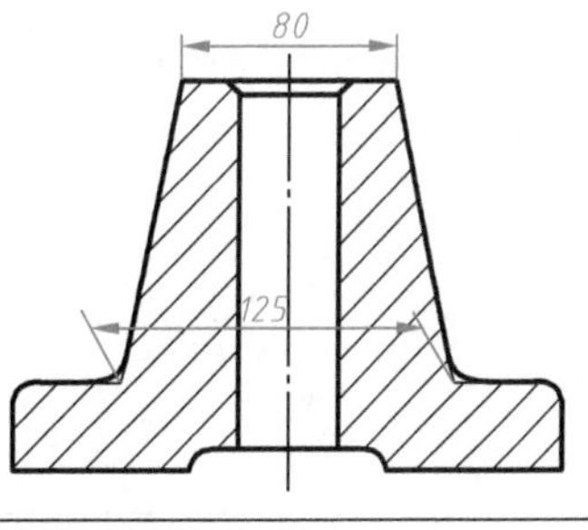

（续）

尺寸要素	基本规定	示例
尺寸数字	一般应注在尺寸线的上方，也允许注写在尺寸线的中断处。当空间不够时也可以引出标注。在不致引起误解时，允许将非水平方向的尺寸数字水平地注写在尺寸线的中断处	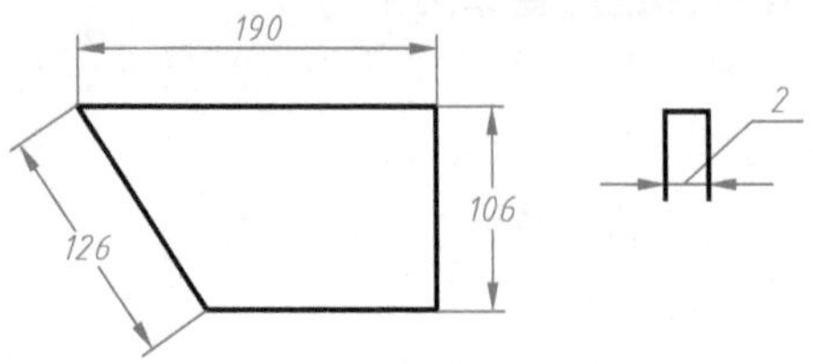
	尺寸数字一般应采用左图所示的方向注写，尽可能避免在竖直方向左、右两侧30°范围内标注尺寸，当无法避免时可按右图所示的形式标注。	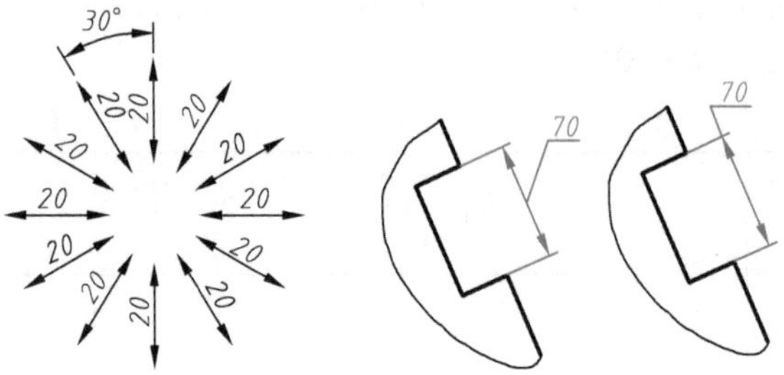
	尺寸数字不可被任何图线通过，不可避免时，需把图线断开	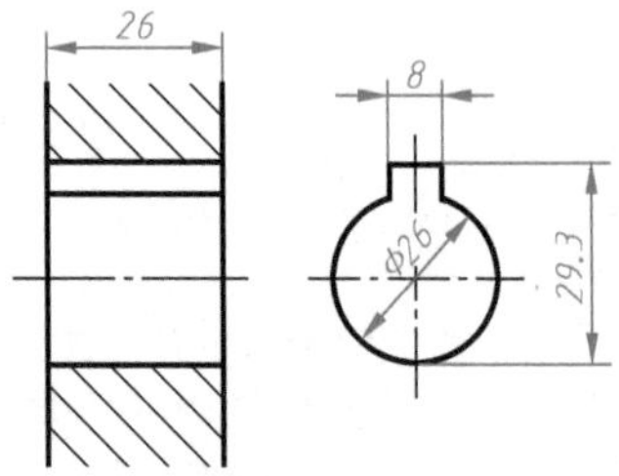

3. 不同类别的尺寸注法

表 A-6 列出了一些常用类别的尺寸注法。

表 A-6　常用类别的尺寸注法

类别	基本规定	示例
线性尺寸注法	尺寸标注时应遵循"小尺寸在里，大尺寸在外"的原则	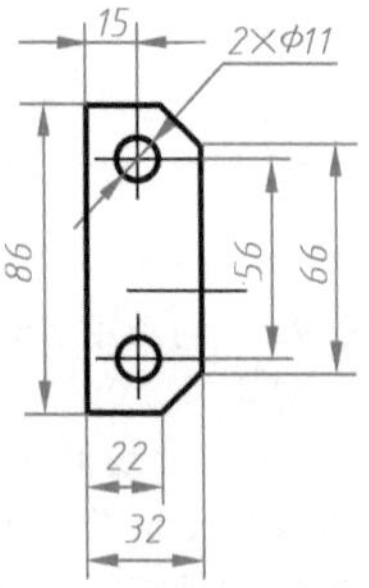

（续）

类别	基本规定	示例
直径和半径尺寸注法	1. 标注时需添加标识符"ϕ"和"R"，"ϕ"用于标注整圆或大于半个圆周的圆弧直径尺寸；"R"用于标注小于或等于半个圆周的圆弧半径尺寸 2. 标注时，以圆弧轮廓线为尺寸界线，尺寸线应通过圆弧的中心	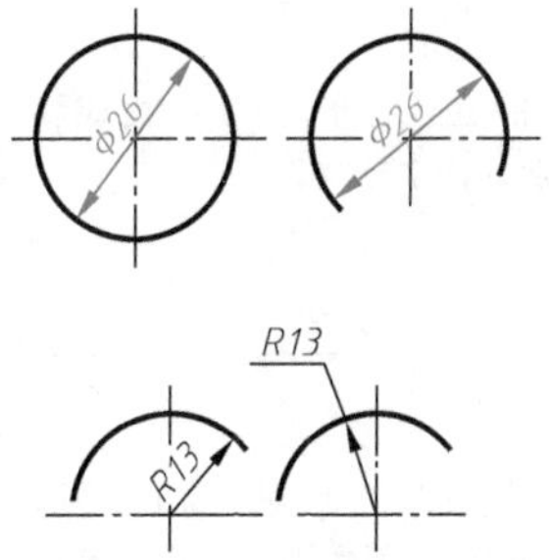
	对比于双尺寸界线的标注，当图样中只显示一端的尺寸界线时，尺寸线的长度应超过对称中心线	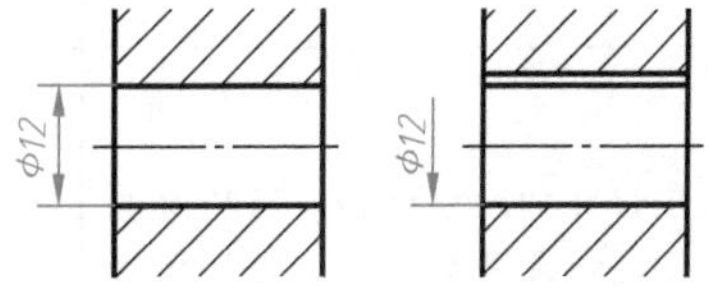
	半径尺寸应注写在投影为圆弧的视图上，如 $R10$、$R15$ 的标注	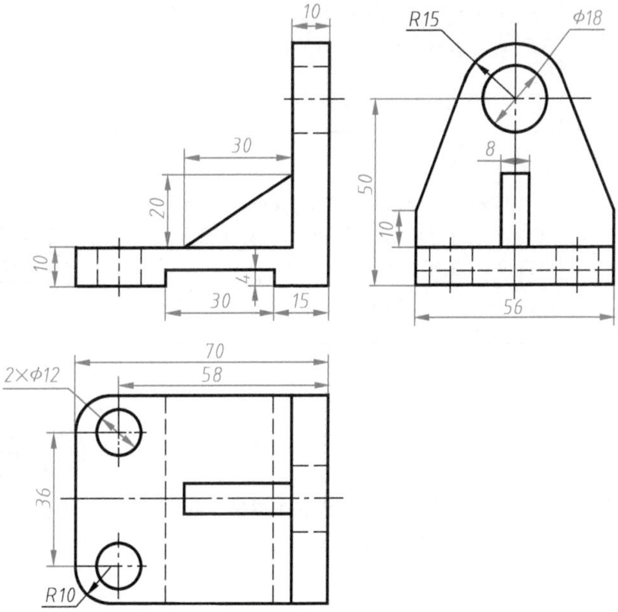
	当圆弧半径过大，或者在图纸范围内无法注出圆心位置时，可按图示形式标注半径尺寸，也可不标注圆心位置	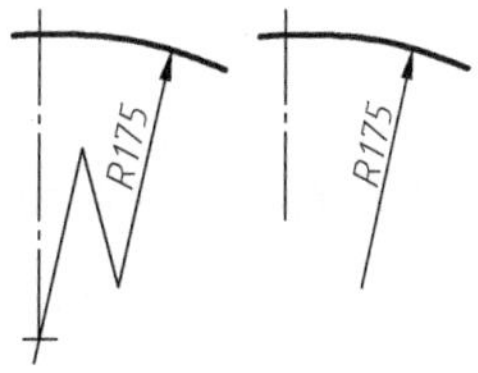

（续）

类别	基本规定	示例
球面尺寸注法	标注球面的直径或半径尺寸时,应在"ϕ"或"R"前加注字母"S"	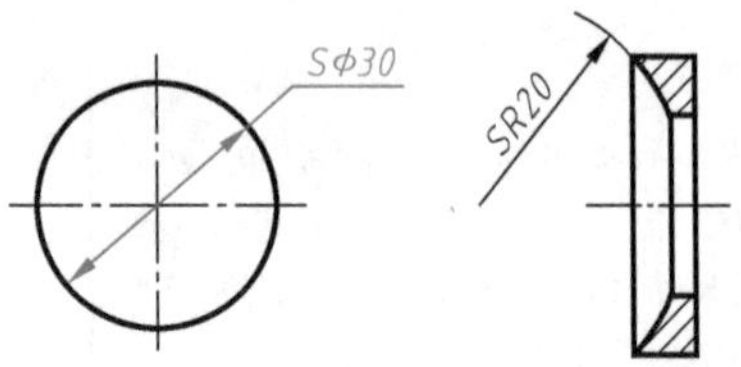
	对于螺钉、铆钉的头部、轴(包括螺杆)及手柄的端部等,在不致引起误解的情况下,可省略字母"S"	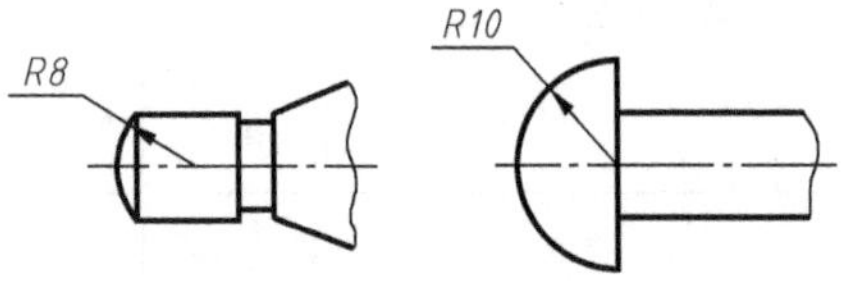
角度尺寸注法	1. 角度尺寸的尺寸界限应沿径向引出,尺寸线应画成圆弧,其圆心是该角的顶点 2. 角度的数字一律写成水平方向,一般注写在尺寸线中断处,必要时可注写在尺寸线上方或外侧,也可以引出标注	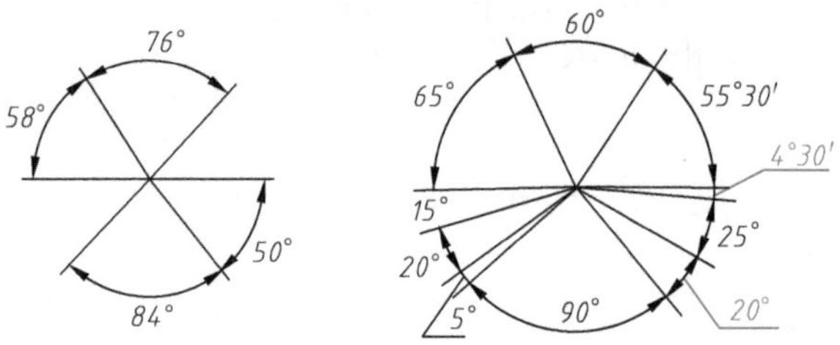
正方形结构	对于横截面为正方形的结构,可在正方形边长尺寸之前加注符号"□",或以"边长×边长"的形式标注	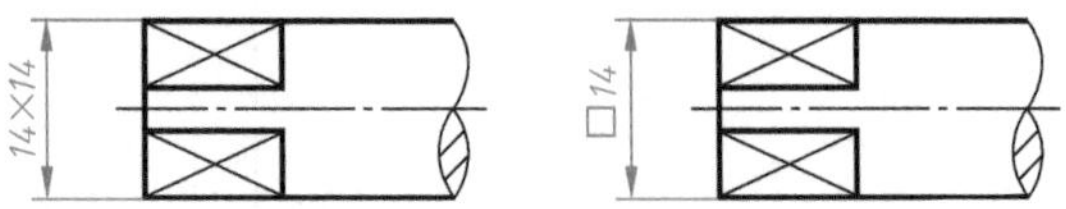
小部位尺寸注法	在没有足够空间画箭头或注写尺寸数字时,可按照图例方式注写	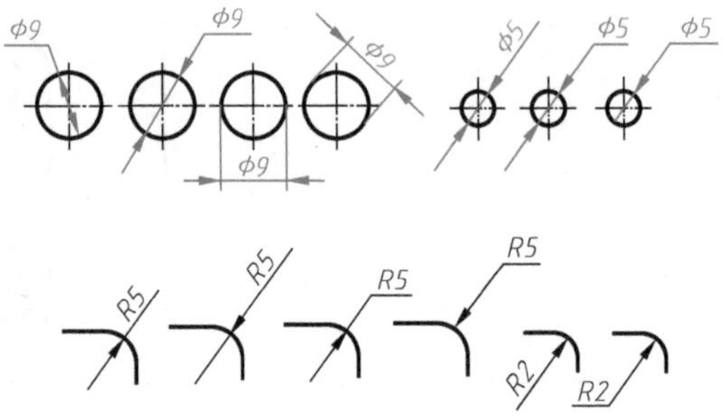
	几个小尺寸连续标注时,中间的箭头可用斜线或圆点代替	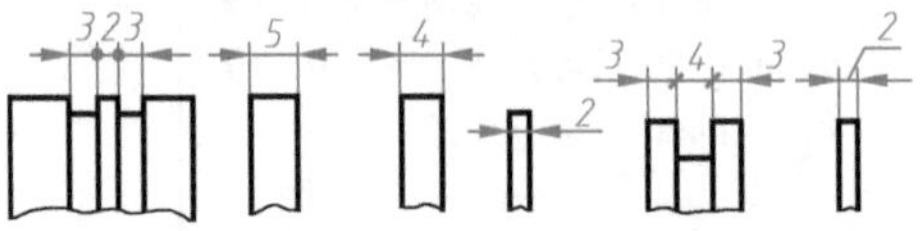

附录 B 工程图草绘

借助于三角板和其他绘图仪器绘制图样的方法称为尺规作图。而不借助绘图仪器，目测物体各部分的比例和大小，徒手绘制图样的方法称为草绘。这里主要介绍草绘的应用场合、图样要求、基本技法、基本步骤。

一、草绘的应用场合

草绘的随意性比较大，主要应用于工作条件比较简陋、时间比较受限的场合。在这种场合下，由于不具备仪器绘图的条件，草绘就显得尤为重要。技术人员必须具备一定的草绘技能。草绘主要应用于下列情况。

1）设计者在最初设计阶段，用图样表达自己的设计方案、设计构思的场合。

2）设计者或制造者与其他工作人员进行技术交流的场合。

3）技术人员进行工作现场测绘的场合。

二、草绘的图样要求

1）图样正确，字体工整，线型分明，图面整洁。

2）图样各部分比例要协调，尽量与实物保持一致。

3）图样大小应尽量与实物保持一致，不要有太大的差别。

三、草绘的基本技法

草绘图样时，铅笔要削成圆锥形。下面介绍几种草绘的基本技法。

1. 执笔的方法

手执笔的位置应略高于尺规绘图时执笔的高度，便于观察和追踪运笔时的走势，有利于看清目标。笔一般与水平面成 45°~60° 夹角。

2. 直线的画法

画直线时，手腕不能转动，应尽量保持与铅笔一体的状态沿着要画线的方向平移，眼睛始终注视图线的终点。若直线较长，可分段画出。图纸的放置方式可依据个人习惯调整。水平线、竖直线的画法如图 B-1、图 B-2 所示。

3. 圆的画法

小圆的画法如图 B-3 所示，先确定画圆的位置，画出互相垂直的两条对称中心线。再目测圆的大小，在约等于圆半径的位置上定出四个点。最后徒手连接这四点即可。

大圆的画法如图 B-4 所示，同样先确定画圆的位置，画出互相垂直的两条对称中心线，再画出两条 45° 方向的斜线。然后目测圆的大小，在约等于圆半径的位置上定出八个点。最后徒手连接各点即可。

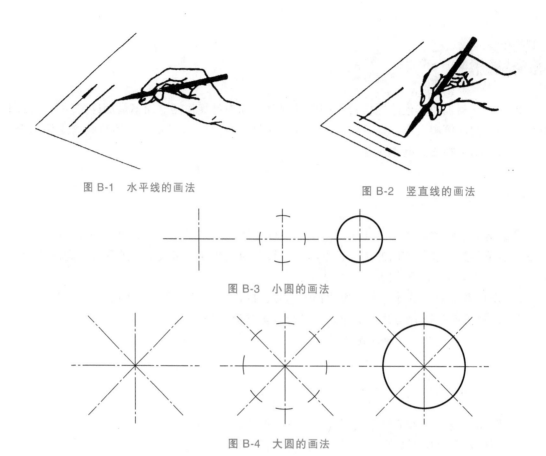

图 B-1　水平线的画法　　　　　　　　图 B-2　竖直线的画法

图 B-3　小圆的画法

图 B-4　大圆的画法

4. 连接圆弧的画法

连接圆弧的画法如图 B-5 所示，首先目测圆弧半径的大小，以该半径分别作出两条与所要连接的线段平行的直线，这两条直线的交点即为连接圆弧的圆心。然后从圆心作出所要连接的线段的垂线，垂足即切点，也是连接圆弧的起始点和终止点。最后根据圆心、圆弧半径作出两切点之间的圆弧部分，完成连接圆弧。

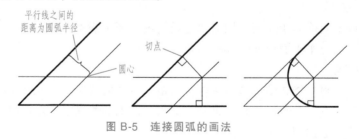

平行线之间的
距离为圆弧半径

切点

圆心

图 B-5　连接圆弧的画法

四、草绘的基本步骤

1）确定主视图的投射方向，绘制基准。

2）画底稿，尽量按照实物各部分的比例、大小绘制各部分轮廓。

3）用仪器测绘，精确地标注尺寸。

4）审核、修改，加深图线。

附录 C　常用零件结构要素

1. 零件倒圆与倒角 （GB/T 6403.4—2008）

零件倒圆与倒角尺寸如图 C-1 所示，与直径 ϕ 相应的倒圆 R 与倒角 C 的推荐值见表 C-1。

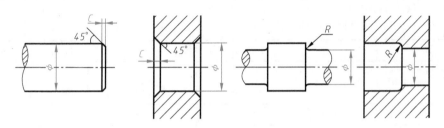

图 C-1　零件倒圆与倒角尺寸

表 C-1　与直径 ϕ 相应的倒圆 R 与倒角 C 的推荐值　　　　（单位：mm）

直径	<3	>3~6	>6~10	>10~18	>18~30	>30~50	>50~80	>80~120	>120~180
R 或 C	0.2	0.4	0.6	0.8	1.0	1.6	2.0	2.5	3.0

2. 砂轮越程槽 （GB/T 6403.5—2008）

砂轮越程槽各部分尺寸如图 C-2 所示，尺寸数值见表 C-2。

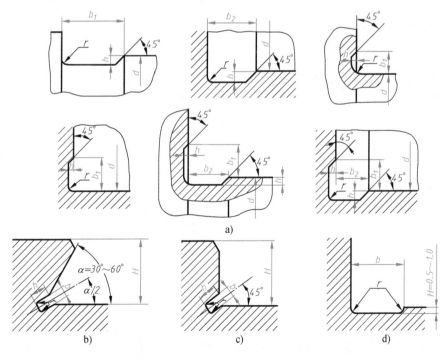

a）

b）　　　　　　　　　　c）　　　　　　　　　　d）

图 C-2　砂轮越程槽各部分尺寸

a）回转面及端面砂轮越程槽　b）燕尾导轨砂轮越程槽　c）矩形导轨砂轮越程槽　d）平面砂轮越程槽

表 C-2 砂轮越程槽各部分尺寸数值　　　　　　　　（单位：mm）

回转面及端面砂轮越程槽	b_1	0.6	1.0	1.6	2.0	3.0	4.0	5.0	8.0	10
	b_2	2.0	3.0		4.0		5.0		8.0	10
	h	0.1	0.2		0.3	0.4		0.6	0.8	1.2
	r	0.2	0.5		0.8	1.0		1.6	2.0	3.0
	d	~10			10~15		50~100		100	

注：1. 越程槽内与直线相交处，不允许产生尖角
　　2. 越程槽深度 h 与圆弧半径 r 要满足 $r \leqslant 3h$

燕尾导轨砂轮越程槽	H	≤5	6	8	10	12	16	20	25	32	40	50	63	80
	b	1	2		3			4			5			6
	h													
	r	0.5	0.5		1.0			1.6			1.6			2.0

矩形导轨砂轮越程槽	H	8	10	12	16	20	25	32	40	50	63	80	100
	b	2				3				5		8	
	h	1.6				2.0				3.0		5.0	
	r	0.5				1.0				1.6		2.0	

平面砂轮越程槽	b	2		3		4		5	
	r	0.5		1.0		1.2		1.6	

附录 D　螺纹

1. 普通螺纹的直径与螺距系列（GB/T 193—2003）**和基本尺寸**（GB/T 196—2003）

普通螺纹的基本尺寸如图 D-1 所示，尺寸数值见表 D-1。

$$H = \frac{\sqrt{3}}{2}P$$

$$D_2 = D - 2 \times \frac{3}{8}H = D - 0.6495P$$

$$d_2 = d - 2 \times \frac{3}{8}H = d - 0.6495P$$

$$D_1 = D - 2 \times \frac{5}{8}H = D - 1.0825P$$

$$d_1 = d - 2 \times \frac{5}{8}H = d - 1.0825P$$

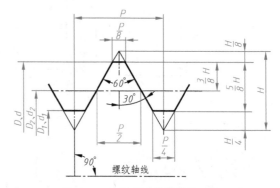

图 D-1　普通螺纹的基本尺寸

标记示例：

公称直径为 24mm、螺距为 3mm 的右旋粗牙普通螺纹：M24

公称直径为 24mm、螺距为 2mm 的左旋细牙普通螺纹：M24×2-LH

表 D-1　普通螺纹的基本尺寸数值　　　　　　（单位：mm）

公称直径 D 或 d		螺距 P	中径 D_2 或 d_2	小径 D_1 或 d_1	公称直径 D 或 d		螺距 P	中径 D_2 或 d_2	小径 D_1 或 d_1
第 1 系列	第 2 系列				第 1 系列	第 2 系列			
4		(0.7)	3.545	3.242		18	(2.5)	16.376	15.294
		0.5	3.675	3.459			2	16.701	15.835
							1.5	17.026	16.376
							1	17.350	16.917
	4.5	(0.75)	4.013	3.688		20	(2.5)	18.376	17.294
		0.5	4.175	3.959			2	18.701	17.835
5		(0.8)	4.480	4.134			1.5	19.026	18.376
		0.5	4.675	4.459			1	19.350	18.917
6		(1)	5.350	4.917		22	(2.5)	20.376	19.294
		0.75	5.513	5.188			2	20.701	19.835
8		(1.25)	7.188	6.647			1.5	21.026	20.376
		1	7.350	6.917			1	21.350	20.917
		0.75	7.513	7.188	24		(3)	22.051	20.752
10		(1.5)	9.026	8.376			2	22.701	21.835
		1.25	9.188	8.647			1.5	23.026	22.376
		1	9.350	8.917			1	23.350	22.917
		0.75	9.513	9.188		27	(3)	25.051	23.752
12		(1.75)	10.863	10.106			2	25.701	24.835
		1.25	11.188	10.647			1.5	26.026	25.376
		1	11.350	10.917			1	26.350	25.917
	14	(2)	12.701	11.835	30		(3.5)	27.727	26.211
		1.5	13.026	12.376			2	28.701	27.835
		1	13.350	12.917			1.5	29.026	28.376
							1	29.350	28.917
16		(2)	14.701	13.835		33	(3.5)	30.727	29.211
		1.5	15.026	14.376			2	31.701	30.835
		1	15.350	14.917			1.5	32.026	31.376

注：1. 括号中的数值为粗牙普通螺纹的螺距。

　　2. 公称直径优先选用第 1 系列，其次选用第 2 系列。

2. 梯形螺纹的直径与螺距系列（GB/T 5796.2—2005）**和基本尺寸**（GB/T 5796.3—2005）

梯形螺纹的基本尺寸如图 D-2 所示，尺寸数值见表 D-2。

标记示例：

公称直径为 40mm、螺距 $P=7$mm、中径公差带代号为 7H 的左旋梯形螺纹：Tr40×7LH-7H

公称直径为 40mm、螺距 $P=7$mm、中径公差带代号为 7e 的右旋双线梯形螺纹：Tr40×14（P7）-7e

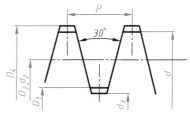

图 D-2　梯形螺纹的基本尺寸

表 D-2　梯形螺纹的基本尺寸数值　　　　　　（单位：mm）

公称直径 d		螺距	中径	大径 D_4	小　径	
第 1 系列	第 2 系列	P	$d_2 = D_2$		d_3	D_1
8		1.5	7.250	8.300	6.200	6.500
	9	1.5	8.250	9.300	7.200	7.500
		2	8.000	9.500	6.500	7.000
10		1.5	9.250	10.300	8.200	8.500
		2	9.000	10.500	7.500	8.000
	11	2	10.000	11.500	8.500	9.000
		3	9.500	11.500	7.500	8.000
12		2	11.000	12.500	9.500	10.000
		3	10.500	12.500	8.500	9.000
	14	2	13.000	14.500	11.500	12.000
		3	12.500	14.500	10.500	11.000
16		2	15.000	16.500	13.500	14.000
		4	14.000	16.500	11.500	12.000
	18	2	17.000	18.500	15.500	16.000
		4	16.000	18.500	13.500	14.000
20		2	19.000	20.500	17.500	18.000
		4	18.000	20.500	15.500	16.000
	22	3	20.500	22.500	18.500	19.000
		5	19.500	22.500	16.500	17.000
		8	18.000	23.000	13.000	14.000
24		3	22.500	24.500	20.500	21.000
		5	21.500	24.500	18.500	19.000
		8	20.000	25.000	15.000	16.000
	26	3	24.500	26.500	22.500	23.000
		5	23.500	26.500	20.500	21.000
		8	22.000	27.000	17.000	18.000
28		3	26.500	28.500	24.500	25.000
		5	25.500	28.500	22.500	23.000
		8	24.000	29.000	19.000	20.000
	30	3	28.500	30.500	26.500	27.000
		6	27.000	31.000	23.000	24.000
		10	25.000	31.000	19.000	20.000
32		3	30.500	32.500	28.500	29.000
		6	29.000	33.000	25.000	26.000
		10	27.000	33.000	21.000	22.000
	34	3	32.500	34.500	30.500	31.000
		6	31.000	35.000	27.000	28.000
		10	29.000	35.000	23.000	24.000
36		3	34.500	36.500	32.500	33.000
		6	33.000	37.000	29.000	30.000
		10	31.000	37.000	25.000	26.000
	38	3	36.500	38.500	34.500	35.000
		7	34.500	39.000	30.000	31.000
		10	33.000	39.000	27.000	28.000

（续）

公称直径 d		螺距 P	中径 $d_2 = D_2$	大径 D_4	小 径	
第1系列	第2系列				d_3	D_1
40		3	38.500	40.500	36.500	37.000
		7	36.500	41.000	32.000	33.000
		10	35.000	41.000	29.000	30.000
	42	3	40.500	42.500	38.500	39.000
		7	38.500	43.000	34.000	35.000
		10	37.000	43.000	31.000	32.000
44		3	42.500	44.500	40.500	41.000
		7	40.500	45.000	36.000	37.000
		12	38.000	45.000	31.000	32.000

注：公称直径优先选用第1系列，其次选用第2系列。

3. 55°非密封管螺纹（GB/T 7307—2001）

55°非密封管螺纹的基本尺寸如图 D-3 所示，尺寸数值见表 D-3。

标记示例：

尺寸代号为 1½ 的右旋圆柱内螺纹：G 1½

尺寸代号为 1½ 的 A 级右旋圆柱外螺纹：G 1½ A

尺寸代号为 1½ 的 B 级左旋圆柱外螺纹：G 1½ B-LH

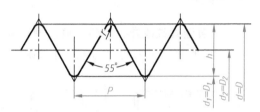

图 D-3　55°非密封管螺纹的基本尺寸

表 D-3　55°非密封管螺纹的基本尺寸数值　　　（单位：mm）

尺寸代号	每25.4mm 内所包含的牙数 n	螺距 P	牙高 h	圆弧半径 $r \approx$	大径 $D = d$	中径 $d_2 = D_2$	小径 $d_1 = D_1$
1/16	28	0.907	0.581	0.125	7.723	7.142	6.561
1/8					9.728	9.147	8.566
1/4	19	1.337	0.856	0.184	13.157	12.301	11.445
3/8					16.662	15.806	14.950
1/2	14	1.814	1.162	0.249	20.955	19.793	18.631
5/8					22.911	21.749	20.587
3/4					26.441	25.279	24.117
7/8					30.201	29.039	27.877
1	11	2.309	1.479	0.317	33.249	31.770	30.291
1⅛					37.897	36.418	34.939
1¼					41.910	40.431	38.952
1½					47.803	46.324	44.845
1¾					53.746	52.267	50.788
2					59.614	58.135	56.656
2¼					65.710	64.231	62.752

（续）

尺寸代号	每25.4mm内所包含的牙数n	螺距P	牙高h	圆弧半径r≈	大径 D=d	中径 $d_2=D_2$	小径 $d_1=D_1$
2½					75.184	73.705	72.226
2¾					81.534	80.055	78.576
3	11	2.309	1.479	0.317	87.884	86.405	84.926
3½					100.330	98.851	97.372
4					113.030	111.551	110.072

注：1. 内螺纹不标记公差等级代号。

2. 外螺纹分 A、B 两级标记公差等级代号。

附录 E　螺纹结构与螺纹连接

1. 普通螺纹收尾、肩距、退刀槽和倒角（GB/T 3—1997）

螺纹收尾、退刀槽和倒角尺寸如图 E-1 所示，尺寸数值见表 E-1。

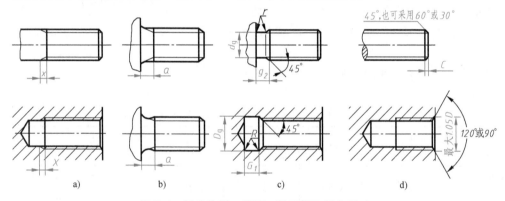

图 E-1　螺纹收尾、肩距、退刀槽和倒角尺寸

a) 螺纹收尾　b) 肩距　c) 螺纹退刀槽　d) 螺纹倒角

表 E-1　螺纹收尾、肩距、退刀槽和倒角尺寸数值　　　（单位：mm）

螺距 P	粗牙螺纹大径 D、d	外螺纹 螺纹收尾 l（不大于）一般	短的	肩距 a（不大于）一般	长的	短的	退刀槽 g_2 max	g_1 min	d_g	倒角 C	内螺纹 螺纹收尾 l_1（不大于）一般	长的	肩距 a_1（不大于）一般	长的	退刀槽 G_1 一般	R≈	D_g
0.2	—	0.5	0.25	0.6	0.8	0.4	—	—	—	0.2	0.4	0.6	1.2	1.6			
0.25	1,1.2	0.6	0.3	0.75	1	0.5	0.75	0.4	d−0.4		0.5	0.8	1.5	2			
0.3	1.4	0.75	0.4	0.9	1.2	0.6	0.9	0.5	d−0.5	0.3	0.6	0.9	1.8	2.4			
0.35	1.6,1.8	0.9	0.45	1.05	1.4	0.7	1.05	0.6	d−0.6		0.7	1.1	2.2	2.8	—		—
0.4	2	1	0.5	1.2	1.6	0.8	1.2	0.6	d−0.7	0.4	0.8	1.2	2.5	3.2			
0.45	2.2,2.5	1.1	0.6	1.35	1.8	0.9	1.35	0.7	d−0.7		0.9	1.4	2.8	3.6			
0.5	3	1.25	0.7	1.5	2	1	1.5	0.8	d−0.8	0.5	1	1.5	3	4	2	0.2	
0.6	3.5	1.5	0.75	1.8	2.4	1.2	1.8	0.9	d−1		1.2	1.8	3.2	4.8	2.4	0.3	d+0.3
0.7	4	1.75	0.9	2.1	2.8	1.4	2.1	1.1	d−1.1	0.6	1.4	2.1	3.5	5.6	2.8	0.4	
0.75	4.5	1.9	1	2.25	3	1.5	2.25	1.2	d−1.2		1.5	2.3	3.8	6	3	0.4	

（续）

螺距 P	粗牙螺纹大径 D、d	外螺纹 螺纹收尾 l（不大于）一般	短的	肩距 a（不大于）一般	长的	短的	退刀槽 g₂ max	g₁ min	dg	倒角 C	内螺纹 螺纹收尾 l₁（不大于）一般	长的	肩距 a₁（不大于）一般	长的	退刀槽 G₁ 一般	R≈	D
0.8	5	2	1	2.4	3.2	1.6	2.4	1.3	$d-1.3$	0.8	1.6	2.4	4	6.4	3.2	0.4	$d+0.3$
1	6,7	2.5	1.25	3	4	2	3	1.6	$d-1.6$	1	2	3	5	8	4	0.5	$d+0.3$
1.25	8	3.2	1.6	4	5	2.5	3.75	2	$d-2$	1.2	2.5	3.8	6	10	5	0.6	$d+0.3$
1.5	10	3.8	1.9	4.5	6	3	4.5	2.5	$d-2.3$	1.5	3	4.5	7	12	6	0.8	$d+0.3$
1.75	12	4.3	2.2	5.3	7	3.5	5.25	3	$d-2.6$	2	3.5	5.2	9	14	7	0.9	$d+0.3$
2	14,16	5	2.5	6	8	4	6	3.4	$d-3$	2	4	6	10	16	8	1	$d+0.5$
2.5	18,20,22	6.3	3.2	7.5	10	5	7.5	4.4	$d-3.6$	2.5	5	7.5	12	18	10	1.2	$d+0.5$
3	24,27	7.5	3.8	9	12	6	9	5.2	$d-4.4$	2.5	6	9	14	22	12	1.5	$d+0.5$
3.5	30,33	9	4.5	10.5	14	7	10.5	6.2	$d-5$	3	7	10.5	16	24	14	1.8	$d+0.5$
4	36,39	10	5	12	16	8	12	7	$d-5.7$	3	8	12	18	26	16	2	$d+0.5$
4.5	42,45	11	5.5	13.5	18	9	13.5	8	$d-6.4$	4	9	13.5	21	29	18	2.2	$d+0.5$
5	48,52	12.5	6.3	15	20	10	15	9	$d-7$	4	10	15	23	32	20	2.5	$d+0.5$
5.5	56,60	14	7	16.5	22	11	17.5	11	$d-7.7$	5	11	16.5	25	35	22	2.8	$d+0.5$
6	64,68	15	7.5	18	24	12	18	11	$d-8.3$	5	12	18	28	38	24	3	$d+0.5$

2. 螺栓和螺钉通孔（GB/T 5277—1985）、**沉头螺钉用沉孔**（GB/T 152.2—2014）、**圆柱头用沉孔**（GB/T 152.3—1988）**及六角头螺栓和六角螺母用沉孔**（GB/T 152.4—1988）

紧固件通孔和沉孔结构尺寸见表 E-2。

表 E-2　紧固件通孔和沉孔结构尺寸　　　　（单位：mm）

螺纹规格			M4	M5	M6	M8	M10	M12	M16	M20	M24	M30	M36
通孔	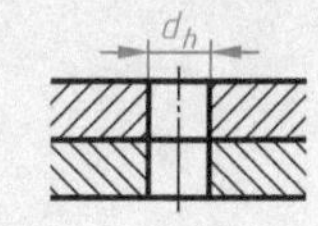 d_h	精装配	4.3	5.3	6.4	8.4	10.5	13	17	21	25	31	37
		中等装配	4.5	5.5	6.6	9	11	13.5	17.5	22	26	33	39
		粗装配	4.8	5.8	7	10	12	14.5	18.5	24	28	35	42
沉头螺钉用沉孔	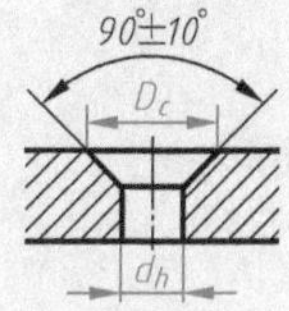	D_c	9.4	10.4	12.6	17.3	20.0	—	—	—	—	—	—
		d_h	4.5	5.5	6.6	9.0	11.0	—	—	—	—	—	—
圆柱头用沉孔	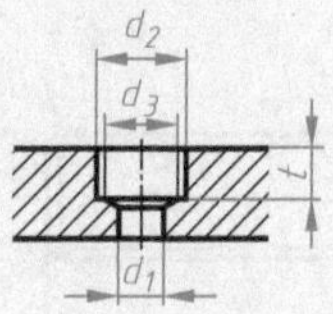	d_2	8	10	11	15	18	20	26	33	40	48	57
		d_3	—	—	—	—	—	16	20	24	28	36	42
	t	①	4.6	5.7	6.8	9.0	11.0	13.0	17.5	21.5	25.5	32.0	38.0
		②	3.2	4.0	4.7	6.0	7.0	8.0	10.5	12.5	—	—	—
六角头螺栓和六角螺母用沉孔	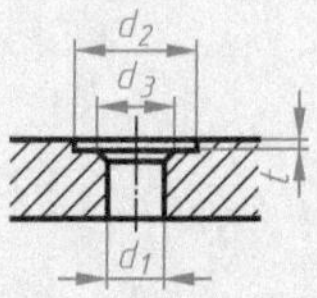	d_2	10	11	13	18	22	26	33	40	48	61	71
		d_3	—	—	—	—	—	16	20	24	28	36	42

注：1. 表中 t 的第①系列值用于内六角圆柱头螺钉，第②系列值用于开槽圆柱头螺钉。

　　2. 图中 d_1 的尺寸均按中等装配的通孔确定。

　　3. 对于六角头螺栓和六角螺母用沉孔的尺寸 t，只要能制出与通孔轴线垂直的圆平面即可。

253

3. 不通螺纹孔结构与内螺纹通孔结构

不通螺纹孔结构与内螺纹通孔结构各部分尺寸如图 E-2 所示，尺寸数值见表 E-3。

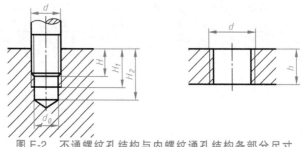

图 E-2　不通螺纹孔结构与内螺纹通孔结构各部分尺寸

表 E-3　不通螺纹孔结构与内螺纹通孔结构各部分尺寸数值（供参考）（单位：mm）

d	d_0	钢和青铜				铸　铁				铝			
		h	H	H_1	H_2	h	H	H_1	H_2	h	H	H_1	H_2
6	5	8	6	8	12	12	10	14	16	22	19	22	28
8	6.7	10	8	12	16	15	12	16	20	25	22	26	34
10	8.5	12	10	16	19	18	15	20	24	34	28	34	42
12	10.2	15	12	18	24	22	18	24	30	38	32	38	48
16	14	20	16	24	28	26	22	30	34	50	42	50	58
20	17.4	24	20	30	36	32	28	38	45	60	52	62	70
24	20.9	30	24	36	42	42	35	48	55	75	65	78	90
30	26.4	36	30	44	52	48	42	56	65	90	80	94	105
36	32	42	36	52	60	55	50	66	75	105	90	106	125
42	37.3	48	42	60	70	65	58	76	85	115	105	128	140
48	42.7	55	48	68	80	75	65	85	95	130	120	140	155

注：H 为旋入深度，H_1 为螺纹孔深度，H_2 为钻孔深度，d 为螺纹公称直径，d_0 为钻孔直径。

附录 F　常用标准件

1. 六角头螺栓

六角头螺栓各部分尺寸如图 F-1 所示，尺寸数值见表 F-1。

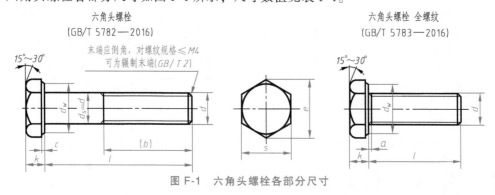

图 F-1　六角头螺栓各部分尺寸

标记示例：

　　螺纹规格为 M12、公称长度 $l=80$mm、性能等级为 8.8 级、表面不经处理、产品等级为 A 级的六角头螺栓：螺栓　GB/T 5782　M12×80

　　若为全螺纹，则其标记为：螺栓　GB/T 5783　M12×80

表 F-1 六角头螺栓各部分尺寸数值 （单位：mm）

螺纹规格 d				M3	M4	M5	M6	M8	M10	M12	M16	M20	M24	M30	M36
e	产品等级	A	min	6.01	7.66	8.79	11.05	14.38	17.77	20.03	26.75	33.53	39.98	—	—
		B		5.88	7.50	8.63	10.89	14.20	17.59	19.85	26.17	32.95	39.55	50.85	60.79
s	公称=max			5.5	7	8	10	13	16	18	24	30	36	46	55
k	公称			2	2.8	3.5	4	5.3	6.4	7.5	10	12.5	15	18.7	22.5
c			max	0.4	0.4	0.5	0.5	0.6	0.6	0.6	0.8	0.8	0.8	0.8	0.8
			min	0.15	0.15	0.15	0.15	0.15	0.15	0.15	0.2	0.2	0.2	0.2	0.2
d_w	产品等级	A	min	4.57	5.88	6.88	8.88	11.63	14.63	16.63	22.49	28.19	33.61	—	—
		B		4.45	5.74	6.74	8.74	11.47	14.47	16.47	22.00	27.70	33.25	42.75	51.11
GB/T 5782 —2016	b 参考	l≤125		12	14	16	18	22	26	30	38	46	54	66	
		125<l≤200		18	20	22	24	28	32	36	44	52	60	72	84
		l>200		31	33	35	37	41	45	49	57	65	73	85	97
	l	公称		20~30	25~40	25~50	30~60	40~80	45~100	50~120	65~160	80~200	90~240	110~300	140~360
GB/T 5783 —2016	a	max		1.5	2.1	2.4	3	4	4.5	5.3	6	7.5	9	10.5	12
	l	公称		6~30	8~40	10~50	12~60	16~80	20~100	25~120	30~150	40~150	50~150	60~200	70~200

注：1. 螺栓的螺纹规格 d=M1.6~M64。

2. 螺栓的公称长度 l 系列（单位为 mm）为 2、3、4、5、6、8、10、12、16、20、25、30、35、40、45、50、55、60、65、70~160（10 进位），180~500（20 进位）。GB/T 5782 的 l 为 10~500mm；GB/T 5783 的 l 为 2~200mm。

3. 产品等级 A、B 是根据公差取值不同而定的。A 级公差小，用于 d=1.6~24mm 和 l≤10d 或 l≤105mm 的螺栓；B 级用于 d>24mm 或 l>10d 或 l>150mm 的螺栓。

4. 材料为钢的螺栓性能等级有 5.6、8.8、9.8、10.9 级，其中常用的为 8.8 级。

2. 六角螺母

六角螺母各部分尺寸如图 F-2 所示，尺寸数值见表 F-2。

图 F-2 六角螺母各部分尺寸

标记示例：

螺纹规格为 M12、性能等级为 8 级、表面不经处理、产品等级为 A 级的 1 型六角螺母：螺母 GB/T 6170 M12

螺纹规格为 M12、性能等级为 10 级、表面不经处理、产品等级为 A 级的 2 型六角螺母：螺母 GB/T 6175 M12

螺纹规格为 M12、性能等级为 04 级、表面不经处理、产品等级为 A 级、倒角的六角薄螺母：螺母 GB/T 6172.1 M12

表 F-2　六角螺母部分尺寸数值　　　　　　　　（单位：mm）

螺纹规格 d		M3	M4	M5	M6	M8	M10	M12	M16	M20	M24	M30	M36
e	min	6.01	7.66	8.79	11.05	14.38	17.77	20.03	26.75	32.95	39.55	50.85	60.79
s	公称＝max	5.5	7	8	10	13	16	18	24	30	36	46	55
	min	5.32	6.78	7.78	9.78	12.73	15.73	17.73	23.67	29.16	35	45	53.8
c	max	0.4	0.4	0.5	0.5	0.6	0.6	0.6	0.8	0.8	0.8	0.8	0.8
d_w	min	4.6	5.9	6.9	8.9	11.6	14.6	16.6	22.5	27.7	33.3	42.8	51.1
d_a	max	3.45	4.6	5.75	6.75	8.75	10.8	13	17.3	21.6	25.9	32.4	38.9
m（GB/T 6170—2015)	max	2.4	3.2	4.7	5.2	6.8	8.4	10.8	14.8	18	21.5	25.6	31
	min	2.15	2.9	4.4	4.9	6.44	8.04	10.37	14.1	16.9	20.2	24.3	29.4
m（GB/T 6172.1—2016)	max	1.8	2.2	2.7	3.2	4	5	6	8	10	12	15	18
	min	1.55	1.95	2.45	2.9	3.7	4.7	5.7	7.42	9.10	10.9	13.9	16.9
m（GB/T 6175—2016)	max	—	—	5.1	5.7	7.5	9.3	12	16.4	20.3	23.9	28.6	34.7
	min	—	—	4.8	5.4	7.14	8.94	11.57	15.7	19	22.6	27.3	33.1

注：1. GB/T 6170 和 GB/T 6172.1 的螺纹规格为 M1.6~M64；GB/T 6175 的螺纹规格为 M5~M36。

2. 产品等级 A、B 是由公差取值大小决定的。A 级公差数值小，用于 D≤M16 的螺母；B 级用于 D>M16 的螺母。

3. 材料为钢的螺母，符合 GB/T 6170 的性能等级的有 6、8、10 级，其中常用的为 8 级；符合 GB/T 6175 的性能等级的有 10、12 级，其中常用的为 10 级；符合 GB/T 6172.1 的性能等级的有 04、05 级，其中常用的为 04 级。

3. 垫圈

1）平垫圈各部分尺寸如图 F-3 所示，尺寸数值见表 F-3。

小垫圈 A 级（GB/T 848—2002）

平垫圈 A 级（GB/T 97.1—2002）

平垫圈 倒角型 A 级
（GB/T 97.2—2002）

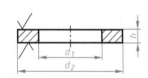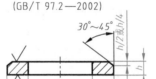

图 F-3　平垫圈各部分尺寸

标记示例：

标准系列、公称规格为 8mm、由钢制造的硬度等级为 200HV、表面不经处理、产品等级为 A 级的平垫圈：垫圈　GB/T 97.1　8

表 F-3　垫圈各部分尺寸数值　　　　　　　　（单位：mm）

公称规格（螺纹大径 d)			5	6	8	10	12	16	20	24	30	36
内径 d_1			5.3	6.4	8.4	10.5	13	17	21	25	31	37
GB/T 848—2002	外径 d_2	公称＝max	9	11	15	18	20	28	34	39	50	60
	厚度 h	公称	1	1.6	1.6	1.6	2	2.5	3	4	4	5
GB/T 97.1—2002 GB/T 97.2—2002	外径 d_2	公称＝max	10	12	16	20	24	30	37	44	56	66
	厚度 h	公称	1	1.6	1.6	2	2.5	3	3	4	4	5

注：1. GB/T 97.1 所适用的标准六角螺栓、螺钉和螺母的螺纹规格为 M1.6~M64，GB/T 97.2 为 M5~M64，GB/T 848 为 M1.6~M36。

2. 硬度等级有 200HV、300HV 级，其中常用的为 200HV 级。HV 表示维氏硬度，200 为硬度值。

3. 产品等级是由产品质量和公差大小确定的，只有 A 级。

2）标准型弹簧垫圈各部分尺寸如图 F-4 所示，尺寸数值见表 F-4。

标准型弹簧垫圈（GB/T 93—1987）

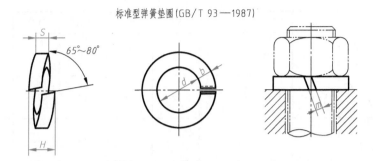

图 F-4　标准型弹簧垫圈各部分尺寸

标记示例：

规格为 16mm、材料为 65Mn、表面氧化处理的标准型弹簧垫圈：垫圈　GB/T 93　16

表 F-4　标准型弹簧垫圈各部分尺寸数值　　　　　　　　　　（单位：mm）

规格（螺纹大径）		4	5	6	8	10	12	16	20	24	30
d	max	4.4	5.4	6.68	8.68	10.9	12.9	16.9	21.04	25.5	31.5
	min	4.1	5.1	6.1	8.1	10.2	12.2	16.2	20.2	24.5	30.5
$S(b)$	公称	1.1	1.3	1.6	2.1	2.6	3.1	4.1	5	6	7.5
H	max	2.75	3.25	4	5.25	6.5	7.75	10.25	12.5	15	18.75
	min	2.2	2.6	3.2	4.2	5.2	6.2	8.2	10	12	15
$m \leqslant$		0.55	0.65	0.8	1.05	1.3	1.55	2.05	2.5	3	3.75

4. 双头螺柱

双头螺柱各部分尺寸如图 F-5 所示，尺寸数值见表 F-5。

GB/T 897—1988（$b_m=1d$）　GB/T 898—1988（$b_m=1.25d$）
GB/T 899—1988（$b_m=1.5d$）　GB/T 900—1988（$b_m=2d$）

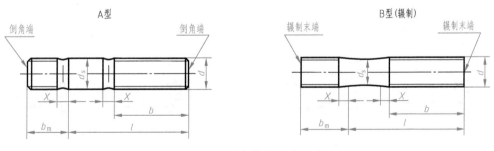

图 F-5　双头螺柱各部分尺寸

标记示例：

两端均为粗牙普通螺纹，$d=10$mm、$l=50$mm、性能等级为 4.8 级、表面不经处理、B 型、$b_m=1d$ 的双头螺柱：螺柱　GB/T 897　M10×50

若为 A 型，则标记为：螺柱　GB/T 897　AM10×50

表 F-5　双头螺柱各部分尺寸数值　　　　　　　　（单位：mm）

螺纹规格 d		M3	M4	M5	M6	M8	M10	M12	M16	M20
b_m （公称）	GB/T 897—1988 （$b_m = 1d$）	—	—	5	6	8	10	12	16	20
	GB/T 898—1988 （$b_m = 1.25d$）	—	—	6	8	10	12	15	20	25
	GB/T 899—1988 （$b_m = 1.5d$）	4.5	6	8	10	12	15	18	24	30
	GB/T 900—1988 （$b_m = 2d$）	6	8	10	12	16	20	24	32	40
d_s	max	3	4	5	6	8	10	12	16	20
	min	2.75	3.7	4.7	5.7	7.64	9.64	11.57	15.57	19.48
$\dfrac{l}{b}$		$\dfrac{16\sim20}{6}$ $\dfrac{(22)\sim40}{12}$	$\dfrac{16\sim(22)}{8}$ $\dfrac{25\sim40}{14}$	$\dfrac{16\sim(22)}{10}$ $\dfrac{25\sim50}{16}$	$\dfrac{20\sim(22)}{10}$ $\dfrac{25\sim30}{14}$ $\dfrac{(32)\sim(75)}{18}$	$\dfrac{20\sim(22)}{12}$ $\dfrac{25\sim30}{16}$ $\dfrac{(32)\sim90}{22}$	$\dfrac{25\sim(28)}{14}$ $\dfrac{30\sim(38)}{16}$ $\dfrac{40\sim120}{26}$ $\dfrac{130}{32}$	$\dfrac{25\sim30}{16}$ $\dfrac{(32)\sim40}{20}$ $\dfrac{45\sim120}{30}$ $\dfrac{130\sim180}{36}$	$\dfrac{30\sim(38)}{20}$ $\dfrac{40\sim(55)}{30}$ $\dfrac{60\sim120}{38}$ $\dfrac{130\sim200}{44}$	$\dfrac{35\sim40}{25}$ $\dfrac{45\sim(65)}{35}$ $\dfrac{70\sim120}{46}$ $\dfrac{130\sim200}{52}$

注：1. GB/T 897—1988 和 GB/T 898—1988 规定，螺柱的螺纹规格 d = M5 ~ M48，公称长度 l = 16 ~ 300mm；GB/T 899—1988 和 GB/T 900—1988 规定，螺柱的螺纹规格 d = M2 ~ M48，公称长度 l = 12 ~ 300mm。

2. 螺柱 l 的长度系列（单位为 mm）为 12、（14）、16、（18）、20、（22）、25、（28）、30、（32）、35、（38）、40、45、50、（55）、60、（65）、70、（75）、80、（85）、90、（95）、100 ~ 260（10 进位）、280、300。尽可能不采用括号内的规格。

3. 材料为钢的螺柱性能等级有 4.8、5.8、6.8、8.8、10.9、12.9 级，其中常用的为 4.8 级。

5. 螺钉

1）开槽螺钉各部分尺寸如图 F-6 所示，尺寸数值见表 F-6。

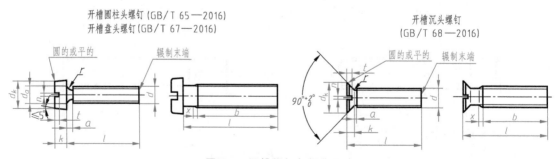

图 F-6　开槽螺钉各部分尺寸

标记示例：

螺纹规格为 M5、公称长度 l = 20mm、性能等级为 4.8 级，表面不经处理的 A 级开槽圆柱头螺钉：螺钉　GB/T 65　M5×20

表 F-6　开槽螺钉各部分尺寸数值　　　　　　（单位：mm）

螺纹规格 d			M3	M4	M5	M6	M8	M10
a		max	1	1.4	1.6	2	2.5	3
b		min	25	38	38	38	38	38
x		max	1.25	1.75	2	2.5	3.2	3.8
n		公称	0.8	1.2	1.2	1.6	2	2.5
d_a		max	3.6	4.7	5.7	6.8	9.2	11.2
GB/T 65—2016	d_k	公称=max	5.5	7	8.5	10	13	16
		min	5.32	6.78	8.28	9.78	12.73	15.73
	k	公称=max	2	2.6	3.3	3.9	5	6
		min	1.86	2.46	3.12	3.6	4.7	5.7
	t	min	0.85	1.1	1.3	1.6	2	2.4
	r	min	0.1	0.2	0.2	0.25	0.4	0.4
	l 系列		4,5,6,8,10,12,(14),16,20,25,30,35,40,45,50,(55),60,(65),70,(75),80					
GB/T 67—2016	d_k	公称=max	5.6	8	9.5	12	16	20
		min	5.3	7.64	9.14	11.57	15.57	19.48
	k	公称=max	1.8	2.4	3	3.6	4.8	6
		min	1.66	2.26	2.88	3.3	4.5	5.7
	t	min	0.7	1	1.2	1.4	1.9	2.4
	r	min	0.1	0.2	0.2	0.25	0.4	0.4
	l 系列		2,2.5,3,4,5,6,8,10,12,(14),16,20,25,30,35,40,45,50,(55),60,(65),70,(75),80					
GB/T 68—2016	d_k	公称=max	5.5	8.4	9.3	11.3	15.8	18.3
		min	5.2	8.04	8.94	10.87	15.37	17.78
	k	公称=max	1.65	2.7	2.7	3.3	4.65	5
	t	max	0.85	1.3	1.4	1.6	2.3	2.6
		min	0.6	1	1.1	1.2	1.8	2
	r	max	0.8	1	1.3	1.5	2	2.5
	l 系列		2.5,3,4,5,6,8,10,12,(14),16,20,25,30,35,40,45,50,(55),60,(65),70					

注：公称长度 l 尽可能不采用括号内的规格。

2）内六角圆柱头螺钉各部分尺寸如图 F-7 所示，尺寸数值见表 F-7。

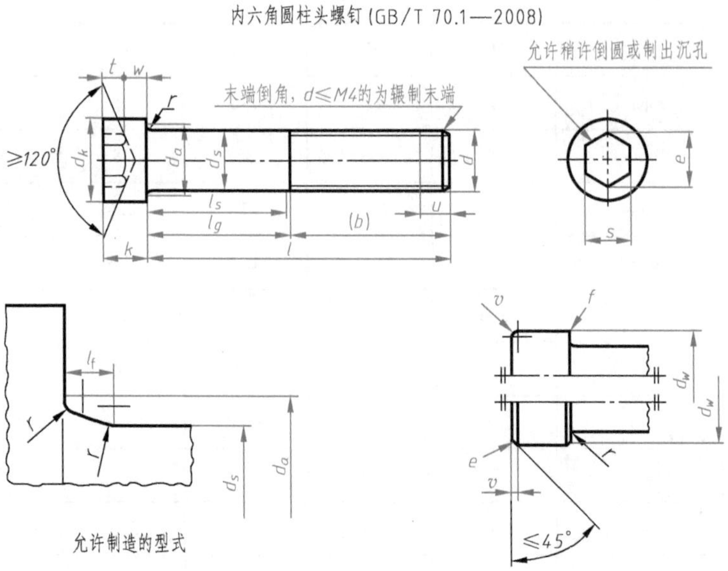

内六角圆柱头螺钉 (GB/T 70.1—2008)

图 F-7　内六角圆柱头螺钉各部分尺寸

标记示例：

螺纹规格为 M5、公称长度 l＝20mm、性能等级为 8.8 级、表面氧化的 A 级内六角圆柱头螺钉：螺钉　GB/T 70.1　M5×20

表 F-7　内六角圆柱头螺钉各部分尺寸数值　　　　　　　　　　（单位：mm）

螺纹规格 d			M3	M4	M5	M6	M8	M10	M12	M16	M20	M24
P			0.5	0.7	0.8	1	1.25	1.5	1.75	2	2.5	3
b（参考）			18	20	22	24	28	32	36	44	52	60
d_k		max	5.5	7	8.5	10	13	16	18	24	30	36
		min	5.32	6.78	8.28	9.78	12.73	15.73	17.73	23.67	29.67	35.61
d_a		max	3.6	4.7	5.7	6.8	9.2	11.2	13.7	17.7	22.4	26.4
d_s		max	3	4	5	6	8	10	12	16	20	24
		min	2.86	3.82	4.82	5.82	7.78	9.78	11.73	15.73	19.67	23.67
e		min	2.873	3.443	4.583	5.723	6.863	9.149	11.429	15.996	19.437	21.734
l_f		max	0.51	0.60	0.60	0.68	1.02	1.02	1.45	1.45	2.04	2.04
k		max	3	4	5	6	8	10	12	16	20	24
		min	2.86	3.82	4.82	5.70	7.64	9.64	11.57	15.57	19.48	23.48
r		min	0.1	0.2	0.2	0.25	0.4	0.4	0.6	0.6	0.8	0.8
s		公称	2.5	3	4	5	6	8	10	14	17	19
		min	2.52	3.02	4.02	5.02	6.02	8.025	10.025	14.032	17.05	19.065
		max	2.58	3.08	4.095	5.14	6.14	8.175	10.175	14.212	17.23	19.275
t		min	1.3	2	2.5	3	4	5	6	8	10	12
v		max	0.3	0.4	0.5	0.6	0.8	1	1.2	1.6	2	2.4
d_w		min	5.07	6.53	8.03	9.38	12.33	15.33	17.23	23.17	28.87	34.81
w		min	1.15	1.4	1.9	2.3	3.3	4	4.8	6.8	8.6	10.4

（续）

螺纹规格 d	M3	M4	M5	M6	M8	M10	M12	M16	M20	M24
l（商品规格范围公称长度）	5~30	6~40	8~50	10~60	12~80	16~100	20~120	25~160	30~200	40~200
$l \le$ 表中数值时，螺纹制到距头部 $3P$ 以内	20	25	25	30	35	40	50	60	70	80
l 系列	5,6,8,10,12,16,20,25,30,35,40,45,50,（55），60,（65），70,80,90,100,110,120,130, 140,150,160,180,200									

注：1. P 为螺距；图 F-7 中 u 为不完整螺纹的长度，$u \le 2P$。

2. GB/T 70.1—2008 规定的螺纹规格为 M1.6~M64，本表只摘录了其中一部分。

3. 公称长度 l 尽可能不采用括号内的规格。

3）开槽紧定螺钉各部分尺寸如图 F-8 所示，尺寸数值见表 F-8。

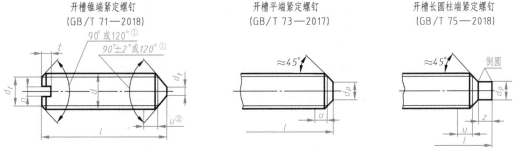

图 F-8　开槽紧定螺钉各部分尺寸

①公称长度为短螺钉时，应制成 120°；②u 为不完整螺纹长度，$u \le 2P$。

标记示例：

螺纹规格为 M5、公称长度 $l=12$mm、钢制、硬度等级为 14H 级、表面不经处理、产品等级为 A 级的开槽平端紧定螺钉：螺钉　GB/T 73　M5×12

表 F-8　开槽紧定螺钉各部分尺寸数值　　　　　（单位：mm）

螺纹规格　d		M1.2	M1.6	M2	M2.5	M3	M4	M5	M6	M8	M10	M12
P		0.25	0.35	0.4	0.45	0.5	0.7	0.8	1	1.25	1.5	1.75
d_f	max	螺纹小径										
d_t	min	—	—	—	—	—	—	—	—	—	—	—
	max	0.12	0.16	0.2	0.25	0.3	0.4	0.5	1.5	2	2.5	3
d_p	min	0.35	0.55	0.75	1.25	1.75	2.25	3.2	3.7	5.2	6.64	8.14
	max	0.6	0.8	1	1.5	2	2.5	3.5	4	5.5	7	8.5
n	公称	0.2	0.25	0.25	0.4	0.4	0.6	0.8	1	1.2	1.6	2
	min	0.26	0.31	0.31	0.46	0.46	0.66	0.86	1.06	1.26	1.66	2.06
	max	0.4	0.45	0.45	0.6	0.6	0.8	1	1.2	1.51	1.91	2.31
t	min	0.4	0.56	0.64	0.72	0.8	1.12	1.28	1.6	2	2.4	2.8
	max	0.52	0.74	0.84	0.95	1.05	1.42	1.63	2	2.5	3	3.6
z	min	—	0.8	1	1.2	1.5	2	2.5	3	4	5	6
	max	—	1.05	1.25	1.25	1.75	2.25	2.75	3.25	4.3	5.3	6.3

（续）

螺纹规格 d		M1.2	M1.6	M2	M2.5	M3	M4	M5	M6	M8	M10	M12
GB/T 71—2018	l(公称)	2~6	2~8	3~10	3~12	4~16	6~20	8~25	8~30	10~40	12~50	(14)~60
	l(短螺钉)	2	2~2.5	—	3	—	—	—	—	—	—	—
GB/T 73—2017	l(公称)	2~6	2~8	2~10	2.5~12	3~16	4~20	5~25	6~30	8~40	10~50	12~60
	l(短螺钉)	—	2	2~2.5	2.5~3	3	4	5	6	—	—	—
GB/T 75—2018	l(公称)	—	2.5~8	3~10	4~12	5~16	6~20	8~25	8~30	10~40	12~50	(14)~60
	l(短螺钉)	—	2.5	3	4	5	6	8	8~10	10~12	10~16	10~20
l(系列)		2,2.5,3,4,5,6,8,10,12,(14),16,20,25,30,35,40,45,50,55,60										

注：公称长度 l 尽可能不采用括号内的规格。

6. 销

销各部分尺寸如图 F-9 所示，尺寸数值见表 F-9。

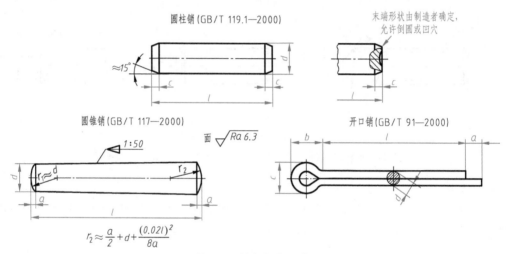

$$r_2 \approx \frac{a}{2} + d + \frac{(0.02l)^2}{8a}$$

图 F-9　销各部分尺寸

标记示例：

公称直径 d=10mm、公差等级为 m6、公称长度 l=50mm、材料为钢、不经淬火、不经表面处理的圆柱销：销　GB/T 119.1　6 m6×50

公称直径 d=10mm、公称长度 l=60mm、材料为 35 钢、热处理硬度 28~38HRC、表面氧化处理的 A 型圆锥销：销　GB/T 117　10×60

公称规格为 5mm、公称长度 l=50mm、材料为 Q215 或 Q235、不经表面处理的开口销：销　GB/T 91　5×50

表 F-9　销各部分尺寸　　　　　　　　　　（单位：mm）

公称直径 d		1	1.2	1.5	2	2.5	3	4	5	6	8	10	12	16
圆柱销 （GB/T 119.1—2000）	$c\approx$	0.20	0.25	0.30	0.35	0.40	0.50	0.63	0.80	1.2	1.6	2	2.5	3
	l(公称)	4~10	4~12	4~16	6~20	6~24	8~30	8~40	10~50	12~60	14~80	18~95	22~140	26~180
圆锥销 （GB/T 117—2000）	$a\approx$	0.12	0.16	0.2	0.25	0.3	0.4	0.5	0.63	0.8	1	1.2	1.6	2
	l(公称)	6~16	6~20	8~24	10~35	10~35	12~45	14~55	18~60	22~90	22~120	26~160	32~180	40~200

（续）

公称直径 d			1	1.2	1.5	2	2.5	3	4	5	6	8	10	12	16
l 系列			2,3,4,5,6,8,10,12,14,16,18,20,22,24,26,28,30,32,35,40,45,50,55,60,65,70,75,80,85,90,95,100,120,140,160,180													
开口销（GB/T 91—2000）	公称规格		1	1.2	1.6	2	2.5	3.2	4	5	6.3	8	10	13	16
	d	max	0.9	1.0	1.4	1.8	2.3	2.9	3.7	4.6	5.9	7.5	9.5	12.4	15.4
		min	0.8	0.9	1.3	1.7	2.1	2.7	3.5	4.4	5.7	7.3	9.3	12.1	15.1
	a	max	1.6	2.50	2.50	2.50	2.50	3.2	4	4	4	4	6.30	6.30	6.30
		min	0.8	1.25	1.25	1.25	1.25	1.6	2	2	2	2	3.15	3.15	3.15
	b	≈	3	3	3.2	4	5	6.4	8	10	12.6	16	20	26	32
	c	max	1.8	2.0	2.8	3.6	4.6	5.8	7.4	9.2	11.8	15.0	19.0	24.8	30.8
		min	1.6	1.7	2.4	3.2	4.0	5.1	6.5	8.0	10.3	13.1	16.6	21.7	27.0
	l(公称)		6~20	8~25	8~32	10~40	12~50	14~63	18~80	22~100	32~125	40~160	45~200	71~250	112~280
l 系列			4,5,6,8,10,12,14,16,18,20,22,25,28,32,36,40,45,50,56,63,71,80,90,100,112,125,140,160,180,200,224,250,280													

7. 键

键及键槽各部分尺寸如图 F-10 所示，尺寸数值见表 F-10。

普通型平键(GB/T 1096—2003)

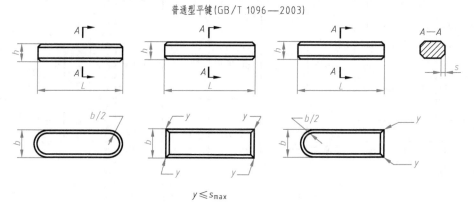

$y \leqslant s_{\max}$

平键　键槽的剖面尺寸(GB/T 1095—2003)

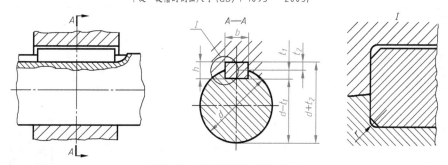

图 F-10　键及键槽各部分尺寸

标记示例：

宽度 $b=18$mm、高度 $h=11$mm、长度 $L=100$mm 的普通 A 型平键：GB/T 1096　键　18×11×100

宽度 $b=18$mm、高度 $h=11$mm、长度 $L=100$mm 的普通 B 型平键：GB/T 1096　键　B 18×11×100

宽度 $b=18$mm、高度 $h=11$mm、长度 $L=100$mm 的普通 C 型平键：GB/T 1096　键　C 18×11×100

表 F-10　键及键槽各部分的尺寸数值　　　　　　　　　（单位：mm）

轴直径尺寸 d	键尺寸 $b×h$	键 槽										
		宽 度 b						深 度				半径 r
		公称尺寸	公称长度 L	极限偏差					轴 t_1		毂 t_2		
				正常连接		紧密连接	松连接		公称尺寸	极限偏差	公称尺寸	极限偏差	
				轴 N9	毂 JS9	轴和毂 P9	轴 H9	毂 D10					min	max
自 6~8	2×2	2	6~20	−0.004 −0.029	±0.0125	−0.006 −0.031	+0.025 0	+0.060 +0.020	1.2	+0.1 0	1.0	+0.1 0	0.08	0.16
>8~10	3×3	3	6~36						1.8		1.4			
>10~12	4×4	4	8~45	0 −0.030	±0.015	−0.012 −0.042	+0.030 0	+0.078 +0.030	2.5		1.8		0.16	0.25
>12~17	5×5	5	10~56						3.0		2.3			
>17~22	6×6	6	14~70						3.5		2.8			
>22~30	8×7	8	18~90	0 −0.036	±0.018	−0.015 −0.051	+0.036 0	+0.098 +0.040	4.0		3.3		0.25	0.40
>30~38	10×8	10	22~110						5.0		3.3			
>38~44	12×8	12	28~140	0 −0.043	±0.0215	−0.018 −0.061	+0.043 0	+0.120 +0.050	5.0	+0.2 0	3.3	+0.2 0		
>44~50	14×9	14	36~160						5.5		3.8			
>50~58	16×10	16	45~180						6.0		4.3			
>58~65	18×11	18	50~200						7.0		4.4			
>65~75	20×12	20	56~220	0 −0.052	±0.026	−0.022 −0.074	+0.052 0	+0.149 +0.065	7.5		4.9		0.40	0.60
>75~85	22×14	22	63~250						9.0		5.4			
>85~95	25×14	25	70~280						9.0		5.4			
>95~110	28×16	28	80~320						10.0		6.4			
l 系列	6,8,10,12,14,16,18,20,22,25,28,32,36,40,45,50,56,63,70,80,90,100,110,125,140,160,180,200,220,250,280,320													

注：键的材料常见为 45 钢。

附录 G　滚动轴承

1. 深沟球轴承（GB/T 276—2013）

深沟球轴承各部分尺寸如图 G-1 所示，尺寸数值见表 G-1。深沟球轴承的类型代号为 6（原类型代号为 0）。

标记示例：

轴承内径 $d=60$mm、轴承外径 $D=95$mm、尺寸系列代号为 10 的深沟球轴承：滚动轴承　6012　GB/T 276—2013

图 G-1　深沟球轴承各部分尺寸

表 G-1　深沟球轴承各部分尺寸数值　　　　　　（单位：mm）

轴承型号	尺寸			轴承型号	尺寸		
	d	D	B		d	D	B
尺寸系列代号（1）0				尺寸系列代号（0）3			
606	6	17	6	633	3	13	5
607	7	19	6	634	4	16	5
608	8	22	7	635	5	19	6
609	9	24	7	6300	10	35	11
6000	10	26	8	6301	12	37	12
6001	12	28	8	6302	15	42	13
6002	15	32	9	6303	17	47	14
6003	17	35	10	6304	20	52	15
6004	20	42	12	63/22	22	56	16
60/22	22	44	12	6305	25	62	17
6005	25	47	12	63/28	28	68	18
60/28	28	52	12	6306	30	72	19
6006	30	55	13	63/32	32	75	20
60/32	32	58	13	6307	35	80	21
6007	35	62	14	6308	40	90	23
6008	40	68	15	6309	45	100	25
6009	45	75	16	6310	50	110	27
6010	50	80	16	6311	55	120	29
6011	55	90	18	6312	60	130	31
6012	60	95	18	6313	65	140	33
尺寸系列代号（0）2				尺寸系列代号（0）4			
623	3	10	4	6403	17	62	17
624	4	13	5	6404	20	72	19
625	5	16	5	6405	25	80	21
626	6	19	6	6406	30	90	23
627	7	22	7	6407	35	100	25
628	8	24	8	6408	40	110	27
629	9	26	8	6409	45	120	29
6200	10	30	9	6410	50	130	31
6201	12	32	10	6411	55	140	33
6202	15	35	11	6412	60	150	35
6203	17	40	12	6413	65	160	37
6204	20	47	14	6414	70	180	42
62/22	22	50	14	6415	75	190	45
6205	25	52	15	6416	80	200	48
62/28	28	58	16	6417	85	210	52
6206	30	62	16	6418	90	225	54
62/32	32	65	17	6419	95	240	55
6207	35	72	17	6420	100	250	58
6208	40	80	18	6422	110	280	65
6209	45	85	19				

注：表中括号"（）"表示该数字在轴承代号中省略。

2. 圆锥滚子轴承（GB/T 297—2015）

圆锥滚子轴承各部分尺寸如图 G-2 所示，尺寸数值见表 G-2。

标记示例：

轴承内径 $d = 30\text{mm}$、轴承外径 $D = 72\text{mm}$、尺寸系列代号为 03 的圆锥滚子轴承：滚动轴承　30306　GB/T 297—2015

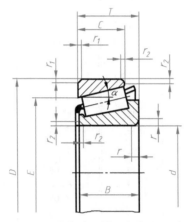

图 G-2　圆锥滚子轴承各部分尺寸

表 G-2　圆锥滚子轴承各部分尺寸数值　　　　　　　　　　（单位：mm）

轴承代号	尺寸								
	d	D	T	E	r_{smin}	C	r_{1smin}	α	E
02 系列									
30202	15	35	11.75	11	0.6	10	0.6	—	—
30203	17	40	13.25	12	1	11	1	12°57′10″	31.408
30204	20	47	15.25	14	1	12	1	12°57′10″	37.304
30205	25	52	16.25	15	1	13	1	14°02′10″	41.135
30206	30	62	17.25	16	1	14	1	14°02′10″	49.990
302/32	32	65	18.25	17	1	15	1	14°	52.500
30207	35	72	18.25	17	1.5	15	1.5	14°02′10″	58.844
30208	40	80	19.75	18	1.5	16	1.5	14°02′10″	65.730
30209	45	85	20.75	19	1.5	16	1.5	15°06′34″	70.440
30210	50	90	21.75	20	1.5	17	1.5	15°38′32″	75.078
30211	55	100	22.75	21	2	18	1.5	15°06′34″	84.197
30212	60	110	23.75	22	2	19	1.5	15°06′34″	91.876
30213	65	120	24.75	23	2	20	1.5	15°06′34″	101.934
30214	70	125	26.25	24	2	21	1.5	15°38′32″	105.748
30215	75	130	27.25	25	2	22	1.5	16°10′20″	110.408
30216	80	140	28.25	26	2.5	22	2	15°38′32″	119.169
30217	85	150	30.5	28	2.5	24	2	15°38′32″	126.685
30218	90	160	32.5	30	2.5	26	2	15°38′32″	134.901
30219	95	170	34.5	32	3	27	2.5	15°38′32″	143.385
30220	100	180	37	34	3	29	2.5	15°38′32″	151.310

（续）

轴承代号	尺寸								
	d	D	T	E	r_{smin}	C	r_{1smin}	α	E
03 系列									
30302	15	42	14.25	13	1	11	1	10°45′29″	33.272
30303	17	47	15.25	14	1	12	1	10°45′29″	37.420
30304	20	52	16.25	15	1.5	13	1.5	11°18′36″	41.318
30305	25	62	18.25	17	1.5	15	1.5	11°18′36″	50.637
30306	30	72	20.75	19	1.5	16	1.5	11°51′35″	58.287
30307	35	80	22.75	21	2	18	1.5	11°51′35″	65.769
30308	40	90	25.25	23	2	20	1.5	12°57′10″	72.703
30309	45	100	27.25	25	2	22	1.5	12°57′10″	81.780
30310	50	110	29.25	27	2.5	23	2	12°57′10″	90.633
30311	55	120	31.5	29	2.5	25	2	12°57′10″	99.146
30312	60	130	33.5	31	3	26	2.5	12°57′10″	107.769
30313	65	140	36	33	3	28	2.5	12°57′10″	116.846
30314	70	150	38	35	3	30	2.5	12°57′10″	125.244
30315	75	160	40	37	3	31	2.5	12°57′10″	134.097
30316	80	170	42.5	39	3	33	2.5	12°57′10″	143.174
30317	85	180	44.5	41	4	34	3	12°57′10″	150.433
30318	90	190	46.5	43	4	36	3	12°57′10″	159.061
30319	95	200	49.5	45	4	38	3	12°57′10″	165.851
30320	100	215	51.5	47	4	39	3	12°57′10″	178.578
30321	105	225	53.5	49	4	41	3	12°57′10″	186.752

附录 H　弹簧

普通圆柱螺旋压缩弹簧（两端圈并紧磨平或制扁）（GB/T 2089—2009）各部分尺寸如图 H-1 所示，尺寸数值见表 H-1。YA 为两端圈并紧磨平的冷卷压缩弹簧，YB 为两端圈并紧

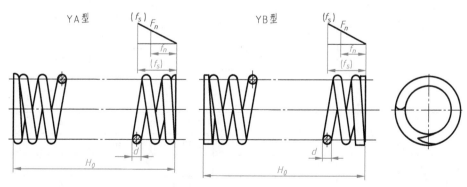

图 H-1　普通圆柱螺旋压缩弹簧各部分尺寸

制扁的热卷压缩弹簧。

标记示例：

YA 型弹簧，材料直径 $d=1\text{mm}$、弹簧中径 $D=10\text{mm}$、自由高度 $H_0=31\text{mm}$、精度等级为 2 级、左旋的两端圈并紧磨平的冷卷压缩弹簧：YA $1\times10\times31$　GB/T 2089

YB 型弹簧，材料直径 $d=3\text{mm}$、弹簧中径 $D=20\text{mm}$、自由高度 $H_0=50\text{mm}$、精度等级为 3 级、右旋的两端圈并紧制扁的热卷压缩弹簧：YB $3\times20\times50$　GB/T 2089

表 H-1　普通圆柱螺旋压缩弹簧各部分尺寸数值

材料直径 d/mm	弹簧中径 D/mm	最大工作负荷 F_n/N	最大轴心直径 $D_{X\,mas}/\text{mm}$	最小套筒直径 $D_{T\,min}/\text{mm}$	有效圈数 n	自由高度 H_0/mm	最大工作变形量 f_n/mm	弹簧刚度 $F'/\text{N}\cdot\text{mm}^{-1}$
1	8	38	6	10	2.5	12	4.9	7.7
	10	31	8	12	2.5	15	7.8	4.0
1.6	10	116	7.4	13	4.5	20	8.3	14
	14	83	10	18	4.5	28	16	5.2
2	16	134	12	20	4.5	30	16	8.6
					6.5	42	23	5.9
	20	107	15	25	4.5	40	24	4.4
					6.5	55	35	3.0
2.5	16	255	12	21	4.5	30	12	21
					6.5	40	18	14
	25	163	20	31	4.5	48	30	5.5
					6.5	70	43	3.8
3	20	333	14	26	6.5	50	19	28
					8.5	65	28	12
	30	222	24	36	6.5	75	42	8.4
					8.5	100	63	3.5
3.5	20	528	14	27	6.5	50	19	28
					8.5	65	24	22
	30	352	24	37	6.5	90	57	5.3
					8.5	95	54	5.3
4	25	611	18	32	8.5	80	32	19
					10.5	95	41	15
	35	436	27	43	8.5	115	63	6.9
					10.5	140	78	5.6
4.5	30	725	23	38	8.5	90	40	18
					10.5	110	52	14
	40	544	42	49	8.5	130	74	7.4
					10.5	160	91	6.0

（续）

材料直径 d/mm	弹簧中径 D/mm	最大工作负荷 F_n/N	最大轴心直径 $D_{X\,mas}$/mm	最小套筒直径 $D_{T\,min}$/mm	有效圈数 n	自由高度 H_0/mm	最大工作变形量 f_n/mm	弹簧刚度 F'/N·mm^{-1}
5	30	962	22	38	10.5	115	44	22
					12.5	130	53	18
	35	824	26	44	10.5	130	59	14
					12.5	150	69	15
	40	721	31	49	10.5	150	78	9.2
					12.5	180	93	7.7
	50	577	41	59	10.5	200	123	4.7
					12.5	240	144	4.0

附录 I　极限与配合

1. 标准公差数值（摘自 GB/T 1800.1—2020）

公称尺寸至 3150mm 的标准公差数值见表 I-1。

表 I-1　公称尺寸至 3150mm 的标准公差数值

公称尺寸 /mm		标准公差等级																		
		IT01	IT0	IT1	IT2	IT3	IT4	IT5	IT6	IT7	IT8	IT9	IT10	IT11	IT12	IT13	IT14	IT15	IT16	IT17	IT18
		标准公差数值																		
大于	至	μm												mm						
—	3	0.3	0.5	0.8	1.2	2	3	4	6	10	14	25	40	60	0.1	0.14	0.25	0.4	0.6	1	1.4
3	6	0.4	0.6	1	1.5	2.5	4	5	8	12	18	30	48	75	0.12	0.18	0.3	0.48	0.75	1.2	1.8
6	10	0.4	0.6	1	1.5	2.5	4	9	9	15	22	36	58	90	0.15	0.22	0.36	0.58	0.9	1.5	2.2
10	18	0.5	0.8	1.2	2	3	5	8	11	18	27	43	70	110	0.18	0.27	0.43	0.7	1.1	1.8	2.7
18	30	0.6	1	1.5	2.5	4	6	9	13	21	33	52	84	130	0.21	0.33	0.52	0.84	1.3	2.1	3.3
30	50	0.6	1	1.5	2.5	4	7	11	16	25	39	62	100	160	0.25	0.39	0.62	1	1.6	2.5	3.9
50	80	0.8	1.2	2	3	5	8	13	19	30	46	74	120	190	0.3	0.46	0.74	1.2	1.9	3	4.6
80	120	1	1.5	2.5	4	6	10	15	22	35	54	87	140	220	0.35	0.54	0.87	1.4	2.2	3.5	5.4
120	180	1.2	2	3.5	5	8	12	18	25	40	63	100	160	250	0.4	0.63	1	1.6	2.5	4	6.3
180	250	2	3	4.5	7	10	14	20	29	46	72	115	185	290	0.46	0.72	1.15	1.85	2.9	4.6	7.2
250	315	2.5	4	6	8	12	16	23	32	52	81	130	210	320	0.52	0.81	1.3	2.1	3.2	5.2	8.1

（续）

公称尺寸/mm		标准公差等级																			
		IT01	IT0	IT1	IT2	IT3	IT4	IT5	IT6	IT7	IT8	IT9	IT10	IT11	IT12	IT13	IT14	IT15	IT16	IT17	IT18
大于	至	标准公差数值																			
		μm												mm							
315	400	3	5	7	9	13	18	25	36	57	89	140	230	360	0.57	0.89	1.4	2.3	3.6	5.7	8.9
400	500	4	6	8	10	15	20	27	40	63	97	155	250	400	0.63	0.97	1.55	2.5	4	6.3	9.7
500	630			9	11	16	22	32	44	70	110	175	280	440	0.7	1.1	1.75	2.8	4.4	7	11
630	800			10	13	18	25	36	50	80	125	200	320	500	0.8	1.25	2	3.2	5	8	12.5
800	1000			11	15	21	28	40	56	90	140	230	360	560	0.9	1.4	2.3	3.6	5.6	9	14
1000	1250			13	18	24	33	47	66	105	165	260	420	660	1.05	1.65	2.6	4.2	6.6	10.5	16.5
1250	1600			15	21	29	39	55	78	125	195	310	500	780	1.25	1.95	3.1	5	7.8	12.5	19.5
1600	2000			18	25	35	46	65	92	150	230	370	600	920	1.5	2.3	3.7	6	9.2	15	23
2000	2500			22	30	41	55	78	110	175	280	440	700	1100	1.75	2.8	4.4	7	11	17.5	28
2500	3150			26	36	50	68	96	135	210	330	540	860	1350	2.1	3.3	5.4	8.6	13.5	21	33

2. 孔的基本偏差数值（摘自 GB/T 1800.1—2020）

孔的基本偏差数值见表 I-2～表 I-4。

表 I-2　孔 A～M 的基本偏差数值　　　　　　（单位：μm）

公称尺寸/mm		基本偏差数值																		
		下极限偏差, EI												上极限偏差, ES						
		所有公差等级												IT6	IT7	IT8	≤IT8	>IT8	≤IT8	>IT8
大于	至	A①	B①	C	CD	D	E	EF	F	FG	G	H	JS	J			K③④		M②~④	
—	3	+270	+140	+60	+34	+20	+14	+10	+6	+4	+2	0		+2	+4	+6	0	0	-2	-2
3	6	+270	+140	+70	+46	+30	+20	+14	+10	+6	+4	0		+5	+6	+10	-1+Δ		-4+Δ	-4
6	10	+280	+150	+80	+56	+40	+25	+18	+13	+8	+5	0		+5	+8	+12	-1+Δ		-6+Δ	-6
10	14	+290	+150	+95	+70	+50	+32	+23	+16	+10	+6	0	偏差=±ITn/2, 式中 n 为标准公差等级数	+6	+10	+15	-1+Δ		-7+Δ	-7
14	18																			
18	24	+300	+160	+110	+85	+65	+40	+28	+20	+12	+7	0		+8	+12	+20	-2+Δ		-8+Δ	-8
20	30																			
30	40	+310	+170	+120	+100	+80	+50	+35	+25	+15	+9	0		+10	+14	+24	-2+Δ		-9+Δ	-9
40	50	+320	+180	+130																
50	65	+340	+190	+140		+100	+60		+30		+10	0		+13	+18	+28	-2+Δ		-11+Δ	-11
65	80	+360	+200	+150																
80	100	+380	+220	+170		+120	+72		+36		+12	0		+16	+22	+34	-3+Δ		-13+Δ	-13
100	120	+410	+240	+180																
120	140	+460	+260	+200		+145	+85		+43		+14	0		+18	+26	+41	-3+Δ		-15+Δ	-15
140	160	+520	+280	+210																
160	180	+580	+310	+230																

（续）

公称尺寸/mm		基本偏差数值																		
大于	至	下极限偏差，EI												上极限偏差，ES						
		所有公差等级												IT6	IT7	IT8	≤IT8	>IT8	≤IT8	>IT8
		A①	B①	C	CD	D	E	EF	F	FG	G	H	JS	J			K③④		M②~④	
180	200	+660	+340	+240																
200	225	+740	+380	+260		+170	+100		+50		+15	0		+22	+30	+47	−4+Δ		−17+Δ	−17
225	250	+820	+420	+280																
250	280	+920	+480	+300																
280	315	+1050	+540	+330		+190	+110		+56		+17	0	偏差=±ITn/2，式中 n 为标准公差等级数	+25	+36	+55	−4+Δ		−20+Δ	−20
315	355	+1200	+600	+360																
355	400	+1350	+680	+400		+210	+125		+62		+18	0		+29	+39	+60	−4+Δ		−21+Δ	−21
400	450	+1500	+760	+440																
450	500	+1650	+840	+480		+230	+135		+68		+20	0		+33	+43	+66	−5+Δ		−23+Δ	−23
500	560					+260	+145		+76		+22	0					0		−26	
560	630																			
630	710					+290	+160		+80		+24	0					0		−30	
710	800																			
800	900					+320	+170		+86		+26	0					0		−34	
900	1000																			
1000	1120					+350	+195		+98		+28	0					0		−40	
1120	1250																			
1250	1400					+390	+220		+110		+30	0					0		−48	
1400	1600																			
1600	1800					+430	+240		+120		+32	0					0		−58	
1800	2000																			
2000	2240					+480	+260		+130		+34	0					0		−68	
2240	2500																			
2500	2800					+520	+290		+145		+38	0					0		−76	
2800	3150																			

① 公称尺寸不大于 1mm 时，不适用基本偏差 A 和 B。

② 特例：对于公称尺寸大于 250～315mm 的公差带代号 M6，$ES=-9\mu m$（计算结果不是 $-11\mu m$）。

③ 对于标准公差等级至 IT8 的 K、M 的基本偏差的确定，应考虑表 I-3 中的 Δ 值。

④ 对于 Δ 值，见表 I-3。

表1-3 孔N~ZC的基本偏差数值（一）

（单位：μm）

公称尺寸/mm 大于	至	基本偏差数值 上极限偏差 ES N ≤IT8①②	N >IT8①	P~ZC ≤IT7①	>IT7的标准公差等级 P	R	S	T	U	V	X	Y	Z	ZA	ZB	ZC	Δ值标准公差等级 IT3	IT4	IT5	IT6	IT7	IT8
—	3	-4	-4	在>IT7标准公差等级的基本偏差数值上增加一个Δ值	-6	-10	-14		-18		-20		-26	-32	-40	-60	0	0	0	0	0	0
3	6	-8+Δ	0		-12	-15	-19		-23		-28		-35	-42	-50	-80	1	1.5	1	3	4	6
6	10	-10+Δ	0		-15	-19	-23		-28		-34		-42	-52	-67	-97	1	1.5	2	3	6	7
10	14	-12+Δ	0		-18	-23	-28		-33		-40		-50	-64	-90	-130	1	2	3	3	7	9
14	18									-39	-45		-60	-77	-108	-150						
18	24	-15+Δ	0		-22	-28	-35		-41	-47	-54	-63	-73	-98	-136	-188	1.5	2	3	4	8	12
24	30							-41	-48	-55	-64	-75	-88	-118	-160	-218						
30	40	-17+Δ	0		-26	-34	-43	-48	-60	-68	-80	-94	-112	-148	-200	-274	1.5	3	4	5	9	14
40	50							-54	-70	-81	-97	-114	-136	-180	-242	-325						
50	65	-20+Δ	0		-32	-41	-53	-66	-87	-102	-122	-144	-172	-226	-300	-405	2	3	5	6	11	16
65	80					-43	-59	-75	-102	-120	-146	-174	-210	-274	-360	-480						
80	100	-23+Δ	0		-37	-51	-71	-91	-124	-146	-178	-214	-258	-335	-445	-585	2	4	5	7	13	19
100	120					-54	-79	-104	-144	-172	-210	-254	-310	-400	-525	-690						
120	140	-27+Δ	0		-43	-63	-92	-122	-170	-202	-248	-300	-365	-470	-620	-800	3	4	6	7	15	23
140	160					-65	-100	-134	-190	-228	-280	-340	-415	-535	-700	-900						
160	180					-68	-108	-146	-210	-252	-310	-380	-465	-600	-780	-1000						
180	200	-31+Δ	0		-50	-77	-122	-166	-236	-284	-350	-425	-520	-670	-880	-1150	3	4	6	9	17	26
200	225					-80	-130	-180	-258	-310	-385	-470	-575	-740	-960	-1250						
225	250					-84	-140	-196	-284	-340	-425	-520	-640	-820	-1050	-1350						
250	280	-34+Δ	0		-56	-94	-158	-218	-315	-385	-475	-580	-710	-920	-1200	-1550	4	4	7	9	20	29
280	315					-98	-170	-240	-350	-425	-525	-650	-790	-1000	-1300	-1700						
315	355	-37+Δ	0		-62	-108	-190	-268	-390	-475	-590	-730	-900	-1150	-1500	-1900	4	5	7	11	21	32
355	400					-114	-208	-294	-435	-530	-660	-820	-1000	-1300	-1650	-2100						
400	450	-40+Δ	0		-68	-126	-232	-330	-490	-595	-740	-920	-1100	-1450	-1850	-2400	5	5	7	13	23	34
450	500					-132	-252	-360	-540	-660	-820	-1000	-1250	-1600	-2100	-2600						

① 对于标准公差等级至IT8的N和标准公差等级至IT7的P~ZC的基本偏差的确定，应考虑Δ值。

② 公称尺寸不大于1mm时，不使用标准公差等级大于IT8的P~ZC的基本偏差N。

表 I-4　孔 N~ZC 的基本偏差数值（二）　　　　　（单位：μm）

公称尺寸/mm		基本偏差数值　　上极限偏差, ES							
大于	至	≤ IT8	>IT8	≤ IT7	>IT7 的标准公差等级				
		N[①②]	P~ZC[①]	P	R	S	T	U
500	560	−44		在 >IT7 的标准公差等级的基本偏差数值上增加一个 Δ 值	−78	−150	−280	−400	−600
560	630					−155	−310	−450	−660
630	710	−50			−88	−175	−340	−500	−740
710	800					−185	−380	−560	−840
800	900	−56			−100	−210	−430	−620	−940
900	1000					−220	−470	−680	−1050
1000	1120	−66			−120	−250	−520	−780	−1150
1120	1250					−260	−580	−840	−1300
1250	1400	−78			−140	−300	−640	−960	−1450
1400	1600					−330	−720	−1050	−1600
1600	1800	−92			−170	−370	−820	−1200	−1850
1800	2000					−400	−920	−1350	−2000
2000	2240	−110			−195	−440	−1000	−1500	−2300
2240	2500					−460	−1100	−1650	−2500
2500	2800	−135			−240	−550	−1250	−1900	−2900
2800	3150					−580	−1400	−2100	−3200

① 对于标准公差等级至 IT8 的 N 和标准公差等级至 IT7 的 P~ZC 的基本偏差的确定，应考虑 Δ 值。

② 公称尺寸不大于 1mm 时，不使用标准公差等级大于 IT8 的基本偏差 N。

3. 轴的基本偏差数值

轴的基本偏差数值见表 I-5 和表 I-6。

表 I-5　轴 a~j 的基本偏差数值　　　　　（单位：μm）

公称尺寸 /mm		基本偏差数值														
大于	至	上极限偏差, es											下极限偏差, ei		
		所有公差等级											IT5 和 IT6	IT7	IT8
		a[①]	b[①]	c	cd	d	e	ef	f	fg	g	h	js		j	
—	3	−270	−140	−60	−34	−20	−14	−10	−6	−4	−2	0	偏差 = ±ITn/2, 式中, n 是标准公差等级数	−2	−4	−6
3	6	−270	−140	−70	−46	−30	−20	−14	−10	−6	−4	0		−2	−4	
6	10	−280	−150	−80	−56	−40	−25	−18	−13	−8	−5	0		−2	−5	
10	14	−290	−150	−95	−70	−50	−32	−23	−16	−10	−6	0		−3	−6	
14	18															
18	24	−300	−160	−110	−85	−65	−40	−25	−20	−12	−7	0		−4	−8	
24	30															

273

（续）

公称尺寸/mm		基本偏差数值														
		上极限偏差, es												下极限偏差, ei		
		所有公差等级												IT5 和 IT6	IT7	IT8
大于	至	a①	b①	c	cd	d	e	ef	f	fg	g	h	js	j	j	j
30	40	−310	−170	−120	−100	−80	−50	−35	−25	−15	−9	0		−5	−10	
40	50	−320	−180	−130													
50	65	−340	−190	−140		−100	−60		−30		−10	0		−7	−12	
65	80	−360	−200	−150												
80	100	−380	−220	−170		−120	−72		−36		−12	0		−9	−15	
100	120	−410	−240	−180												
120	140	−460	−260	−200		−145	−85		−43		−14	0		−11	−18	
140	160	−520	−280	−210												
160	180	−580	−310	−230												
180	200	−660	−340	−240		−170	−100		−50		−15	0		−13	−21	
200	225	−740	−380	−260												
225	250	−820	−420	−280												
250	280	−920	−480	−300		−190	−110		−56		−17	0		−16	−26	
280	315	−1050	−540	−330												
315	355	−1200	−600	−360		−210	−125		−62		−18	0	偏差 = ±ITn/2，式中，n 标准公差等级数	−18	−28	
355	400	−1350	−680	−400												
400	450	−1500	−760	−440		−230	−135		−68		−20	0		−20	−32	
450	500	−1650	−840	−480												
500	560					−260	−145		−76		−22	0				
560	630															
630	710					−290	−160		−80		−24	0				
710	800															
800	900					−320	−170		−86		−26	0				
900	1000															
1000	1120					−350	−195		−98		−28	0				
1120	1250															
1250	1400					−390	−220		−110		−30	0				
1400	1600															
1600	1800					−430	−240		−120		−32	0				
1800	2000															
2000	2240					−480	−260		−130		−34	0				
2240	2500															
2500	2800					−520	−290		−145		−38	0				
2800	3150															

① 公称尺寸不大于 1mm 时，不使用基本偏差 a 和 b。

表 I-6　轴 k~zc 的基本偏差数值　　　　　（单位：μm）

公称尺寸/mm 大于	至	IT4至IT7 k	≤IT3,>IT7 k	m	n	p	r	s	t	u	v	x	y	z	za	zb	zc
—	3	0	0	+2	+4	+6	+10	+14		+18		+20		+26	+32	+40	+60
3	6	+1	0	+4	+8	+12	+15	+19		+23		+28		+35	+42	+50	+80
6	10	+1	0	+6	+10	+15	+19	+23		+28		+34		+42	+52	+67	+97
10	14	+1	0	+7	+12	+18	+23	+28		+33		+40		+50	+64	+90	+130
14	18	+1	0	+7	+12	+18	+23	+28		+33	+39	+45		+60	+77	+108	+150
18	24	+2	0	+8	+15	+22	+28	+35		+41	+47	+54	+63	+73	+98	+136	+188
24	30	+2	0	+8	+15	+22	+28	+35	+41	+48	+55	+64	+75	+88	+118	+160	+218
30	40	+2	0	+9	+17	+26	+34	+43	+48	+60	+68	+80	+94	+112	+148	+200	+274
40	50	+2	0	+9	+17	+26	+34	+43	+54	+70	+81	+97	+114	+136	+180	+242	+325
50	65	+2	0	+11	+20	+32	+41	+53	+66	+87	+102	+122	+144	+172	+226	+300	+405
65	80	+2	0	+11	+20	+32	+43	+59	+75	+102	+120	+146	+174	+210	+274	+360	+480
80	100	+3	0	+13	+23	+37	+51	+71	+91	+124	+146	+178	+214	+258	+335	+445	+585
100	120	+3	0	+13	+23	+37	+54	+79	+104	+144	+172	+210	+254	+310	+400	+525	+690
120	140	+3	0	+15	+27	+43	+63	+92	+122	+170	+202	+248	+300	+365	+470	+620	+800
140	160	+3	0	+15	+27	+43	+65	+100	+134	+190	+228	+280	+340	+415	+535	+700	+900
160	180	+3	0	+15	+27	+43	+68	+108	+146	+210	+252	+310	+380	+465	+600	+780	+1000
180	200	+4	0	+17	+31	+50	+77	+122	+166	+236	+284	+350	+425	+520	+670	+880	+1150
200	225	+4	0	+17	+31	+50	+80	+130	+180	+258	+310	+385	+470	+575	+740	+960	+1250
225	250	+4	0	+17	+31	+50	+84	+140	+196	+284	+340	+425	+520	+640	+820	+1050	+1350
250	280	+4	0	+20	+34	+56	+94	+158	+218	+315	+385	+475	+580	+710	+920	+1200	+1550
280	315	+4	0	+20	+34	+56	+98	+170	+240	+350	+425	+525	+650	+790	+1000	+1300	+1700
315	355	+4	0	+21	+37	+62	+108	+190	+268	+390	+475	+590	+730	+900	+1150	+1500	+1900
355	400	+4	0	+21	+37	+62	+114	+208	+294	+435	+530	+660	+820	+1000	+1300	+1650	+2100
400	450	+5	0	+23	+40	+68	+126	+232	+330	+490	+595	+740	+920	+1100	+1450	+1850	+2400
450	500	+5	0	+23	+40	+68	+132	+252	+360	+540	+660	+820	+1000	+1250	+1600	+2100	+2600
500	560	0	0	+26	+44	+78	+150	+280	+400	+600							
560	630	0	0	+26	+44	+78	+155	+310	+450	+660							
630	710	0	0	+30	+50	+88	+175	+340	+500	+740							
710	800	0	0	+30	+50	+88	+185	+380	+560	+840							
800	900	0	0	+34	+56	+100	+210	+430	+620	+940							
900	1000	0	0	+34	+56	+100	+220	+470	+680	+1050							
1000	1120	0	0	+40	+66	+120	+250	+520	+780	+1150							
1120	1250	0	0	+40	+66	+120	+260	+580	+840	+1300							
1250	1400	0	0	+48	+78	+140	+300	+600	+960	+1450							
1400	1600	0	0	+48	+78	+140	+330	+720	+1050	+1600							
1600	1800	0	0	+58	+92	+170	+370	+820	+1200	+1850							
1800	2000	0	0	+58	+92	+170	+400	+920	+1350	+2000							
2000	2240	0	0	+68	+110	+195	+440	+1000	+1500	+2300							
2240	2500	0	0	+68	+110	+195	+460	+1100	+1650	+2500							
2500	2800	0	0	+76	+135	+240	+550	+1250	+1900	+2900							
2800	3150	0	0	+76	+135	+240	+580	+1400	+2100	+3200							

4. 孔的极限偏差数值（摘自 GB/T 1800.2—2020）

孔的极限偏差数值见表 I-7。

表 I-7　孔的极限偏差数值　　　　　　　　（单位：μm）

公称尺寸/mm		C	D	F	G	H									K	N	P	S	U
大于	至	11	9	8	7	5	6	7	8	9	10	11	12	13	7	9	7	7	7
—	3	+120 +60	+45 +20	+20 +6	+12 +2	+4 0	+6 0	+10 0	+14 0	+25 0	+40 0	+60 0	+100 0	+140 0	0 −10	−4 −29	−6 −16	−14 −24	−18 −28
3	6	+145 +70	+60 +30	+28 +10	+16 +4	+5 0	+8 0	+12 0	+18 0	+30 0	+48 0	+75 0	+120 0	+180 0	+3 −9	0 −30	−8 −20	−15 −27	−19 −31
6	10	+170 +80	+76 +40	+35 +13	+20 +5	+6 0	+9 0	+15 0	+22 0	+36 0	+58 0	+90 0	+150 0	+220 0	+5 −10	0 −36	−9 −24	−17 −32	−22 −37
10	18	+205 +95	+93 +50	+43 +16	+24 +6	+8 0	+11 0	+18 0	+27 0	+43 0	+70 0	+110 0	+180 0	+270 0	+6 −12	0 −43	−11 −29	−21 −39	−26 −44
18	24	+240 +110	+117 +65	+53 +20	+28 +7	+9 0	+13 0	+21 0	+33 0	+52 0	+84 0	+130 0	+210 0	+330 0	+6 −15	0 −52	−14 −35	−27 −48	−53 −54
24	30	+240 +110	+117 +65	+53 +20	+28 +7	+9 0	+13 0	+21 0	+33 0	+52 0	+84 0	+130 0	+210 0	+330 0	+6 −15	0 −52	−14 −35	−27 −48	−40 −61
30	40	+280 +120	+142 +80	+64 +25	+34 +9	+11 0	+16 0	+25 0	+39 0	+62 0	+100 0	+160 0	+250 0	+390 0	+7 −18	0 −62	−17 −42	−34 −59	−51 −76
40	50	+290 +130	+142 +80	+64 +25	+34 +9	+11 0	+16 0	+25 0	+39 0	+62 0	+100 0	+160 0	+250 0	+390 0	+7 −18	0 −62	−17 −42	−34 −59	−61 −86
50	65	+330 +140	+174 +100	+76 +30	+40 +10	+13 0	+19 0	+30 0	+46 0	+74 0	+120 0	+190 0	+300 0	+460 0	+9 −21	0 −74	−21 −52	−42 −72	−76 −106
65	80	+340 +150	+174 +100	+76 +30	+40 +10	+13 0	+19 0	+30 0	+46 0	+74 0	+120 0	+190 0	+300 0	+460 0	+9 −21	0 −74	−21 −52	−48 −78	−91 −121
80	100	+390 +170	+207 +120	+90 +36	+47 +12	+15 0	+22 0	+35 0	+54 0	+87 0	+140 0	+220 0	+350 0	+540 0	+10 −25	0 −87	−24 −59	−58 −93	−111 −146
100	120	+400 +180	+207 +120	+90 +36	+47 +12	+15 0	+22 0	+35 0	+54 0	+87 0	+140 0	+220 0	+350 0	+540 0	+10 −25	0 −87	−24 −59	−66 −101	−131 −166
120	140	+450 +200	+245 +145	+106 +43	+54 +14	+18 0	+25 0	+40 0	+63 0	+100 0	+160 0	+250 0	+400 0	+630 0	+12 −28	0 −100	−28 −68	−77 −117	−155 −195
140	160	+460 +210	+245 +145	+106 +43	+54 +14	+18 0	+25 0	+40 0	+63 0	+100 0	+160 0	+250 0	+400 0	+630 0	+12 −28	0 −100	−28 −68	−85 −125	−175 −215
160	180	+480 +230	+245 +145	+106 +43	+54 +14	+18 0	+25 0	+40 0	+63 0	+100 0	+160 0	+250 0	+400 0	+630 0	+12 −28	0 −100	−28 −68	−93 −133	−195 −235
180	200	+530 +240	+285 +170	+122 +50	+61 +15	+20 0	+29 0	+46 0	+72 0	+115 0	+185 0	+290 0	+460 0	+720 0	+13 −33	0 −115	−33 −79	−105 −151	−219 −265
200	225	+550 +260	+285 +170	+122 +50	+61 +15	+20 0	+29 0	+46 0	+72 0	+115 0	+185 0	+290 0	+460 0	+720 0	+13 −33	0 −115	−33 −79	−113 −159	−241 −287
225	250	+570 +280	+285 +170	+122 +50	+61 +15	+20 0	+29 0	+46 0	+72 0	+115 0	+185 0	+290 0	+460 0	+720 0	+13 −33	0 −115	−33 −79	−123 −169	−267 −313

（续）

公称尺寸/mm 大于	至	C11	D9	F8	G7	H5	H6	H7	H8	H9	H10	H11	H12	H13	K7	N9	P7	S7	U7
250	280	+620/+300	+320/+190	+317/+56	+69/+17	+23/0	+32/0	+52/0	+81/0	+130/0	+210/0	+320/0	+520/0	+810/0	+16/-36	0/-130	-36/-88	-138/-190	-295/-347
280	315	+650/+330																-150/-202	-330/-382
315	355	+720/+360	+350/+210	+151/+62	+75/+18	+25/0	+36/0	+57/0	+89/0	+140/0	+230/0	+360/0	+570/0	+890/0	+17/-40	0/-140	-41/-98	-169/-226	-369/-426
355	400	+760/+400																-187/-244	-414/-471
400	450	+840/+440	+385/+230	+165/+68	+83/+20	+27/0	+40/0	+63/0	+97/0	+155/0	+250/0	+400/0	+630/0	+970/0	+18/-45	0/-155	-45/-108	-209/-272	-467/-530
450	500	+880/+480																-229/-292	-517/-580

5. 轴的极限偏差数值（摘自 GB/T 1800.2—2020）

轴的极限偏差数值见表 I-8。

表 I-8　轴的极限偏差数值　　（单位：μm）

公称尺寸/mm 大于	至	e8	e9	f5	f6	f7	f8	f9	g5	g6	g7	h5	h6	h7	h8	h9	h10	h11	h12	js5	js6	js7	k5	k6	k7
—	3	-14/-28	-14/-39	-6/-10	-6/-12	-6/-16	-6/-20	-6/-31	-2/-6	-2/-8	-2/-12	0/-4	0/-6	0/-10	0/-14	0/-25	0/-40	0/-60	0/-100	±2	±3	±5	+4/0	+6/0	+10/0
3	6	-20/-38	-20/-50	-10/-15	-10/-18	-10/-22	-10/-28	-10/-40	-4/-9	-4/-12	-4/-16	0/-5	0/-8	0/-12	0/-18	0/-30	0/-48	0/-75	0/-120	±2.5	±4	±6	+6/+1	+9/+1	+13/+1
6	10	-25/-47	-25/-61	-13/-19	-13/-22	-13/-28	-13/-35	-13/-49	-5/-11	-5/-14	-5/-20	0/-6	0/-9	0/-15	0/-22	0/-36	0/-58	0/-90	0/-150	±3	±4.5	±7.5	+7/+1	+10/+1	+16/+1
10	18	-32/-59	-32/-75	-16/-24	-16/-27	-16/-34	-16/-43	-16/-59	-6/-14	-6/-17	-6/-24	0/-8	0/-11	0/-18	0/-27	0/-43	0/-70	0/-110	0/-180	±4	±5.5	±9	+9/+1	+12/+1	+19/+1
18	24	-40/-73	-40/-92	-20/-29	-20/-33	-20/-41	-20/-53	-20/-72	-7/-16	-7/-20	-7/-28	0/-9	0/-13	0/-21	0/-33	0/-52	0/-84	0/-130	0/-210	±4.5	±6.5	±10.5	+11/+2	+15/+2	+23/+2
24	30																								
30	40	-50/-89	-50/-112	-25/-36	-25/-41	-25/-50	-25/-64	-25/-87	-9/-20	-9/-25	-9/-34	0/-11	0/-16	0/-25	0/-39	0/-62	0/-100	0/-160	0/-250	±5.5	±8	±12.5	+13/+2	+18/+2	+27/+2
40	50																								
50	65	-60/-106	-60/-134	-30/-43	-30/-49	-30/-60	-30/-76	-30/-104	-10/-23	-10/-29	-10/-40	0/-13	0/-19	0/-30	0/-46	0/-74	0/-120	0/-190	0/-300	±6.5	±9.5	±15	+15/+2	+21/+2	+32/+2
65	80																								
80	100	-72/-126	-72/-159	-36/-51	-36/-58	-36/-71	-36/-90	-36/-123	-12/-27	-12/-34	-12/-47	0/-15	0/-22	0/-35	0/-54	0/-87	0/-140	0/-220	0/-350	±7.5	±11	±17.5	+18/+3	+25/+3	+38/+3
100	120																								
120	140	-85/-148	-85/-185	-43/-61	-43/-68	-43/-83	-43/-106	-43/-143	-14/-32	-14/-39	-14/-54	0/-18	0/-25	0/-40	0/-63	0/-100	0/-160	0/-250	0/-400	±9	±12.5	±20	+21/+3	+28/+3	+43/+3
140	160																								
160	180																								

（续）

公称尺寸/mm 大于	至	e 8	e 9	f 5	f 6	f 7	f 8	f 9	g 5	g 6	g 7	h 5	h 6	h 7	h 8	h 9	h 10	h 11	h 12	js 5	js 6	js 7	k 5	k 6	k 7
180 / 200 200 / 225 225 / 250		−100 −172	−100 −215	−50 −70	−50 −79	−50 −96	−50 −122	−50 −165	−15 −35	−15 −44	−15 −61	0 −20	0 −29	0 −46	0 −72	0 −115	0 −185	0 −290	0 −460	±10	±14.5	±23	+24 +4	+33 +4	+50 +4
250 / 280 280 / 315		−110 −191	−110 −240	−56 −79	−56 −88	−56 −108	−56 −137	−56 −186	−17 −40	−17 −49	−17 −69	0 −23	0 −32	0 −52	0 −81	0 −130	0 −210	0 −320	0 −520	±11.5	±16	±26	+27 +4	+36 +4	+56 +4
315 / 355 355 / 400		−125 −214	−125 −265	−62 −87	−62 −98	−62 −119	−62 −151	−62 −202	−18 −43	−18 −54	−18 −75	0 −25	0 −36	0 −57	0 −89	0 −140	0 −230	0 −360	0 −570	±12.5	±18	±28.5	+29 +4	+40 +4	+61 +4
400 / 450 450 / 500		−135 −232	−135 −290	−68 −95	−68 −108	−68 −131	−68 −165	−68 −223	−20 −47	−20 −60	−20 −83	0 −27	0 −40	0 −63	0 −97	0 −155	0 −250	0 −400	0 −630	±13.5	±20	±31.5	+32 +5	+45 +5	+68 +5

附录 J　常用金属材料及非金属材料

1. 铁及铁合金（黑色金属）

常用铁及铁合金（黑色金属）材料牌号、应用举例及说明见表 J-1。

表 J-1　常用铁及铁合金（黑色金属）材料牌号、应用举例及说明

牌　号	应　用　举　例	说　　明
1. 灰铸铁(摘自 GB/T 9439—2010)，工程用铸钢(摘自 GB/T 11352—2009)		
HT150	中强度铸铁：底座、刀架、轴承座、端盖	"HT"表示灰铸铁，后面的数字表示最小抗拉强度(单位为 MPa)
HT200 HT350	高强度铸铁：床身、机座、箱体、支架、齿轮、凸轮、联轴器	
ZG 230-450 ZG 310-570	各种形状的机件，齿轮、飞轮、重负载机架	"ZG"表示铸钢，第一组数字表示屈服强度(单位为 MPa)最低值，第二组数字表示抗拉强度(单位为 MPa)最低值
2. 碳素结构钢(摘自 GB/T 700—2006)，优质碳素结构钢(摘自 GB/T 699—2015)		
Q215 Q235 Q275	受力不大的螺钉、轴、凸轮、焊件等 螺栓、螺母、拉杆、钩、连杆、轴、焊件 金属构造物中的一般机件、拉杆、轴、焊件，以及重要的螺钉、拉杆、钩、连杆、轴、销、齿轮	"Q"表示钢的屈服点，数字为屈服强度数值(单位为 MPa)。同一牌号下分质量等级，用 A、B、C、D 依次表示质量依次下降，例如 Q235A
30 35 40 45	曲轴、轴、销、连杆、横梁 摇杆、拉杆、键、螺栓 齿轮、齿条、凸轮、曲柄、链轮 齿轮轴、联轴器、衬套、活塞等	数字表示钢中以平均万分数表示的碳的质量分数。例如，"45"表示碳的质量分数平均值为 0.45%，数字增大表示抗拉强度、硬度增加，断后伸长率降低。当锰的质量分数为 0.7%~1.2%时，需注出"Mn"
65Mn	大尺寸的各种扁、圆弹簧，如座板簧、弹簧发条	

（续）

牌 号	应 用 举 例	说 明
3. 合金结构钢（摘自 GB/T 3077—2015）		
40Cr	用于心部韧性较高的渗碳零件，如活塞销、凸轮	钢中加合金元素以增强力学性能。合金元素符号前的数字是以平均万分数表示的碳的质量分数，符号后的数字是以平均百分数表示的合金元素的质量分数。当质量分数小于1.5%时，仅注出元素符号不注数字
20CrMnTi	工艺性好，用于汽车、拖拉机的重要齿轮，可渗碳处理	

2. 有色金属及其合金

常用有色金属及其合金材料牌号、应用举例及说明见表 J-2。

表 J-2　有色金属及其合金材料牌号、应用举例及说明

牌 号	应 用 举 例	说 明
1. 加工黄铜（摘自 GB/T 5231—2012），铸造铜合金（摘自 GB/T 1176—2013）		
H62	散热器、垫圈、弹簧、螺钉等	"H"表示普通黄铜，数字是以平均百分数表示的铜的质量分数
ZCuZn38Mn2Pb2	铸造黄铜：用于轴瓦、轴套及其他耐磨零件	"ZCu"表示铸造铜合金，合金中其他主要元素用化学符号表示，符号后的数字是以平均百分数表示的该元素的质量分数
ZCuSn5Pb5Zn5	铸造锡青铜：用于承受摩擦的零件，如轴承	
ZCuAl10Fe3	铸造铝青铜：用于制造涡轮、衬套和耐蚀性零件	
2. 铝及铝合金（摘自 GB/T 3190—2008），铸造铝合金（摘自 GB/T 1173—2013）		
1060 1050A	适用制作储槽、塔、热交换器、防止污染及深冷设备	第一位数字表示铝及铝合金的组别，1×××组表示纯铝（其铝的质量分数不小于99%），最后两位数字是以平均百分数表示的铝的最低质量分数中小数点后的两位
2A12 2A13	适用于中等强度的零件，焊接性能好	2×××组表示铝合金是以铝为主要合金元素，最后两位数字表示同一组中不同铝合金，第二位字母表示原始纯铝或铝合金的改型情况
ZAlCu5Mn（代号 ZL201）	砂型铸造、工作温度在 175~300℃ 的零件，如内燃机缸头、活塞	"ZAl"表示铸造铝合金，合金中的其他元素用化学符号表示，符号后的数字是以平均百分数表示的该元素的质量分数，代号中的数字表示合金系列代号和顺序号
ZAlMg10（代号 ZL301）	在大气或海水中工作、承受冲击载荷、外形不太复杂的零件，如舰船配件、氨用泵体等	

3. 非金属材料

非金属材料牌号、应用举例及说明见表 J-3。

表 J-3　非金属材料牌号、应用举例及说明

牌 号	应 用 举 例	说 明
1. 石棉密封填料（摘自 JC/T 1019—2006）		
YS 350 YS 250	油浸石棉密封填料：适用于在回转轴、往复活塞或阀门杆上作密封材料，介质为蒸汽、空气、工业用水及重质石油产品	产品结构型式分 F（方型）、Y（圆型）、N（圆型扭制）三种，牌号中的数字为最高适应温度（单位为℃），按需选用

（续）

牌号	应用举例	说　明
XS 550 XS 450 XS 350 XS 250	橡胶石棉密封填料；适用于在蒸汽机、往复泵的活塞和阀门杆上作密封材料	产品结构型式分为 A（编织）、B（卷制）两种，牌号中的数字为最高适应温度（单位为℃）

2. 工业用毛毡（摘自：FZ/T 25001—2012）

牌号	应用举例	说　明
T112-65 （品号）	用作密封、防漏油、防振和缓冲的衬垫等	"T"表示特品毡，第一位数字表示颜色，第二位数字表示原料，第三位数字表示形状，第四、五位数字表示品种规格，即密度（g/cm^3）的 1/100，如 115-65 表示白色细毛毡，密度为 $0.65g/cm^3$

参 考 文 献

［1］ 续丹. 3D机械制图［M］. 北京：机械工业出版社，2009.

［2］ 童秉枢. 机械CAD技术基础［M］. 3版. 北京：清华大学出版社，2008.

［3］ 谭建荣，张树有，陆国栋. 图学基础教程［M］. 北京：高等教育出版社，2006.

［4］ 窦忠强，曹彤，陈锦昌，等. 工业产品设计与表达［M］. 北京：高等教育出版社，2016.

［5］ 续丹，黄胜，侯贤斌. Solid Edge实践与提高教程［M］. 北京：清华大学出版社，2007.

［6］ 蔡士杰. 三维图形系统PHIGS的原理与技术［M］. 南京：南京大学出版社，1991.

［7］ 摩滕森. 几何造型学［M］. 莫重玉，阮培文，丁熙元，译. 北京：机械工业出版社，1992.

［8］ 弗伦奇，菲尔克，福斯特. 工程制图与图形技术：第14版：英文［M］. 北京：清华大学出版社，2007.

［9］ 焦永和，张彤，张昊. 机械制图手册［M］. 6版. 北京：机械工业出版社，2022.

［10］ 续丹，许睦旬. 三维建模与工程制图［M］. 北京：机械工业出版社，2020.

［11］ 刘晋春，白基成，郭永丰. 特种加工［M］. 5版. 北京：机械工业出版社，2008.